全国高等院校应用型创新规划教材·计算机系列

JSP 应用开发案例教程

卢守东 编 著

清华大学出版社
北 京

内容简介

本书以技术需求为导向，以技术应用为核心，以开发模式为主线，以应用开发为重点，以能力提升为目标，全面介绍了基于 JSP 的 Java Web 应用开发的有关技术、主要模式、实施要点与方法步骤。全书共分为 10 章，包括 JSP 概述、JSP 基础、JSP 内置对象、JDBC 技术、JavaBean 技术、Servlet 技术、EL 应用技术、Ajax 应用技术、JSP 实用组件与 JSP 应用案例等内容，并附有相应的思考题与实验指导。

本书内容全面，实例翔实，案例丰富，编排合理，循序渐进，注重应用开发能力的培养，可作为各高校本科或高职高专计算机、电子商务、信息管理与信息系统及相关专业 JSP 程序设计、Web 程序设计、动态网站开发等课程的教材或教学参考书，也可作为 JSP 应用开发与维护人员的技术参考书以及初学者的自学教程。

本书所有示例的代码均已通过调试，并能成功运行，其开发环境为 Windows 7、JDK 1.7.0_51、Tomcat 7.0.50、MyEclipse 10.7.1 与 SQL Server 2008。

图书在版编目(CIP)数据

JSP 应用开发案例教程/卢守东编著. 一北京：清华大学出版社，2020.1(2023.2重印)
全国高等院校应用型创新规划教材·计算机系列
ISBN 978-7-302-53735-9

Ⅰ. ①J… Ⅱ. ①卢… Ⅲ. ①JAVA 语言—网页制作工具—高等学校—教材 Ⅳ. ①TP312.8 ②TP393.092.2

中国版本图书馆 CIP 数据核字(2019)第 189410 号

责任编辑：孟 攀 杨作梅
封面设计：杨玉兰
责任校对：王明明
责任印制：丛怀宇
出版发行：清华大学出版社
网 址：http://www.tup.com.cn, http://www.wqbook.com
地 址：北京清华大学学研大厦 A 座 **邮 编：**100084
社 总 机：010-83470000 **邮 购：**010-62786544
投稿与读者服务：010-62776969, c-service@tup.tsinghua.edu.cn
质量反馈：010-62772015, zhiliang@tup.tsinghua.edu.cn
课件下载：http://www.tup.com.cn, 010-62791865
印 装 者：三河市人民印务有限公司
经 销：全国新华书店
开 本：185mm×260mm **印 张：**22 **字 数：**535 千字
版 次：2020 年 1 月第 1 版 **印 次：**2023 年 2 月第 5 次印刷
定 价：59.00 元

产品编号：082663-01

前　　言

JSP 是目前 Web 应用开发领域的主流技术之一，其实际应用相当广泛。为满足社会不断发展的实际需求，并提高学生或学员的专业技能与就业能力，多数高校的计算机、电子商务、信息管理与信息系统等相关专业以及各地的有关培训机构均开设了 JSP 程序设计等 JSP 应用开发类课程。

本书以技术需求为导向，以技术应用为核心，以开发模式为主线，以应用开发为重点，以能力提升为目标，遵循案例教学、任务驱动与项目驱动的思想，结合教学规律与开发规范，按照由浅入深、循序渐进的原则，精心设计，合理安排，全面介绍了基于 JSP 的 Java Web 应用开发的有关技术、主要模式、实施要点与方法步骤。全书实例翔实，案例丰富，编排合理，循序渐进，结构清晰，共分为 10 章，包括 JSP 概述、JSP 基础、JSP 内置对象、JDBC 技术、JavaBean 技术、Servlet 技术、EL 应用技术、Ajax 应用技术、JSP 实用组件与 JSP 应用案例等内容。各章均有“本章要点”“学习目标”与“本章小结”，既便于抓住重点、明确目标，也利于“温故而知新”。书中的诸多内容均设有相应的“说明”“注意”“提示”等知识点，以便于读者理解与提高，并为其带来“原来如此”“豁然开朗”的美妙感觉。此外，各章均安排有相应的思考题，以利于读者及时回顾与检测。书末还附有全面的实验指导，以利于读者上机实践。

本书内容全面，结构清晰，语言流畅，通俗易懂，准确严谨，颇具特色，集系统性、条理性、针对性于一身，融资料性、实用性、技巧性于一体，注重应用开发能力的培养，可充分满足课程教学的实际需要，适合各个层面、各种水平的读者，既可作为各高校本科或高职高专计算机、电子商务、信息管理与信息系统及相关专业 JSP 程序设计、Web 程序设计、动态网站开发等软件开发技术课程的教材或教学参考书，也可作为 JSP 应用开发与维护人员的技术参考书以及初学者的自学教程。

本书所有示例的代码均已通过调试，并能成功运行，其开发环境为 Windows 7、JDK 1.7.0_51、Tomcat 7.0.50、MyEclipse 10.7.1 与 SQL Server 2008。

本书的写作与出版，得到了作者所在单位及清华大学出版社的大力支持与帮助，在此表示衷心感谢。在紧张的写作过程中，自始至终也得到了家人、同事的理解与支持，在此也一起深表谢意。

由于作者经验不足、水平有限，书中不妥之处在所难免，恳请广大读者多加指正、不吝赐教。

编　者

目录

第 1 章

JSP 概述

JSP 与 ASP、PHP 类似，是目前 Web 应用开发的主流技术之一。作为一种动态网页技术标准，JSP 在 Java Web 应用开发中的使用是相当普遍的。

本章要点：

JSP 简介；Java Web 应用开发的主要技术；Java Web 应用开发环境的搭建；Java Web 项目的创建、部署与管理。

学习目标：

了解 JSP 的概况以及 Java Web 应用开发的主要技术；掌握 Java Web 应用开发环境的搭建方法；掌握 Java Web 项目的创建、部署与管理方法。

1.1 JSP 简介

JSP(Java Server Pages)是由 Sun Microsystems 公司(已于 2009 年被 Oracle 公司收购)倡导、许多公司参与一起建立的一种动态网页技术标准，是 Java Web 应用开发的主要技术之一，也是目前 Web 应用开发的主流技术之一。

JSP 技术类似于 ASP、PHP 技术，可在 HTML 文档(*.htm、*.html)中插入 Java 脚本小程序(Scriptlet)和 JSP 标记(tag)等元素，从而形成 JSP 文件(*.jsp)。用 JSP 开发的 Web 应用是跨平台的，既能在 Windows 下运行，也能在 UNIX、Linux 等其他操作系统上运行。

其实，早期的 Web 应用是基于 CGI(Common Gateway Interface，通用网关接口)开发的。由于 CGI 自身的缺陷与 Java 语言的迅速发展，Sun Microsystems 公司于 1997 年推出了 Servlet 1.0 规范。Servlet 的工作原理与 CGI 相似，所完成的功能也与 CGI 相同。与 CGI 相比，Servlet 具有可移植、易开发、稳健、节省内存和 CPU 资源等优点。但 Servlet 技术也有一个很大的缺陷，即不擅长编写以显示效果为主的 Web 页面。于是，基于 Servlet 1.0 规范，Sun Microsystems 公司于 1998 年 4 月推出了 JSP 0.90 规范。此后，随着 JSP 的发展，陆续推出了更新的 JSP 规范，包括 JSP 1.1、JSP 1.2、JSP 2.0、JSP 2.1(2006 年 5 月)、JSP 2.2(2009 年 12 月)等。

JSP 在本质上其实就是 Servlet。当 JSP 第一次被请求时，Web 服务器上的 JSP 容器(或称为 JSP 引擎)将其转化为相应的 Servlet 文件，然后再编译为 Servlet 类文件，并且被装载和实例化。此后各次对此 JSP 的请求均将通过调用已实例化的 Servlet 对象中的方法来产生响应。正因为如此，第一次访问 JSP 页面时响应速度特别慢，而以后就很快了。

JSP 结合了 Servlet 与 JavaBean 技术，充分继承了 Java 的众多优势，包括一次编写到处运行、高效的性能与强大的可扩展性等。如今，JSP 的应用已十分广泛，被认为是当今最有前途的 Web 技术之一。

作为一种常用的 Web 应用开发技术，JSP 的主要特点如下。

(1) 一次编写，随处运行。

(2) 可重用组件。可通过 JavaBean 等组件技术封装复杂应用，开发人员可共享已开发完成的组件，从而提高 JSP 应用的开发效率与可扩展性。

(3) 标记化页面开发。JSP 技术将许多常用功能封装起来，以 XML 标记的形式展现给开发人员，从而使不熟悉 Java 语言的人员也可轻松编写 JSP 程序，降低了 JSP 应用开发的难度。标记化应用也有助于实现“形式和内容相分离”，使得 JSP 页面的结构更清晰，更便于维护。

(4) 角色分离。JSP 规范允许将工作量分为两类：页面的图形内容和页面的动态内容。可先创建好页面的图形内容(HTML 文档)，然后由 Java 程序员向文档中插入 Java 代码，实现动态内容。此特点使得 JSP 的开发和维护更加轻松。

1.2　Java Web 应用开发的主要技术

C/S(Client/Server，客户机/服务器)与 B/S(Browser/Server，浏览器/服务器)是目前应用程序的两种主要架构或模式。与基于 C/S 架构的 Windows 应用程序不同，Web 应用程序是基于 B/S 架构的。Web 应用程序部署在 Web 服务器上，因此易于升级与维护。另外，Web 应用程序的访问是通过浏览器进行的，因此在客户机上只需安装一个标准的浏览器即可，而无须安装专门的客户端程序。此外，由于 Web 应用程序的数据分析与处理工作主要是在服务器中完成的，因此对客户机的配置要求不高，特别适合“瘦客户端”的运行环境。随着 Internet 的快速发展，Web 应用程序的使用将更加广泛与深入。

要开发 Java Web 应用，需要掌握一系列相关的技术。必要时，可应用相应的框架，以提高 Java Web 应用的开发效率，并确保其可扩展性与可维护性。

Java Web 应用开发的主要技术包括 HTML/XHTML、XML、JavaScript、Java、JDBC、JSP、JavaBean、Servlet、Ajax 等。其中，JDBC(Java Data Base Connectivity，Java 数据库连接)是一种用于执行 SQL 语句的 Java API(Application Programming Interface，应用编程接口或应用程序编程接口)，由一组用 Java 语言编写的类和接口组成，可让开发人员以纯 Java 的方式连接数据库，并完成相应的操作。JavaBean 是 Java 中的一种可重用组件技术(类似于微软的 COM 技术)，其本质是一种通过封装属性和方法而具有某种功能的 Java 类。Servlet 是一种用 Java 编写的与平台无关的服务器端组件，其实例化后对象运行在服务器端，可用于处理来自客户端的请求，并生成相应的动态网页。Ajax(Asynchronous JavaScript and XML，异步 JavaScript 和 XML)是一种创建交互式网页应用的开发技术，其核心理念为使用 XMLHttpRequest 对象发送异步请求，可实现 Web 页面的动态更新。

1.3　Java Web 应用开发环境的搭建

要进行 Java Web 应用的开发，首先要搭建好相应的开发环境。为此，需逐一完成 JDK 开发包、Web 服务器、IDE 开发工具以及数据库管理系统的安装与配置。在此，JDK 开发包使用 jdk1.7.0_51，Web 服务器使用 Tomcat 7.0.50，IDE 开发工具使用 MyEclipse 10.7.1，数据库管理系统使用 SQL Server 2008。下面，简要介绍在 Windows 7 中构建开发环境的基本步骤与关键配置。

1.3.1　JDK 的安装与配置

Java Web 应用程序的开发需要 JDK(Java Development Kit，Java 开发工具包)的支持。JDK 是整个 Java 的核心，内含 JRE(Java Runtime Environment，Java 运行环境)、Java 工

具、Java 基础类库以及相关范例与文档，是一种用于构建在 Java 平台上发布的应用程序、Applet 与组件的开发环境。如今，Oracle 已取代 Sun 公司负责 JDK 的维护与升级工作，并定期在其官网上发布最新的版本。

1. 下载

各种版本的 JDK 均可从其官网免费下载，地址为 http://www.oracle.com/technetwork/java/javase/downloads/index.htm，或者 http://java.sun.com/javase/downloads/index.jsp。

在此，下载 JDK 7 Update 51 版，其安装文件为 jdk-7u51-windows-i586.exe。

2. 安装

JDK 的安装过程非常简单，只需双击运行安装文件 jdk-7u51-windows-i586.exe，启动 JDK 的安装向导，并根据向导指引完成后续的有关操作即可，如图 1.1 所示。在此，分别将 JDK 与 JRE 的安装目录设置为 C:\Program Files (x86)\Java\jdk1.7.0_51 与 C:\Program Files (x86)\Java\jre7，如图 1.2 和图 1.3 所示。

图 1.1　JDK 的安装向导

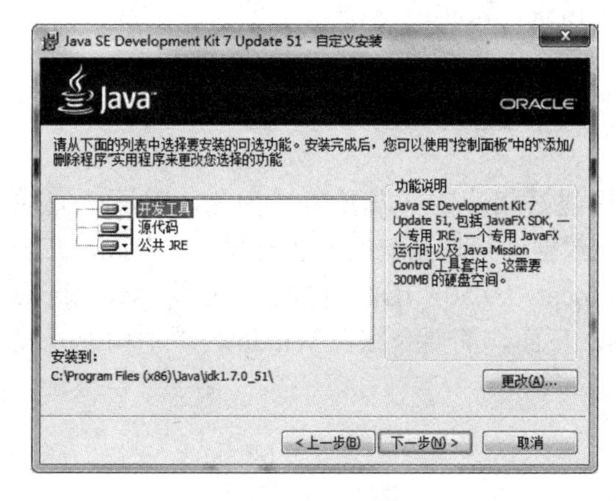

图 1.2　JDK 的安装目录

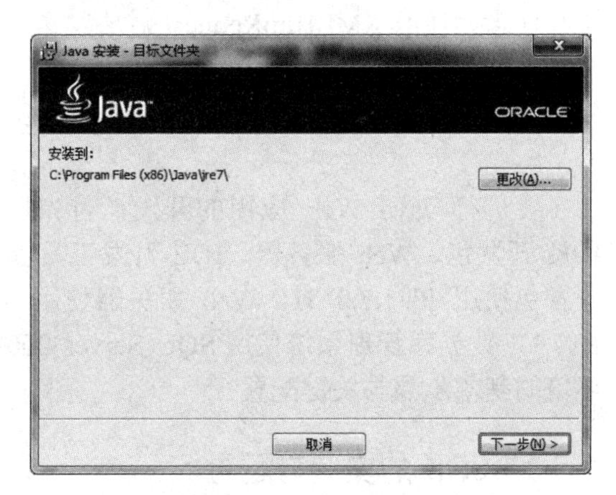

图 1.3　JRE 的安装目录

3. 配置

JDK 安装完毕后，还需进行相应的配置，主要是创建或设置有关的系统变量，以告知 Windows 系统 JDK 与 JRE 的安装位置。

以系统变量 JAVA_HOME 为例，其创建的基本步骤如下。

(1) 在桌面右击“计算机”图标，并选择其快捷菜单中的“属性”菜单项，打开如图 1.4 所示的“控制面板\所有控制面板项\系统”窗口。

图 1.4　“控制面板\所有控制面板项\系统”窗口

(2) 单击“高级系统设置”链接，打开如图 1.5 所示的“系统属性”对话框。

(3) 单击“环境变量”按钮，打开如图 1.6 所示的“环境变量”对话框。

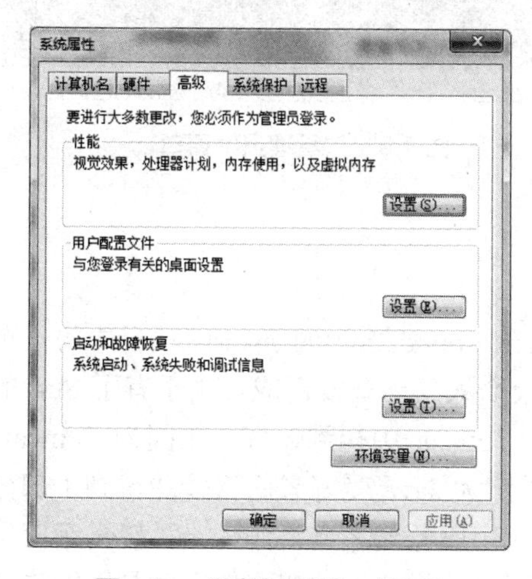

图 1.5　“系统属性”对话框

图 1.6　“环境变量”对话框

(4) 单击“系统变量”列表框下的“新建”按钮，打开如图 1.7 所示的“新建系统变量”对话框，并在其中输入变量名 JAVA_HOME，输入变量值“C:\Program Files (x86)\Java\jdk1.7.0_51”，最后再单击“确定”按钮。

图 1.7 “新建系统变量”对话框

(5) 单击“确定”按钮，关闭“环境变量”对话框。

(6) 单击“确定”按钮，关闭“系统属性”对话框。

类似地，新建环境变量 Path，将其值设置为“.;%JAVA_HOME%\bin”(若该变量已经存在，则在其值前添加“.;%JAVA_HOME%\bin;”)；新建环境变量 CLASSPATH，将其值设置为“.;%JAVA_HOME%\lib”(若该变量已经存在，则在其值前添加“.;%JAVA_HOME%\lib;”)；新建环境变量 JRE_HOME，将其值设置为“C:\Program Files (x86)\Java\jre7”(若该变量已经存在，则在其值前添加“C:\Program Files (x86)\Java\jre7”)。

4. 测试

配置完毕后，为检验 JDK 是否正常，可按以下步骤进行操作。

(1) 单击“开始”按钮，选择“开始”菜单中的“运行”菜单项，打开“运行”对话框(见图 1.8)，然后输入“cmd”命令，单击“确定”按钮，打开“管理员”窗口，如图 1.9 所示。

(2) 输入并执行 java-version 命令，若能显示当前 JDK 的版本(在此为 java version “1.7.0_51”)，则表示一切正常，如图 1.9 所示。

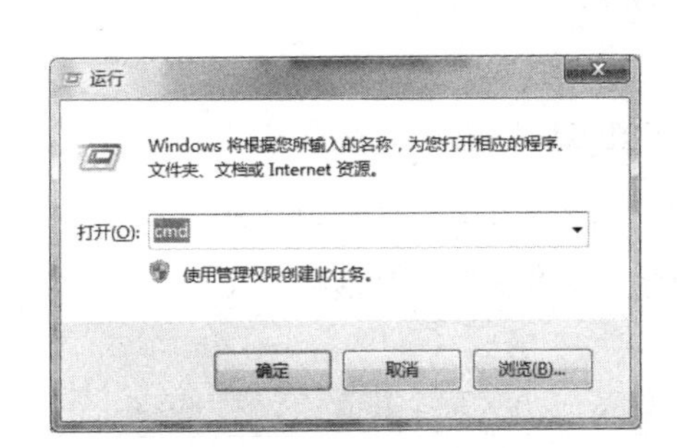

图 1.8 “运行”对话框

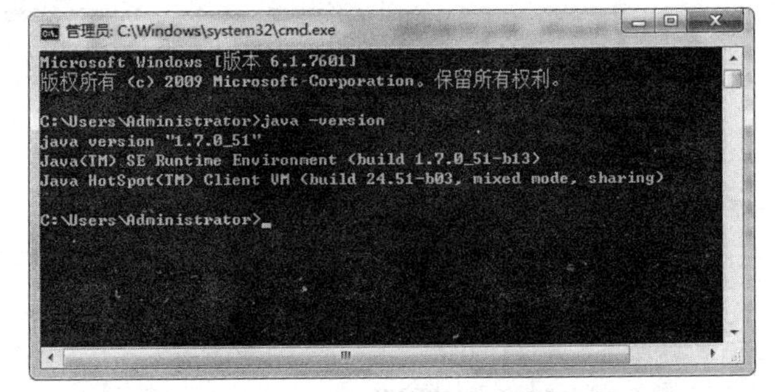

图 1.9 “管理员”窗口

1.3.2 Tomcat 的安装与配置

Tomcat 是 Apache 软件基金会(Apache Software Foundation)的 Jakarta 项目中的一个核心子项目，最初由 Apache、Sun 与其他一些公司及个人共同开发而成。由于有了 Sun 的参与和支持，最新的 Servlet 与 JSP 规范总是能够在 Tomcat 中得到体现。正因为 Tomcat 技术先进、性能稳定，而且是免费开源的，因此深受广大 Java 爱好者的喜爱并得到了部分软件开发商的认可，最终成为目前最为流行的 Web 应用服务器之一。作为一种轻量级应用服务器，Tomcat 在中小型系统与并发访问用户不是很多的场合下被普遍使用，是开发与调试 JSP 和 Java EE 程序的首选。

1. 下载

各种版本的 Tomcat 均可从其官网免费下载，地址为 http://tomcat.apache.org/。

在此，下载安装版的 Tomcat-7.0.50，其安装文件为 apache-tomcat-7.0.50.exe。

2. 安装

Tomcat 的安装过程非常简单，只需双击运行安装文件 apache-tomcat-7.0.50.exe，启动 Tomcat 的安装向导(见图 1.10)，并根据向导指引完成后续的有关操作即可。在此，选择 Normal 安装类型(见图 1.11)，采用默认的端口设置，创建管理员登录账号 admin，并将其密码设置为“12345”(见图 1.12)，同时指定 JRE 的安装路径为 C:\Program Files (x86)\Java\jre7(见图 1.13)，指定 Tomcat 的安装路径为 C:\Program Files (x86)\Apache Software Foundation\Tomcat 7.0，如图 1.14 所示。

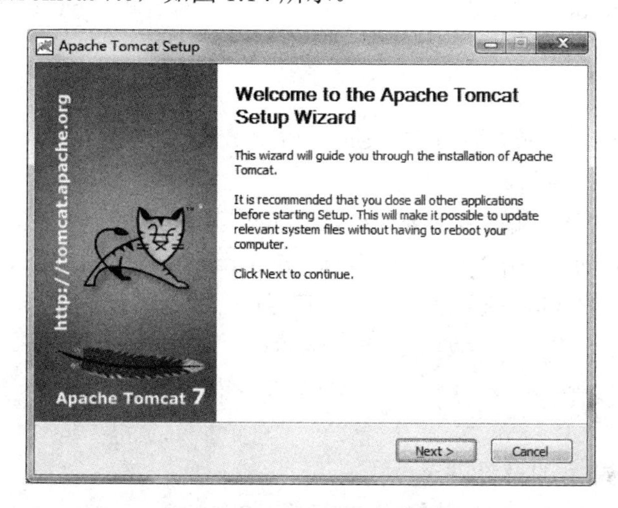

图 1.10　Tomcat 的安装向导

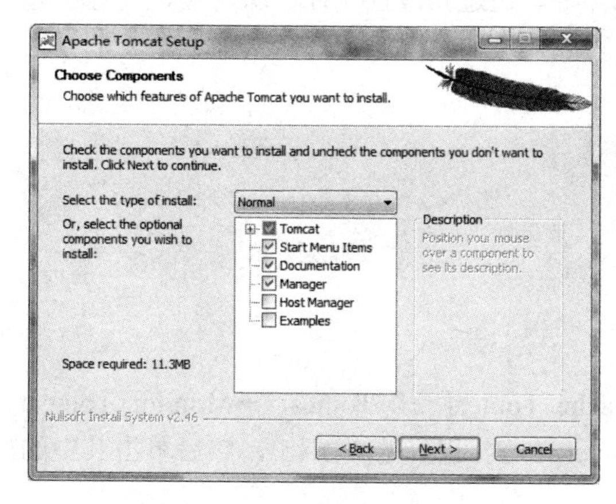

图 1.11　Tomcat 的安装类型

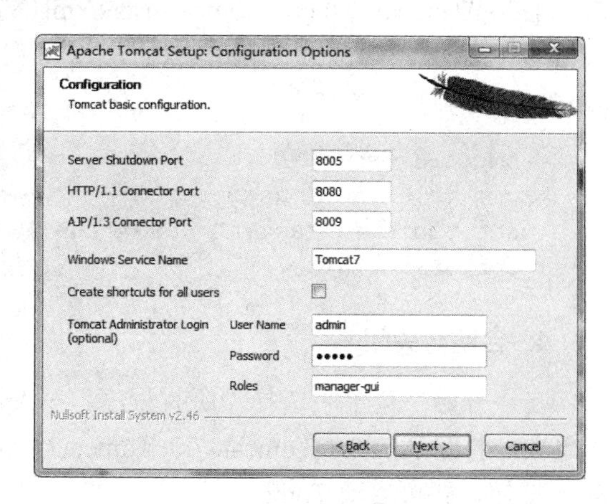

图 1.12　Tomcat 的基本配置

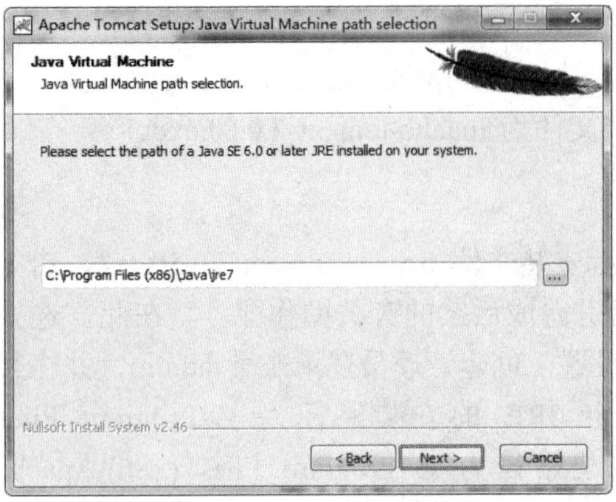

图 1.13　Tomcat 的 JRE 路径

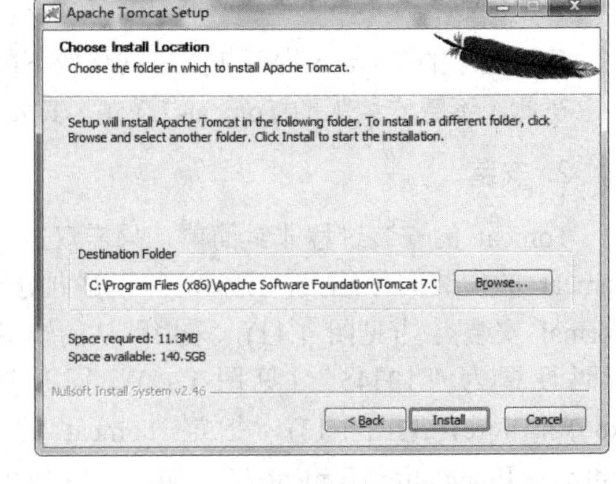

图 1.14　Tomcat 的安装路径

3. 配置

Tomcat 安装完毕后，必要时可对其进行相应的配置。

(1) HTTP 端口号的修改。

Tomcat 默认的 HTTP 端口号为 8080。若要使用其他端口号，可直接打开 Tomcat 的配置文件 C:\Program Files (x86)\Apache Software Foundation\Tomcat 7.0\conf\server.xml，找到如下代码，并将其中的 8080 改为所需要的端口号(如 8090 等)。

```
<Connector port="8080" protocol="HTTP/1.1"
             connectionTimeout="20000"
             redirectPort="8443" />
```

(2) 管理员登录账号的设置。

Tomcat 管理员登录账号的信息保存在 C:\Program Files (x86)\Apache Software Foundation\Tomcat 7.0\conf\tomcat-users.xml 文件中。通过修改该文件，即可实现管理员登录账号的添加、修改或删除。例如，以下代码表明当前 Tomcat 的管理员登录账号为 admin，密码为“12345”。

```
<tomcat-users>
<role rolename="manager-gui"/>
<user username="admin" password="12345" roles="manager-gui"/>
</tomcat-users>
```

4. 启动与关闭

在“开始”菜单中选择“所有程序”→Apache Tomcat 7.0 Tomcat7→Monitor Tomcat 菜单项，打开 Apache Tomcat 7.0 Tomcat7 Properties 对话框(见图 1.15)，然后单击其中的 Start 按钮，即可启动 Tomcat。

反之，当 Tomcat 正在运行时，单击 Apache Tomcat 7.0 Tomcat7 Properties 对话框中的 Stop 按钮，可随即关闭 Tomcat。

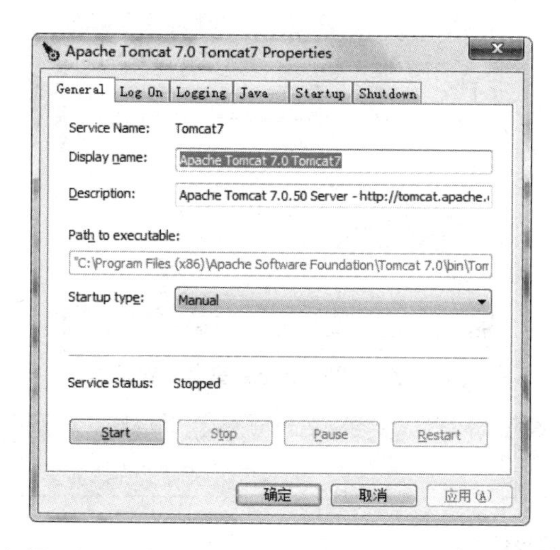

图 1.15　Apache Tomcat 7.0 Tomcat7 Properties 对话框

5. 测试

为测试 Tomcat 是否正常，应先启动 Tomcat，然后打开浏览器，再输入“http://localhost:8080/”并按 Enter 键。若显示如图 1.16 所示的 Apache Tomcat/7.0.50 页面，则表明 Tomcat 一切正常。单击其中的 Manager App 按钮，打开如图 1.17 所示的“Windows 安全”对话框，在其中输入用户名 admin 与密码“12345”，再单击“确定”按钮，即可打开如图 1.18 所示的 Tomcat Web Application Manager 页面。在该页面中，可对当前发布的有关应用进行相应的管理，包括启动、停止等。

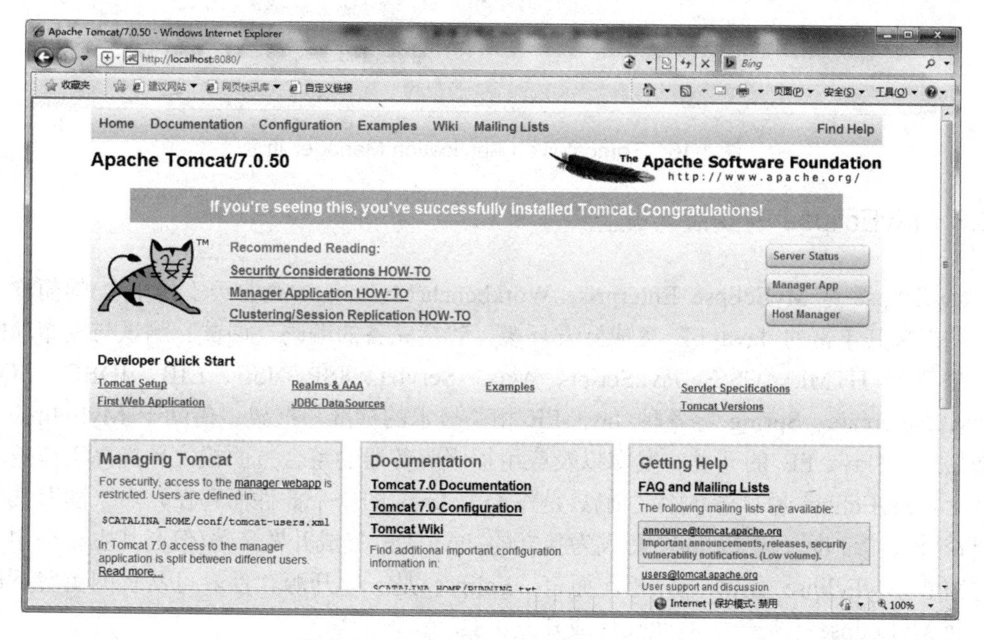

图 1.16　Apache Tomcat/7.0.50 页面

图 1.17　“Windows 安全”对话框

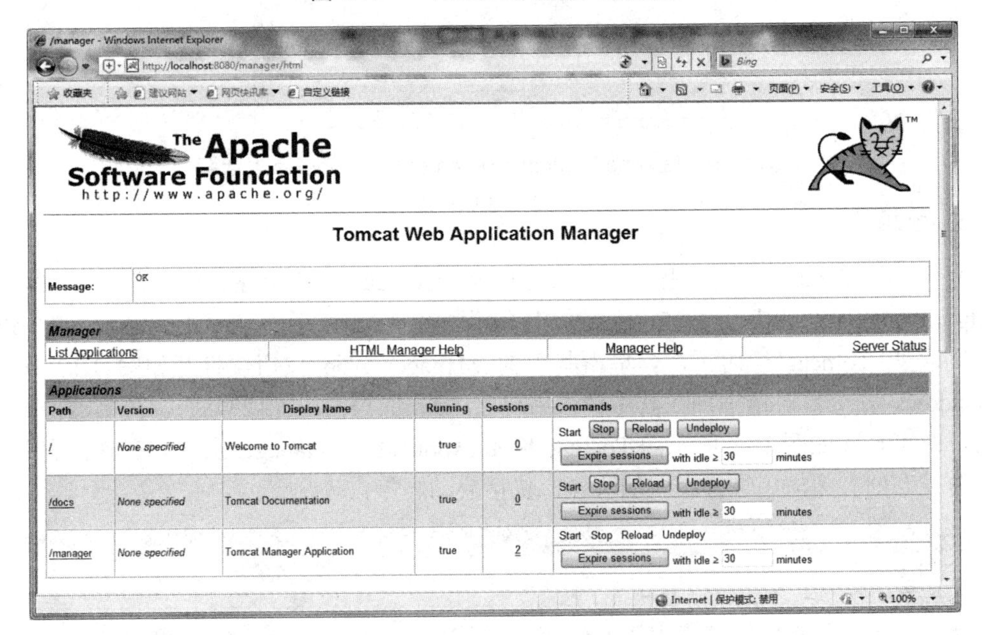

图 1.18　Tomcat Web Application Manager 页面

1.3.3　MyEclipse 的安装与配置

MyEclipse 是 MyEclipse Enterprise Workbench(MyEclipse 企业级工作平台)的简称，是一种功能极其丰富的 Java EE 集成开发环境，包括完备的编码、调试、测试与发布功能，并完整支持 HTML、CSS、JavaScript、Ajax、Servlet、JSP、JSF、EJB、JDBC、SQL、Struts、Hibernate、Spring 等各种 Java EE 相关技术的标准与框架。借助于 MyEclipse，可在数据库与 Java EE 的开发、发布以及应用程序服务器的整合方面极大地提高工作效率。实际上，MyEclipse 原本(6.0 版之前)只是作为 Eclipse 的一个插件而存在，后来随着其功能的日益强大，逐步取代 Eclipse 而成为独立的 Java EE 集成开发环境(但在其主菜单中至今仍保留着 MyEclipse 菜单项)。相比而言，Eclipse 是一个开源软件，可从官网免费下载安装，而 MyEclipse 则是一个商业插件或开发工具。

1. 下载

MyEclipse 的最新版本及其历史版本可从其官方中文网(http://www.myeclipsecn.com/)或

MyEclipse 中文网(http://www.my-eclipse.cn/)下载，在此下载 MyEclipse 10.7.1 版本，其安装文件为 myeclipse-10.7.1-offline-installer-windows.exe。

2. 安装

MyEclipse 的安装过程非常简单，只需双击运行安装文件 myeclipse-10.7.1-offline-installer-windows.exe，启动 MyEclipse 的安装向导(见图 1.19)，并根据向导指引完成后续的有关操作即可。在此，指定 MyEclipse 的安装目录为 C:\MyEclipse(见图 1.20)，并选择 All 安装类型，如图 1.21 所示。

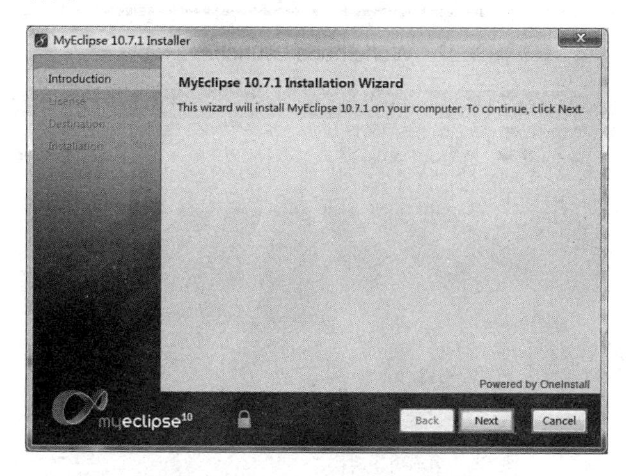

图 1.19　MyEclipse 的安装向导

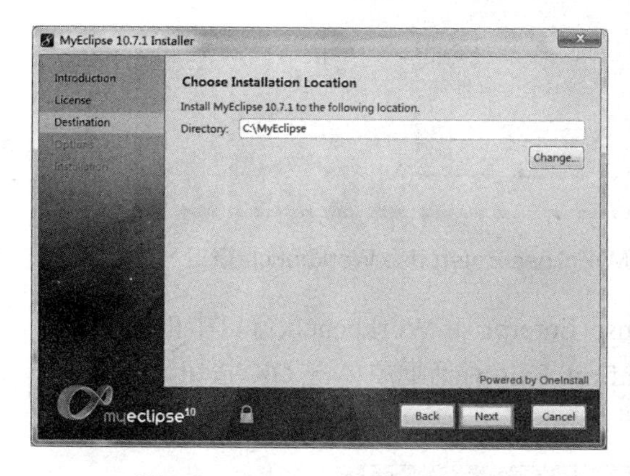

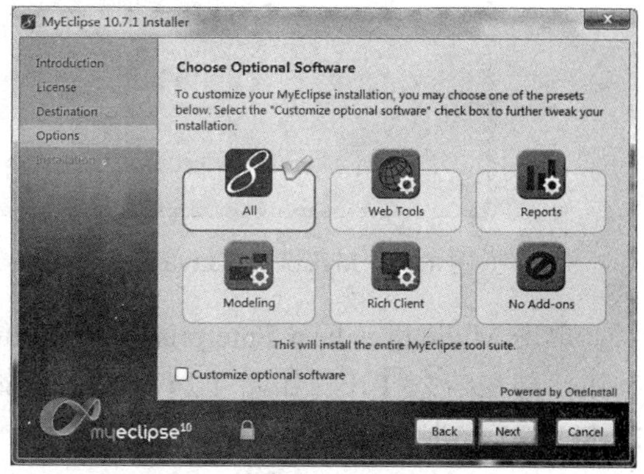

图 1.20　MyEclipse 的安装目录

图 1.21　MyEclipse 的安装类型

3. 启动与退出

在“开始”菜单中选择“所有程序”→MyEclipse→MyEclipse 10 菜单项，即可启动 MyEclipse，并打开如图 1.22 所示的 Workspace Launcher 对话框，待选定工作区后(在此将工作区选定为 C:\Workspaces\MyEclipse 10)，再单击 OK 按钮，即可打开如图 1.23 所示的 MyEclipse Java Enterprise - MyEclipse Enterprise Workbench 窗口。

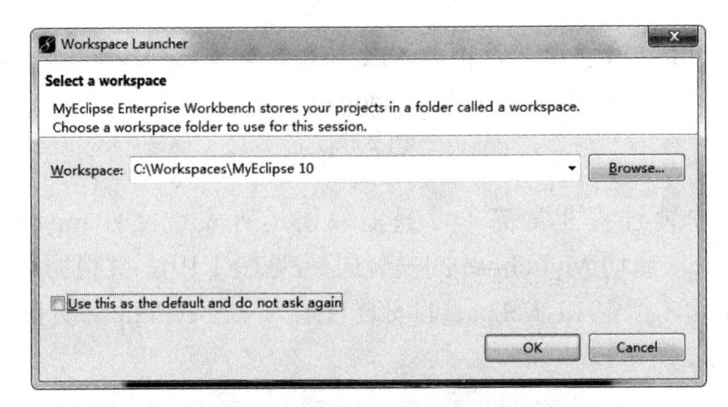

图 1.22　Workspace Launcher 对话框

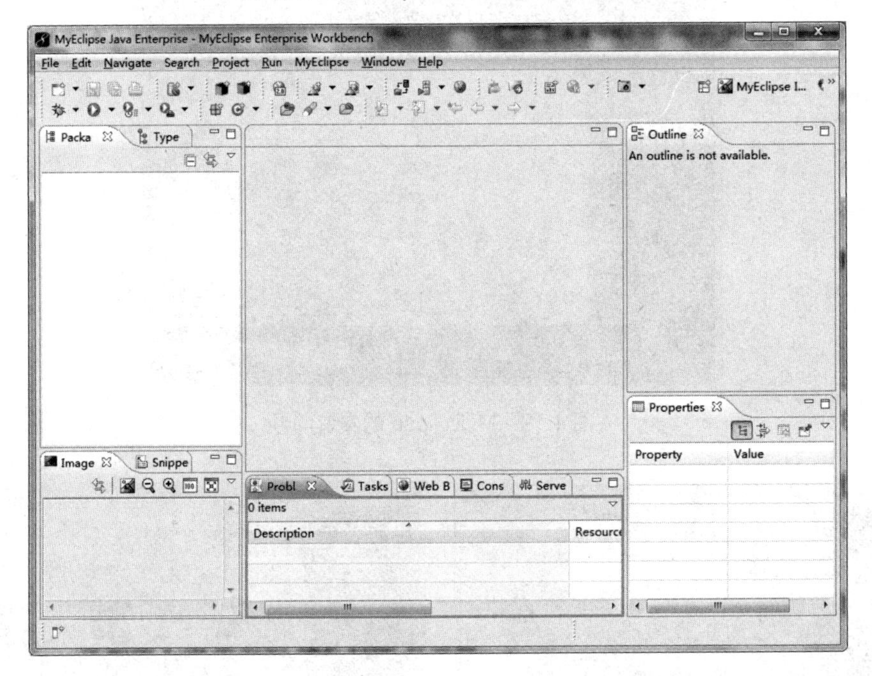

图 1.23　MyEclipse Java Enterprise - MyEclipse Enterprise Workbench 窗口

单击 MyEclipse Java Enterprise - MyEclipse Enterprise Workbench 窗口中的“关闭”按钮，并在随之打开的如图 1.24 所示的 Confirm Exit 对话框中单击 OK 按钮，即可退出 MyEclipse。

图 1.24　Confirm Exit 对话框

4. 配置

MyEclipse 安装完毕后，为使其能满足应用开发的需要，还应对其进行相应的配置。

(1) 配置 MyEclipse 所用的 JRE。

MyEclipse 内置有 Java 编译器，但为了使用自行安装的 JRE，还需另外配置。为此，可按以下步骤进行相应的操作。

① 选择 Windows→Preferences 菜单项，打开如图 1.25 所示的 Preferences 对话框。

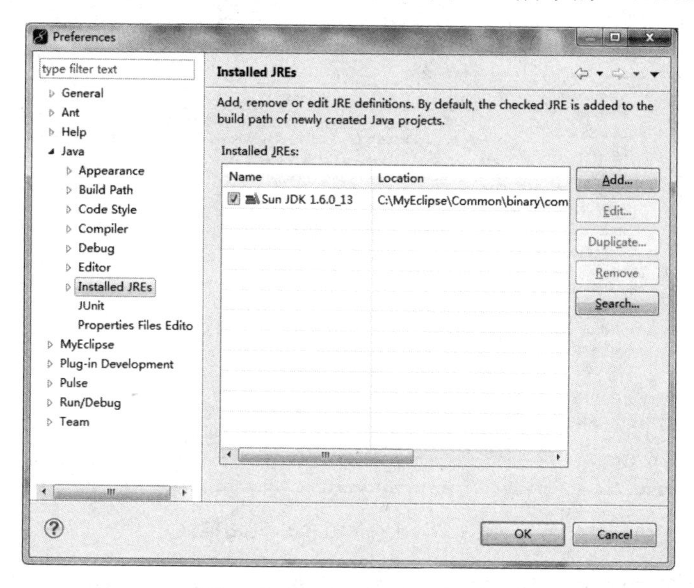

图 1.25　Preferences 对话框

② 选中左侧项目树中的 Java→Installed JREs 项，再单击右侧的 Add 按钮，打开如图 1.26 所示的 Add JRE(JRE Type)对话框。

③ 选中 Standard VM 选项，单击 Next 按钮，打开如图 1.27 所示的 Add JRE(JRE Definition)对话框。

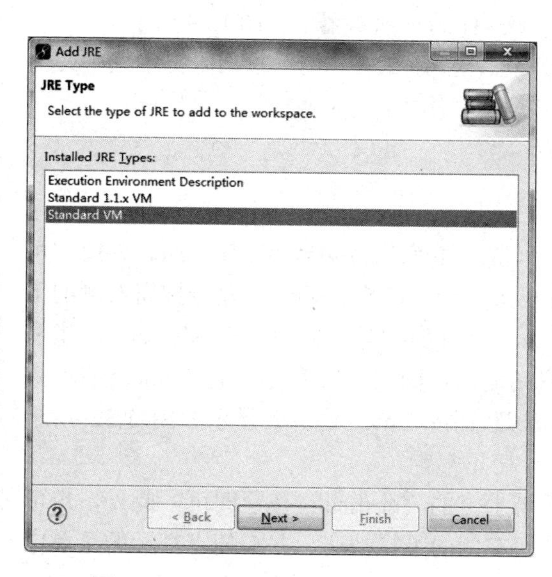

图 1.26　Add JRE(JRE Type)对话框

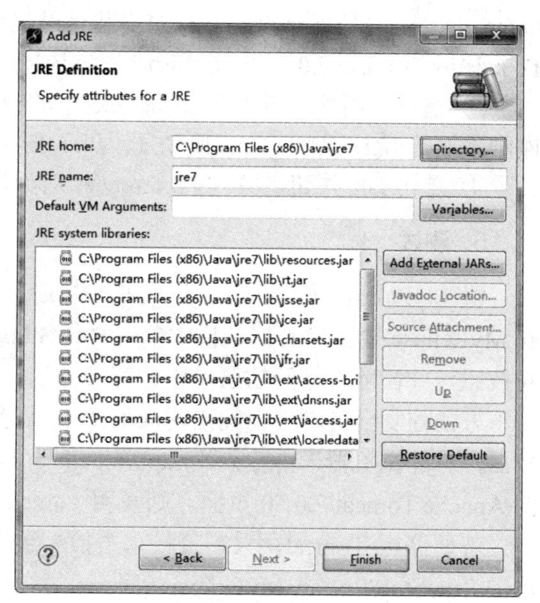

图 1.27　Add JRE(JRE Definition)对话框

④ 选定相应 JRE 的主目录[在此为 C:\Program Files (x86)\Java\jre7]，并指定相应 JRE 名称(在此为 jre7)，再单击 Finish 按钮，返回 Preferences 对话框，如图 1.28 所示。

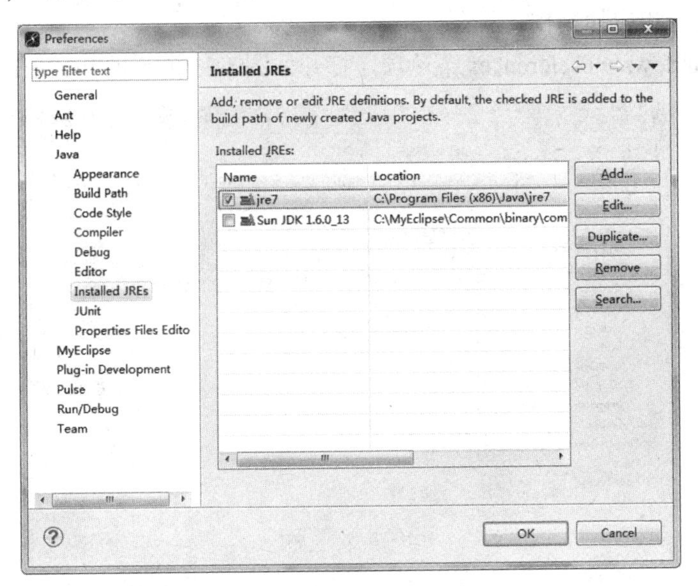

图 1.28　Preferences 对话框

⑤ 选中相应的 JRE 复选框(在此为 jre7)，再单击 OK 按钮，关闭 Preferences 对话框。

(2) 集成 MyEclipse 与 Tomcat。

为便于应用的发布与运行，并提高应用的开发效率，可在 MyEclipse 中集成相应的 Tomcat 服务器。为此，可按以下步骤进行相应操作。

① 选择 Windows→Preferences 菜单项，打开 Preferences 对话框。

② 选中左侧项目树中的 MyEclipse→Servers→Tomcat→Tomcat 7.x 项，在右侧的 Tomcat home directory 处指定 Tomcat 的安装目录(在此为 C:\Program Files (x86)\Apache Software Foundation\Tomcat 7.0)，并选中 Enable 单选按钮激活 Tomcat 服务器，如图 1.29 所示。

③ 选中左侧项目树中 Tomcat 7.x 下的 JDK 项，然后在右侧的下拉列表框中选中此前刚刚添加的 JRE 所对应的选项(在此为 jre7)，如图 1.30 所示。

④ 单击 OK 按钮，关闭 Preferences 对话框。

5. 测试

将 MyEclipse 与 Tomcat 集成在一起后，即可在 MyEclipse 中启动 Tomcat。为此，可在 MyEclipse 主窗口的工具栏中单击 Run/Stop/Restart MyEclipse Servers 复合按钮右侧的下拉按钮，并在随之打开的菜单中选择 Tomcat 7.x→Start 菜单项。此后，在 MyEclipse 主窗口下方的控制台区域中会输出相应的 Tomcat 启动信息，如图 1.31 所示。待 Tomcat 启动完毕后，打开浏览器，再输入“http://localhost:8080/”并按 Enter 键。若显示如图 1.32 所示的 Apache Tomcat/7.0.50 页面，则表明 Tomcat 一切正常。

若要停止 Tomcat，只需直接单击控制台区域上方的 Terminate 按钮即可。此外，也可单击 Run/Stop/Restart MyEclipse Servers 复合按钮右侧的下拉按钮，并在随之打开的菜单中选择 Tomcat 7.x→Stop Server 菜单项。

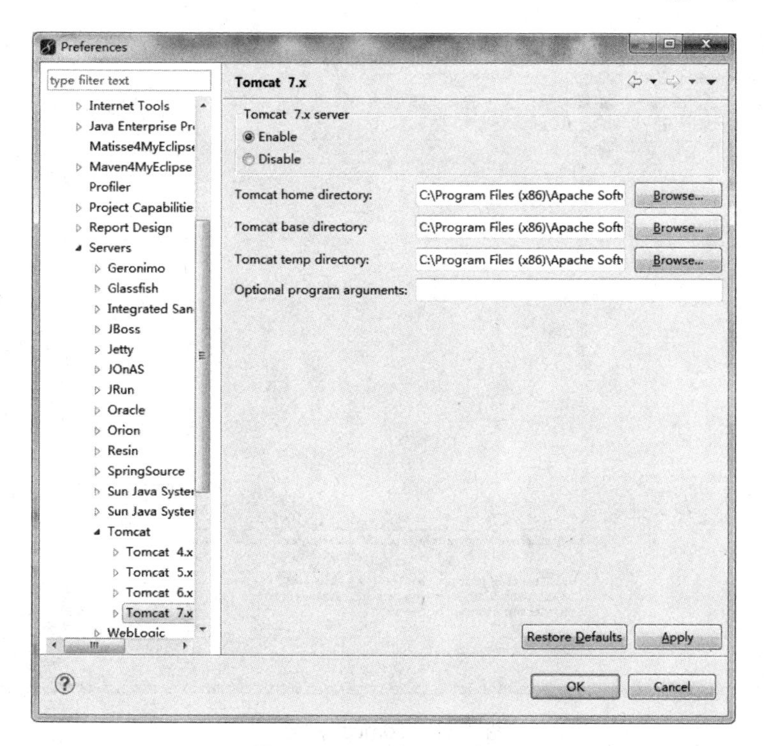

图 1.29　Tomcat 7.x 设置

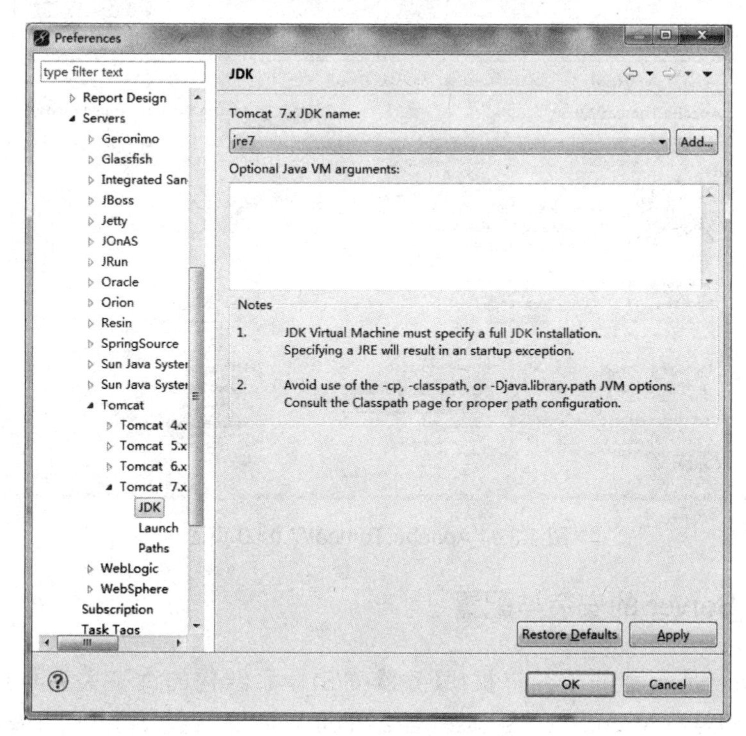

图 1.30　JDK 设置

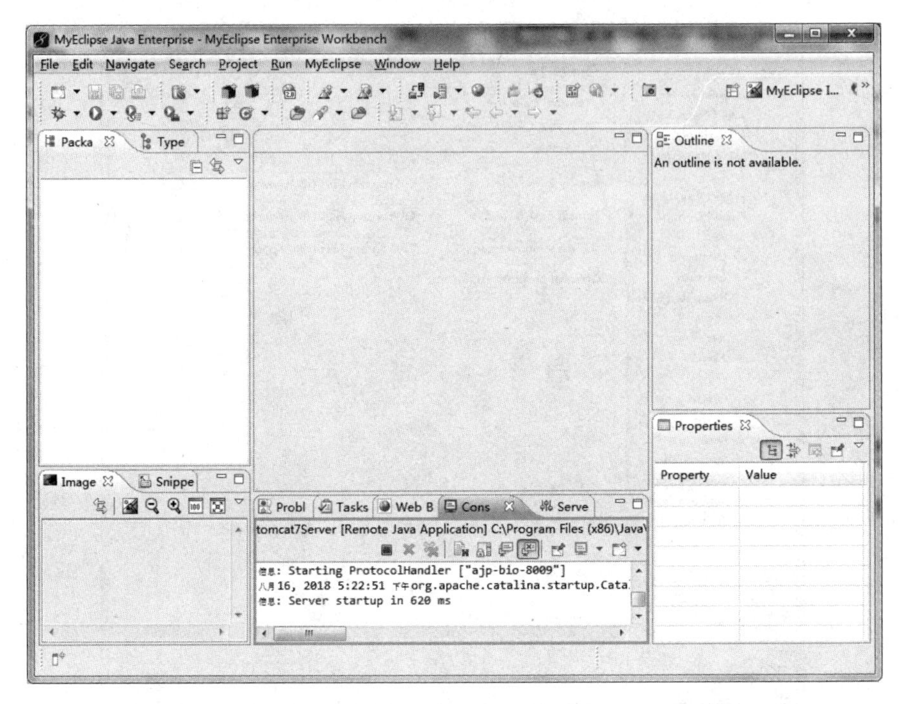

图 1.31　Tomcat 的启动

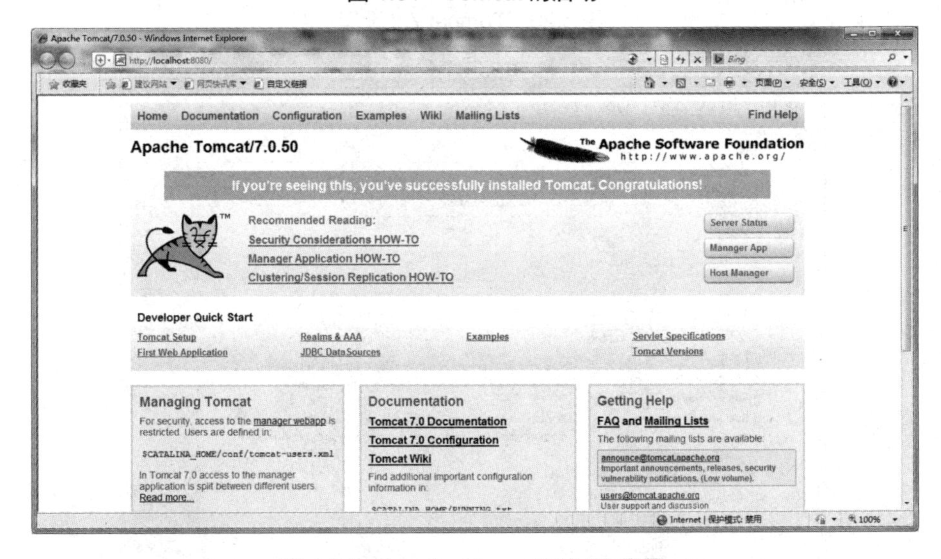

图 1.32　Apache Tomcat/7.0.50 页面

1.3.4　SQL Server 的安装与配置

SQL Server 是一种基于客户机/服务器(C/S)体系结构的大型关系数据库管理系统(RDBMS)，最初是由 Microsoft、Sybase 与 Ashton-Tate 这三家公司共同开发的，其第一个 OS/2 版本于 1988 年发布。Windows NT 操作系统推出之后，Microsoft 与 Sybase 在 SQL Server 的开发上就分道扬镳了(Microsoft 专注于开发推广 SQL Server 的 Windows NT 版本，而 Sybase 则较专注于 SQL Server 在 UNIX 操作系统上的应用)。1992 年，Microsoft 成功将 SQL Server 移植到 Windows NT 操作系统上。此后，Microsoft 陆续推出更高的版本，包括 SQL Server 6.5(1996 年)、SQL Server 7.0(1998 年)、SQL Server 2000(2000 年)、SQL Server 2005(2005 年)、SQL Server 2008(2008 年)、SQL Server 2012(2012 年)等。由于 SQL Server 易于使用，而且功能强大、安全可靠、性能优异，并具有极高的可用性与极强的可伸缩性，因此已得到越来越广泛的应用。在此，选用的是 SQL Server 2008 Enterprise Edition(企业版)。

1. 安装

SQL Server 的安装较为简单，只需插入安装光盘并运行安装程序，即可启动相应的安装向导。在安装向导的指引下，只需进行相应的设置，即可顺利完成整个安装过程。限于篇幅，在此不作详述。

2. 配置

为确保 MyEclipse 或 Java Web 应用程序能够顺利连接到 SQL Server 数据库，应对 SQL Server 数据服务器的有关配置进行认真检查，并在需要时进行相应的修改。

(1) SQL Server 配置管理器中的有关配置。

主要步骤如下。

① 在“开始”菜单中选择“所有程序”→Microsoft SQL Server 2008→“配置工具”→“SQL Server 配置管理器”菜单项，打开 Sql Server Configuration Manager 窗口，如图 1.33 所示。

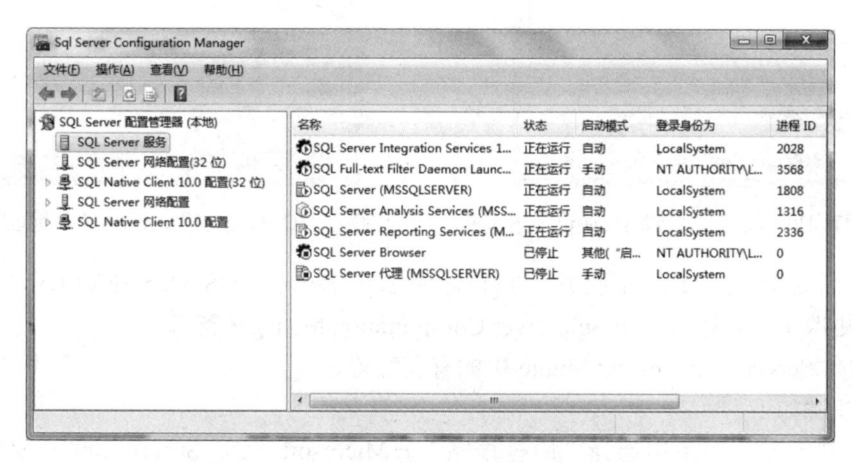

图 1.33　Sql Server Configuration Manager 窗口

② 在左窗格中选中“SQL Server 服务”节点，然后在右窗格中找到相应的 SQL Server 服务程序[在此为 SQL Server (MSSQLSERVER)]，确保其处于“正在运行”状态。为方便起见，建议将该服务的启动模式设置为“自动”。

③ 在左窗格中选中“SQL Server 网络配置”下的相应协议节点(在此为“MSSQLSERVER 的协议”)，然后在右窗格中找到 TCP/IP 协议，确保其处于“已启用”状态，如图 1.34 所示。若尚未启用，则应双击之，打开“TCP/IP 属性”对话框，并在其中的“协议”选项卡的“已启用”下拉列表框中选中“是”选项(见图 1.35)，同时在“IP

地址”选项卡中将 IPAll 下的 TCP 端口设置为“1433”，如图 1.36 所示。

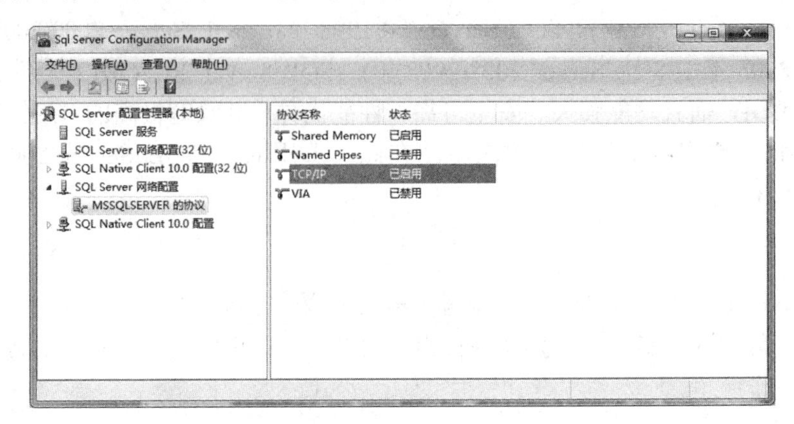

图 1.34 Sql Server Configuration Manager 窗口

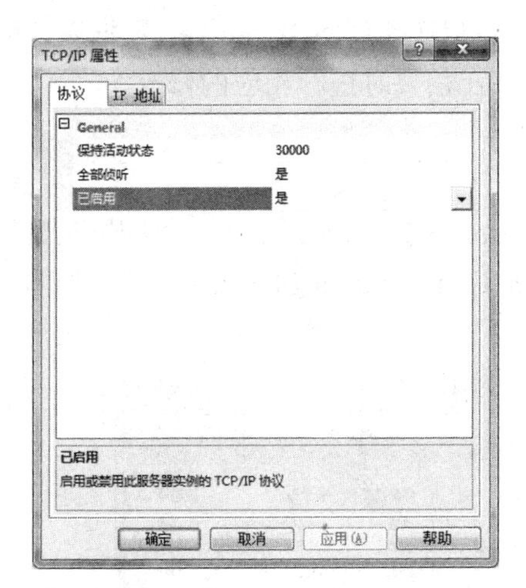

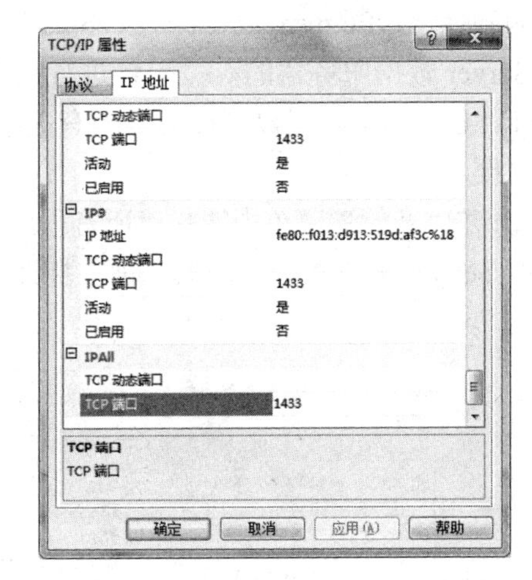

图 1.35 “TCP/IP 属性”对话框(“协议”选项卡)　图 1.36 “TCP/IP 属性”对话框(“IP 地址”选项卡)

④ 重新启动 SQL Server 服务程序[在此为 SQL Server (MSSQLSERVER)]，以便使有关设置的更改生效，然后关闭 Sql Server Configuration Manager 窗口。

(2) SQL Server Management Studio 中的有关配置。

主要步骤如下。

① 在“开始”菜单中选择“所有程序”→Microsoft SQL Server 2008→SQL Server Management Studio 菜单项，打开 Microsoft SQL Server Management Studio 窗口，如图 1.37 所示。

② 在“对象资源管理器”窗格中，右击 SQL Server 服务器节点，并在其快捷菜单中选择“属性”菜单项，打开“服务器属性”对话框，然后切换到“安全性”选项设置界面(见图 1.38)，在“服务器身份验证”组选中“SQL Server 和 Windows 身份验证模式”单选按钮，最后再单击“确定”按钮，关闭“服务器属性”对话框。

注意： 如果改变了 SQL Server 的身份验证模式，那么应重启 SQL Server 服务，以使身份验证模式的更改生效。

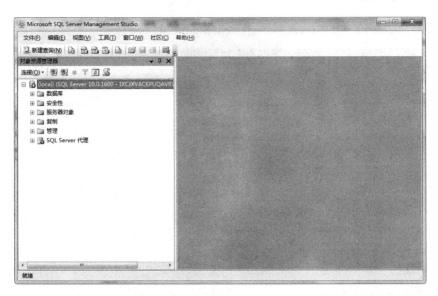

图 1.37　Microsoft SQL Server Management Studio 窗口

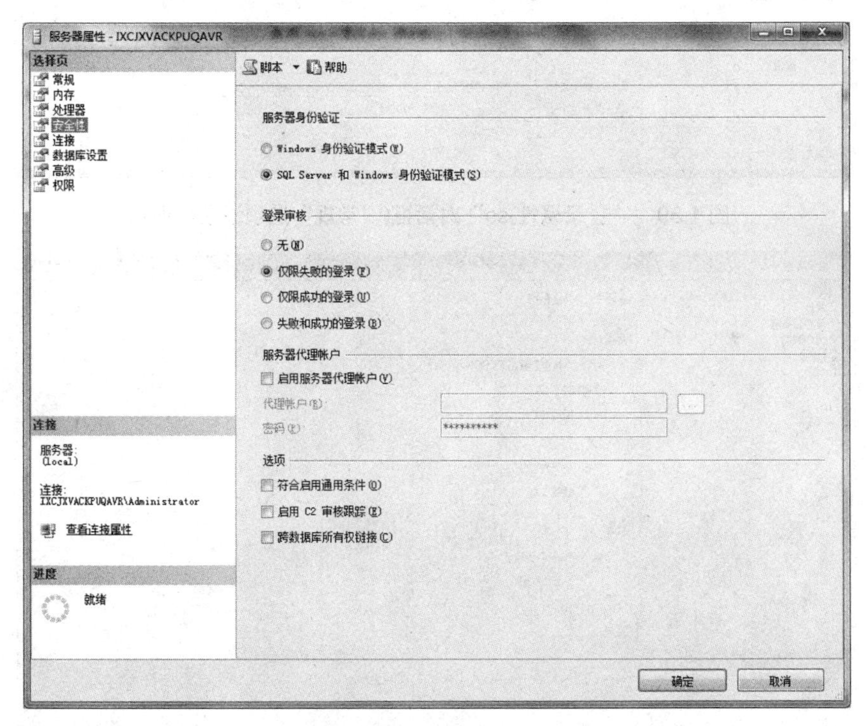

图 1.38　“服务器属性”对话框(“安全性”选项设置界面)

③ 在“对象资源管理器”窗格中，依次展开 SQL Server 服务器下的“安全性”与“登录名”节点，右击超级管理员登录账号 sa，并在其快捷菜单中选择“属性”菜单项，打开“登录属性-sa”对话框，然后在“常规”选项设置界面(见图 1.39)中根据需要修改登录账号 sa 的密码(在此将其修改为“abc123!”)，并在“状态”选项设置界面(见图 1.40)中选中“授予”单选按钮与“启用”单选按钮，最后再单击“确定”按钮，关闭“登录属性-sa”对话框。

④ 关闭 Microsoft SQL Server Management Studio 窗口。

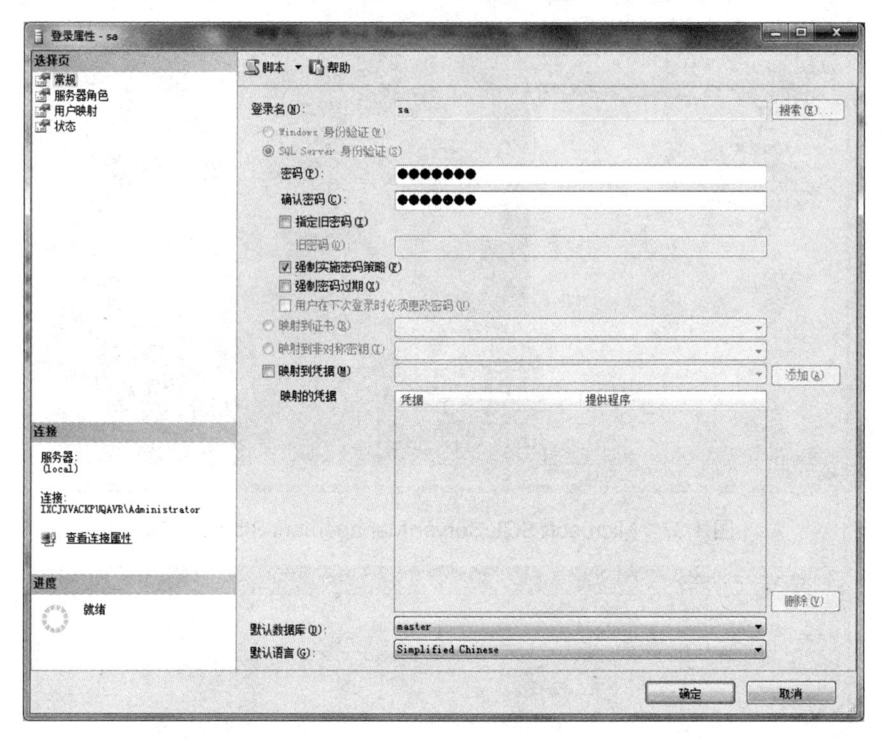

图 1.39 “登录属性-sa”对话框(“常规”选项设置界面)

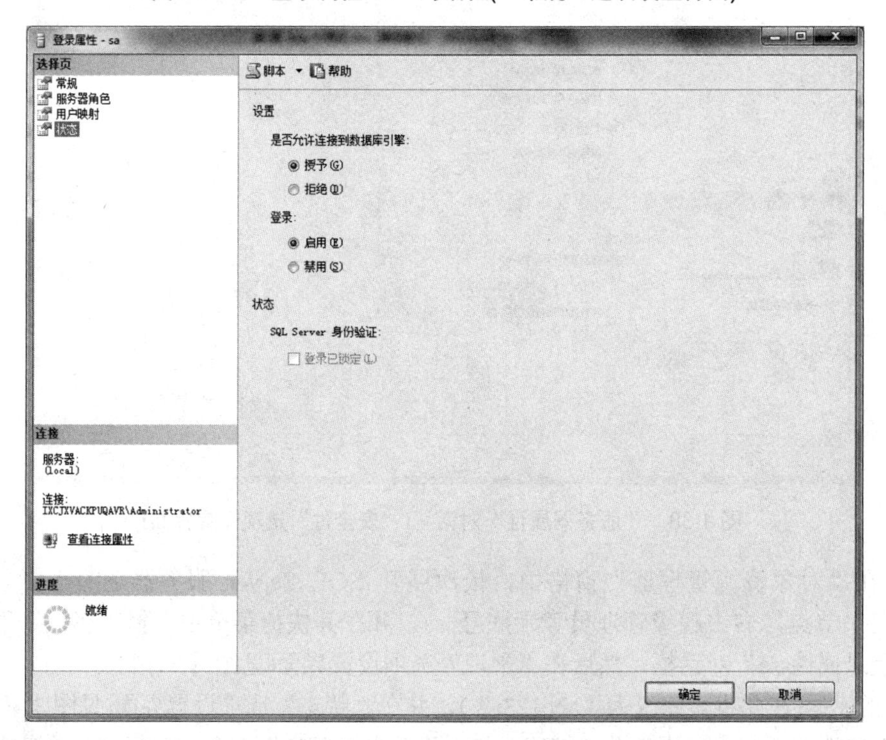

图 1.40 “登录属性-sa”对话框(“状态”选项设置界面)

1.4　Java Web 项目的创建与部署

下面通过两个简单的实例，说明在 MyEclipse 中创建与部署 Java Web 项目的主要步骤与基本方法。

【实例 1-1】 创建一个 HelloWorld.jsp 页面，如图 1.41 所示。

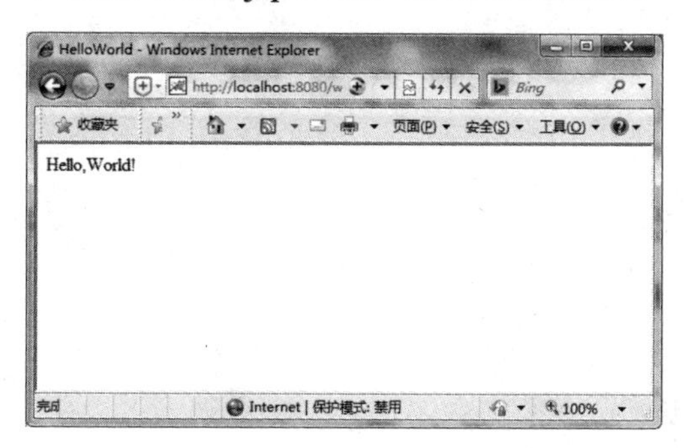

图 1.41　HelloWorld.jsp 页面

主要步骤如下。

(1) 创建 Web 项目 web_01。

① 在 MyEclipse 中，选择 File→New→Web Project 菜单项，打开如图 1.42 所示的 New Web Project 对话框。

② 在 Project Name 处输入项目名“web_01”，并在 J2EE Specification Level 处选中 Java EE 6.0 单选按钮。

③ 单击 Finish 按钮，关闭 New Web Project 对话框。

至此，Web 项目 web_01 创建完毕，其基本结构如图 1.43 所示。

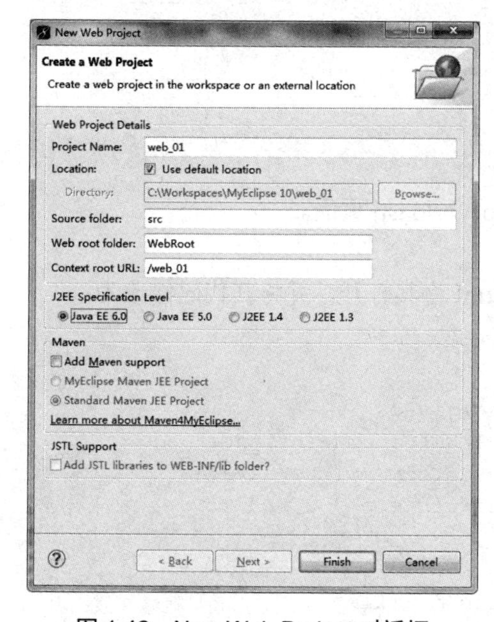

图 1.42　New Web Project 对话框

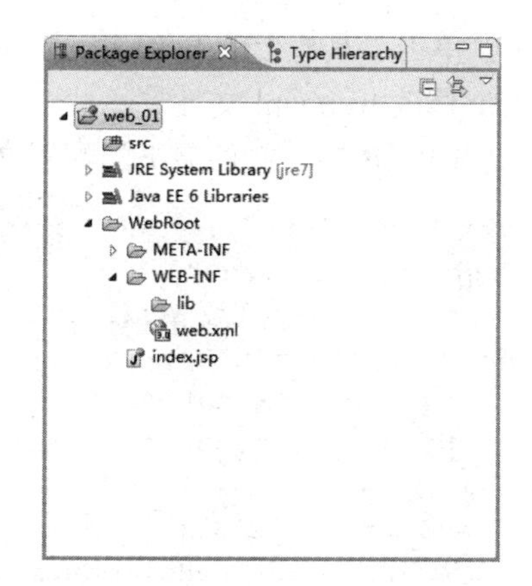

图 1.43　Web 项目 web_01 的基本结构

(2) 创建 JSP 页面 HelloWorld.jsp。

① 右击项目中的 WebRoot 文件夹，在弹出的快捷菜单中选择 New→JSP(Advanced Templates)菜单项，打开如图 1.44 所示的 Create a new JSP page 对话框。

图 1.44　Create a new JSP page 对话框

② 在 File Name 文本框中输入文件名“HelloWorld.jsp”。

③ 单击 Finish 按钮，关闭 Create a new JSP page 对话框。

④ 在编辑区中删除原有代码，然后输入以下代码。

```
<html>
  <head>
    <title>HelloWorld</title>
    <meta http-equiv="content-type" content="text/html; charset=UTF-8">
  </head>
  <body>
    Hello,World! <br>
  </body>
</html>
```

⑤ 单击工具栏上的 Save 按钮，保存 HelloWorld.jsp 页面。

(3) 修改 web.xml 文件。

双击 WEB-INF 文件夹下的配置文件 web.xml 将其打开，并将其代码修改为：

```
<?xml version="1.0" encoding="UTF-8"?>
<web-app version="3.0"
    xmlns="http://java.sun.com/xml/ns/javaee"
    xmlns:xsi="http://www.w3.org/2001/XMLSchema-instance"
    xsi:schemaLocation="http://java.sun.com/xml/ns/javaee
    http://java.sun.com/xml/ns/javaee/web-app_3_0.xsd">
  <display-name></display-name>
  <welcome-file-list>
    <welcome-file>HelloWorld.jsp</welcome-file>
```

```
  </welcome-file-list>
</web-app>
```

说明： MyEclipse 默认的 Web 项目启动页面为 index.jsp，若要将其改为其他页面(如 HelloWorld.jsp 等)，则要对配置文件 web.xml 进行相应的修改，即修改其中的<welcome-file>元素。

(4) 部署 Web 项目(将 Web 项目部署到 Tomcat 中)。

① 单击工具栏上的 Deploy MyEclipse J2EE Project to Server 按钮，打开如图 1.45 所示的 Project Deployments 对话框。

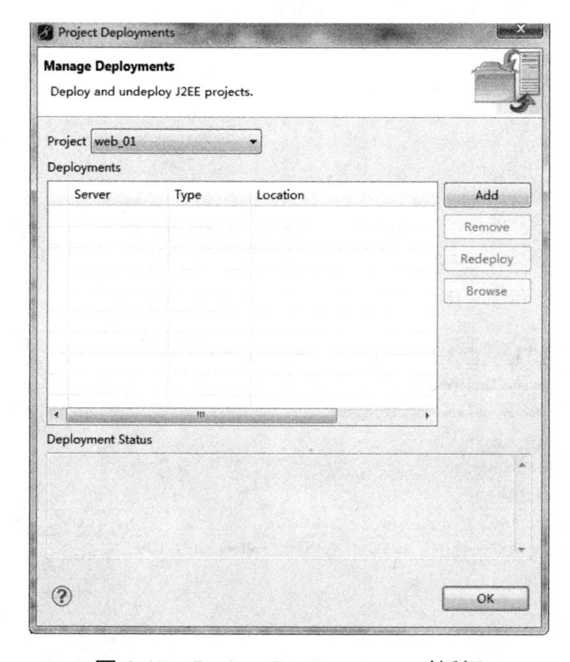

图 1.45　Project Deployments 对话框

② 在 Project 下拉列表框中选择要部署的项目(在此为 web_01)，然后单击 Add 按钮，打开如图 1.46 所示的 New Deployment 对话框。

③ 在 Server 下拉列表框中选择相应的服务器(在此为 Tomcat 7.x)，然后单击 Finish 按钮，关闭 New Deployment 对话框。

④ 当显示"Successfully deployed."时(见图 1.47)，表明项目已部署成功。此时，应单击 OK 按钮，关闭 Project Deployments 对话框。

(5) 启动 Tomcat。

单击工具栏中的 Run/Stop/Restart MyEclipse Servers 复合按钮右侧的下拉按钮，并在随之打开的菜单中选择 Tomcat 7.x→Start 菜单项，即可启动 Tomcat。此时，在 MyEclipse 主窗口下方的控制台区域会输出相应的 Tomcat 启动信息。若在启动过程中并无错误信息提示，且最后显示类似于"Server startup in 3720 ms"的信息，则表示 Tomcat 服务器已成功启动。

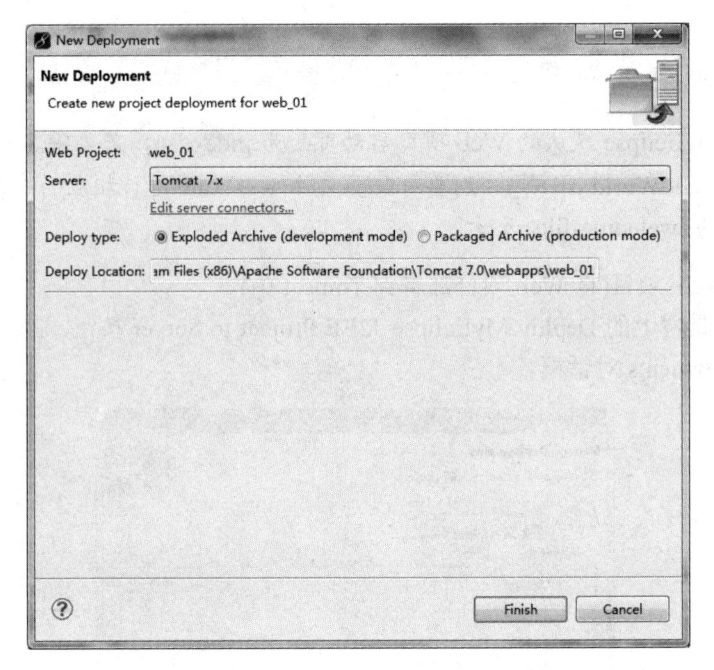

图 1.46 New Deployment 对话框

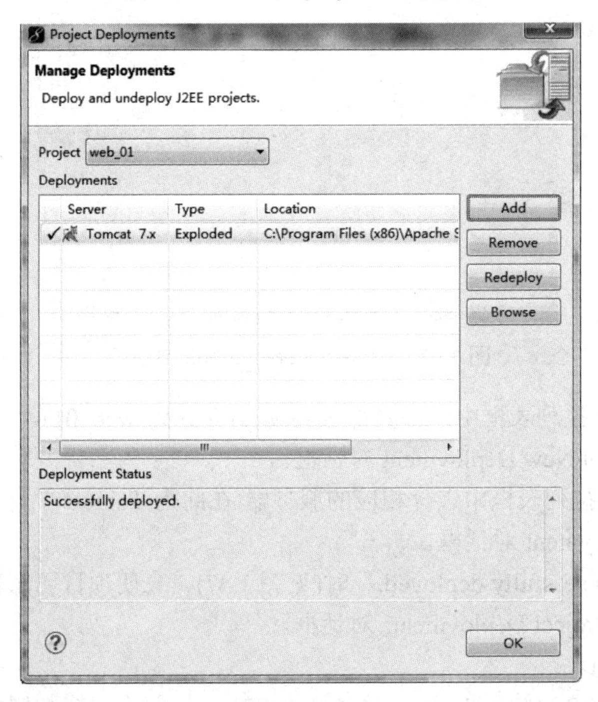

图 1.47 Project Deployments 对话框

(6) 浏览 JSP 页面 HelloWorld.jsp。

打开浏览器，输入 http://localhost:8080/web_01/HelloWorld.jsp(或 http://localhost:8080/web_01/)并回车，即可显示如图 1.41 所示的 HelloWorld.jsp 页面。

【实例 1-2】创建一个可显示当前日期与时间的 Time.jsp 页面，如图 1.48 所示。

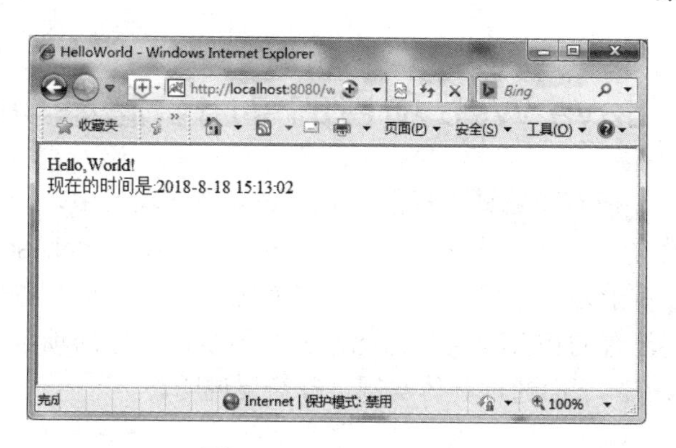

图 1.48　Time.jsp 页面

主要步骤如下。

(1) 在项目 web_01 中右击 WebRoot 文件夹，在快捷菜单中选择 New→JSP(Advanced Templates)菜单项创建一个新的 JSP 页面，并将其命名为 Time.jsp。其代码如下：

```
<%@ page language="java" contentType="text/html; charset=UTF-8"%>
<%@ page import="java.util.*" %>
<html>
  <head>
    <title>HelloWorld</title>
  </head>
  <body>
     <%
     Date d=new Date();
     String s=d.toLocaleString();
     %>
    Hello,World! <br>
    现在的时间是:<%=s%>
  </body>
</html>
```

(2) 重新部署 Web 项目。

① 单击工具栏上的 Deploy MyEclipse J2EE Project to Server 按钮，打开 Project Deployments 对话框。

② 在 Project 下拉列表框中选择要重新部署的项目(在此为 web_01)，然后单击 Redeploy 按钮。

③ 当显示“Successfully deployed.”时，表明项目已重新部署成功。此时，应单击 OK 按钮，关闭 Project Deployments 对话框。

(3) 启动 Tomcat。

(4) 浏览 JSP 页面 Time.jsp。

打开浏览器，输入 http://localhost:8080/web_01/Time.jsp 并回车，即可显示如图 1.48 所示的 Time.jsp 页面。

1.5 Java Web 项目的导出、移除与导入

在 MyEclipse 中，所有可编译运行的资源都必须放在项目中，一个项目包括一系列相关的文件与设置。通常，项目目录下的.project、.mymetadata 与.classpath 等文件描述了当前项目的有关信息。对于应用开发人员来说，经常需要对项目进行备份、将项目部署到其他计算机上或者借鉴已有的相关项目。为此，就必须掌握一定的项目管理方法，包括项目的导出、移除与导入等。下面通过具体实例进行简要说明。

1. 项目的导出

【实例 1-3】导出项目 web_01。

主要步骤如下。

(1) 右击项目名 web_01，在快捷菜单中选择 Export 菜单项，打开如图 1.49 所示的 Export(Select)对话框。

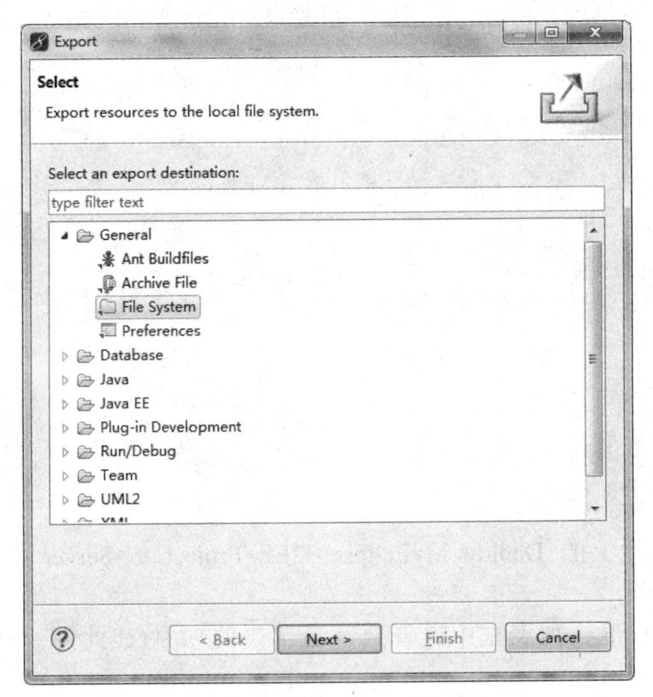

图 1.49　Export(Select)对话框

(2) 在项目树中选择 General→File System(表示将导出的项目保存在本地文件系统中)，然后单击 Next 按钮，打开如图 1.50 所示的 Export(File system)对话框。

(3) 单击 Browse 按钮，选定存放路径(在此为 F:\Lu\MyProjects)，然后单击 Finish 按钮，关闭 Export(File system)对话框。

项目导出完毕后，在指定的路径中(在此为 F:\Lu\MyProjects)将找到相应的项目文件夹(在此为 web_01)。

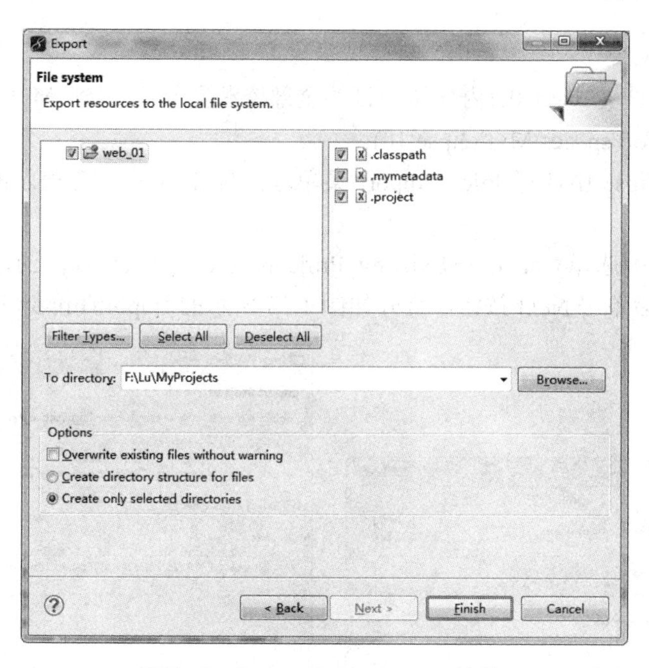

图 1.50　Export(File System)对话框

2. 项目的移除

【实例 1-4】移除项目 web_01。

主要步骤如下。

(1) 右击项目名 web_01，并在其快捷菜单中选择 Delete 菜单项，打开如图 1.51 所示的 Delete Resources 对话框。

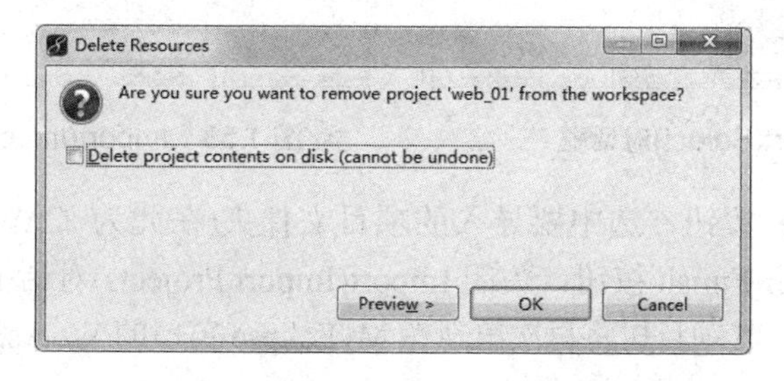

图 1.51　Delete Resources 对话框

(2) 单击 OK 按钮，关闭 Delete Resources 对话框。

项目被移除后，其项目树将不再出现在 MyEclipse 窗口的 Workspace(工作区)窗格中，但其项目文件夹(内含该项目的全部资源文件)仍然存放在 MyEclipse 的工作区目录中(在此为 C:\Workspaces\MyEclipse 10)。若要彻底删除项目，应在 Delete Resources 对话框中选中 Delete project contents on disk (cannot be undone)复选框，然后再单击 OK 按钮。在这种情况下，MyEclipse 会将工作区目录中对应的项目文件夹一起删除，且无法恢复。

3. 项目的导入

【实例 1-5】导入项目 web_01。

主要步骤如下。

(1) 将项目文件夹 web_01(内含该项目的全部资源文件)复制到 MyEclipse 的工作区目录中(在此为 C:\Workspaces\MyEclipse 10)。

(2) 在 MyEclipse 中选择 File→Import 菜单项，打开如图 1.52 所示的 Import(Select)对话框。

(3) 在项目树中选择 General→Existing Projects into Workspace(表示将导入工作区中已存在的项目)，然后单击 Next 按钮，打开如图 1.53 所示的 Import(Import Projects)对话框。

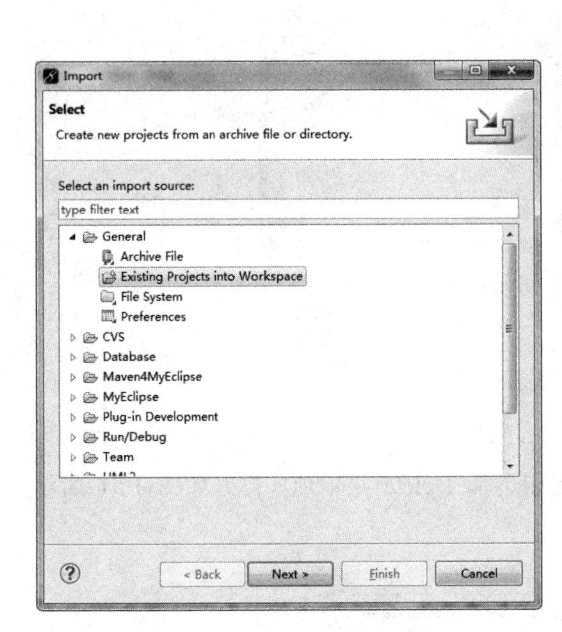

图 1.52 Import(Select)对话框

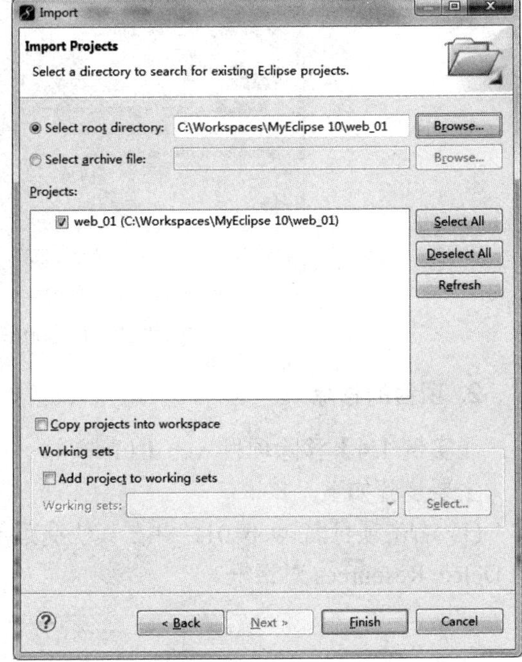

图 1.53 Import(Import Projects)对话框

(4) 单击 Browse 按钮，选中要导入的项目文件夹(在此为 C:\Workspaces\ MyEclipse 10\web_01)，然后单击 Finish 按钮，关闭 Import(Import Projects)对话框。

项目导入完毕后，其项目树将再次出现在 MyEclipse 窗口的 Workspace(工作区)窗格中。

本 章 小 结

本章简要介绍了 JSP 的概况以及 Java Web 应用开发的主要技术，详细讲解了 Java Web 应用开发环境的搭建方法(包括 JDK、Tomcat、MyEclipse、SQL Server 的安装与配置)，并通过具体实例说明了 Java Web 项目的创建、部署与管理方法。通过本章的学习，应熟练掌握 Java Web 应用开发环境的搭建方法、MyEclipse 开发工具的基本用法以及 Java Web 项目的创建、部署与管理方法。

思 考 题

1. JSP 的主要特点是什么？

2. 请简述 JSP 的工作原理。

3. Java Web 应用开发的主要技术包括哪些？

4. 请简述 JDK 的配置与测试方法。

5. 请简述 Tomcat 的配置与测试方法。

6. 如何配置 MyEclipse 所用的 JRE？

7. 如何在 MyEclipse 中集成 Tomcat？

8. 对于 Java Web 应用程序来说，SQL Server 数据服务器方面有哪些关键配置？请简述之。

9. 在 MyEclipse 中，如何创建与部署一个 Web 项目？

10. Web 项目的配置文件是什么？

11. 如何修改 Web 项目的默认启动页面？

12. 在 MyEclipse 中，如何导出、移除与导入一个 Web 项目？

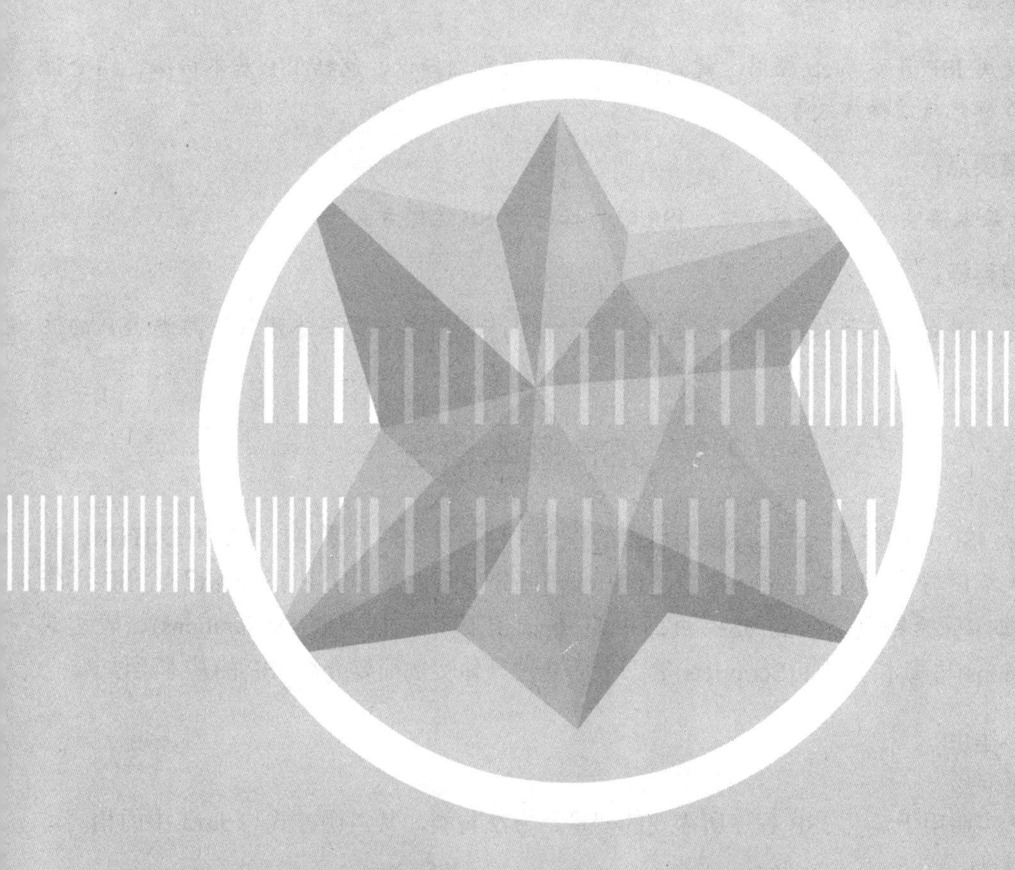

第 2 章

JSP 基础

要使用 JSP 开发 Web 应用，就必须熟悉 JSP 的基础知识，包括 JSP 基本语法、指令标记、动作标记与注释方式等。

本章要点：

JSP 基本语法；JSP 指令标记；JSP 动作标记；JSP 注释方式。

学习目标：

熟悉 JSP 的基本语法；掌握各种 JSP 指令标记与动作标记的基本用法；熟悉 JSP 的注释方式。

2.1 JSP 基本语法

一个 JSP 页面就是一个以.jsp 为后缀的程序文件，其组成元素包括 HTML/XHTML 标记、JSP 标记与各种脚本元素。其中，JSP 标记可分为两种，即 JSP 指令标记与 JSP 动作标记。脚本元素则是嵌入到 JSP 页面中的 Java 代码，包括声明(Declarations)、表达式(Expressions)与脚本小程序(Scriptlets)等。下面通过具体实例简要介绍 JSP 的基本语法。

2.1.1 声明

JSP 声明用于定义 JSP 程序所需要的变量、方法与类，其声明方式与 Java 中的相同，语法格式为：

```
<%! declaration;[ declaration;]... %>
```

其中，declaration 为变量、方法或者类的声明。JSP 声明通常写在脚本小程序的最前面。例如：

```
<%!
Date date;
int sum;
%>
```

注意： 与标记符“<%!”和“%>”所在的具体位置无关，二者之间所声明的变量、方法与类在整个 JSP 页面内都是有效的。不过，在方法、类中所定义的变量则只在该方法、类中有效。

2.1.2 表达式

JSP 表达式的值由服务器负责计算，且计算结果将自动转换为字符串并发送到客户端显示。其语法格式为：

```
<%= expression %>
```

其中，expression 为相应的表达式。例如：

```
<%=sum%>
<%=(new java.util.Date()).toLocaleString()%>
```

注意： 在“<%=”和“%>”之间所插入的表达式必须要有返回值，且末尾不能加“;”。

2.1.3　脚本小程序

脚本小程序是指在“<%”和“%>”之间插入的 Java 程序段(又称程序块或程序片)，其语法格式为：

```
<% Scriptlets %>
```

其中，Scriptlets 为相应的代码序列。在该代码序列中所声明的变量属于 JSP 页面的局部变量。

【实例 2-1】设计一个显示当前日期时间的页面 DisplayDateTime.jsp，如图 2.1 所示。

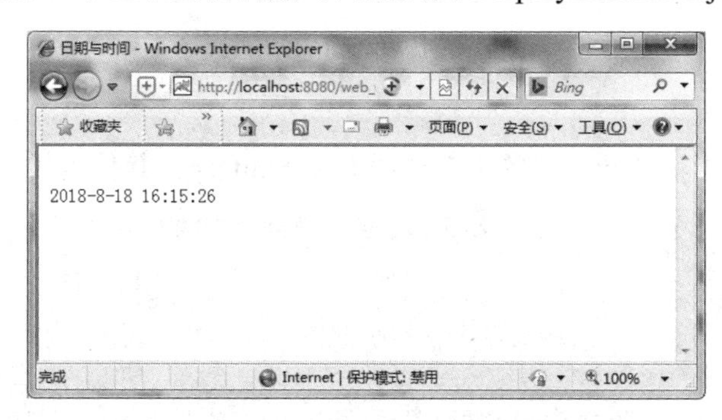

图 2.1　DisplayDateTime.jsp 页面

主要步骤如下。

(1) 新建一个 Web 项目 web_02。

(2) 在项目中添加一个新的 JSP 页面 DisplayDateTime.jsp。其代码如下：

```
<!-- JSP 指令标记 -->
<%@ page contentType="text/html;charset=GB2312"%>
<%@ page import="java.util.Date"%>
<%!
    //变量声明
    Date date;
%>
<!--HTML 标记 -->
<html>
    <head>
    <title>日期与时间</title>
    </head>
    <body>
    <%
    //Java 程序段
    date = new Date();
    out.println("<br>" + date.toLocaleString() + "<br>");
    %>
```

```
    </body>
</html>
```

【实例 2-2】设计一个计算 1～100 内的全部偶数之和的页面 EvenSum.jsp，如图 2.2 所示。

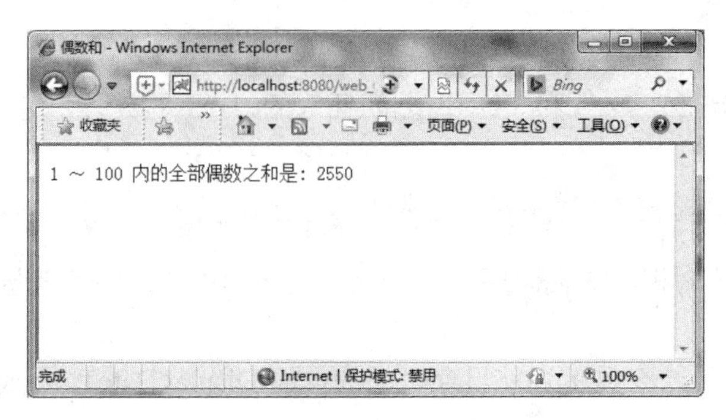

图 2.2　EvenSum.jsp 页面

主要步骤如下。

在项目 web_02 中添加一个新的 JSP 页面 EvenSum.jsp。其代码如下：

```
<%@ page contentType="text/html;charset=GB2312"%>
<%!
    // 变量声明
    int sum;
    // 方法声明
    public int getEvenSum(int n) {
        for (int i = 1; i <= n; i++) {
            if (i % 2 == 0)
                sum = sum + i;
        }
        return sum;
    }
%>
<html>
    <head>
    <title>偶数和</title>
    </head>
    <body>
    <%
    //Java 程序段
    int n=100;
    sum=0;
    %>
    1 ～
    <!-- JSP 表达式 -->
    <%= n %>
    内的全部偶数之和是：
    <!-- JSP 表达式 -->
    <%= getEvenSum(n) %>
```

```
    </body>
</html>
```

【实例 2-3】设计一个可显示当前访问者序号的页面 Counter.jsp，如图 2.3 所示。

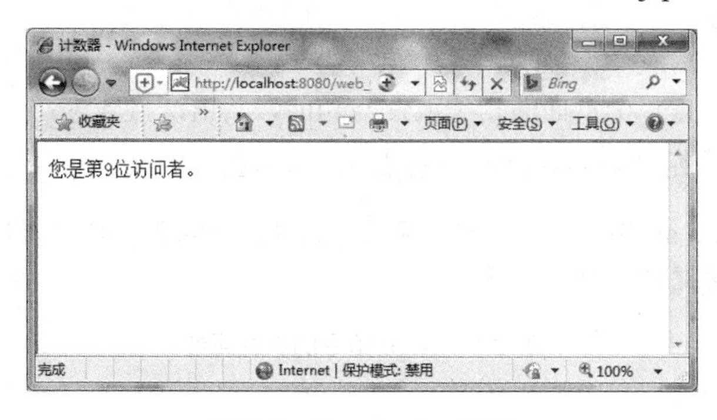

图 2.3　Counter.jsp 页面

主要步骤如下。

在项目 web_02 中添加一个新的 JSP 页面 Counter.jsp。其代码如下：

```
<%@ page contentType="text/html;charset=GB2312"%>
<html>
  <head>
    <title>计数器</title>
  </head>
  <body>
     <%!
     int count = 0; //声明变量
     synchronized void countUser() //声明方法
     {
       count++;
     }
     %>
     <%
       countUser(); //调用方法
     %>
     您是第<%=count%>位访问者。
  </body>
</html>
```

解析：本页面通过声明变量与方法，然后使用脚本小程序与表达式，实现一个简单的计数器功能。

2.2　JSP 指令标记

JSP 指令标记是专为 JSP 引擎而设计的，仅用于告知 JSP 引擎如何处理 JSP 页面，而不会直接产生任何可见的输出。指令标记又称为指令元素(directive element)，其语法格式为：

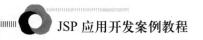

```
<%@ 指令名 属性="值" 属性="值" ... %>
```

JSP 指令标记分为 3 种，即 page 指令、include 指令与 taglib 指令。

2.2.1 page 指令

page 指令用于设置整个页面的相关属性与功能，其语法格式为：

```
<%@page attribute1="value1" attribute2="value2" ... %>
```

其中，attribute1、attribute2 等为属性名，value1、value2 等则为属性值。

page 指令的有关属性如表 2.1 所示。

表 2.1 page 指令的有关属性

属 性	说 明
language	声明脚本语言的种类，目前暂时只能用"java"，即 language="java"
import	指明需要导入的作用于程序段、表达式以及声明的 Java 包的列表。该属性的格式为 import="{package.class | package.* }, ..."
contentType	设置 MIME 类型和字符集(字符编码方式)。其中，MIME 类型包括 text/html(默认值)、text/plain、image/gif、image/jpeg 等，字符集包括 ISO-8859-1(默认值)、UTF-8、GB2312、GBK 等。该属性的格式为 contentType="mimeType [;charset=characterSet]" | "text/html; charset=ISO-8859-1"
pageEncoding	设置字符集(字符编码方式)，包括 ISO-8859-1(默认)、UTF-8、GB2312、GBK 等。该属性的格式为 pageEncoding="{characterSet | ISO-8859-1}"
extends	标明 JSP 编译时需要加入的 Java Class 的全名(该属性会限制 JSP 的编译能力，应慎重使用)。该属性的格式为 extends="package.class"
session	设定客户是否需要 HTTP Session。若为 true(默认值)，则 Session 是可用的；若为 false，则 Session 不可用，且不能使用定义了 scope=session 的<jsp:useBean>元素。该属性的格式为 session="true | false"
buffer	指定 buffer 的大小(默认值为 8KB)，该 buffer 由 out 对象用于处理执行后的 JSP 对客户端浏览器的输出。该属性的格式为 buffer="none | 8KB | sizekb"
autoFlush	设置 buffer 溢出时是否需要强制输出。若为 true(默认值)，则输出正常；若为 false，则 buffer 溢出时会导致意外错误发生。若将 buffer 设置为 none，则不允许将 autoFlush 设置为 false。该属性的格式为 autoFlush="true | false"
isThreadSafe	设置 JSP 文件是否能多线程使用。若为 true(默认值)，则一个 JSP 能够同时处理多个用户的请求；若为 false，则一个 JSP 一次只能处理一个请求。该属性的格式为 isThreadSafe="true | false"
info	指定在执行 JSP 时会加入其中的文本(可使用 Servlet.getServletInfo 方法获取)。该属性的格式为 info ="text"
errorPage	设置用于处理异常事件的 JSP 文件。该属性的格式为 errorPage="relativeURL"
isErrorPage	设置当前 JSP 页面是否为出错页面。若为 true，则为出错页面(可使用 exception 对象)；若为 false，则为非出错页面。该属性的格式为 isErrorPage="true | false"

例如：

```
<%@ page contentType="text/html;charset=GBK"%>
<%@ page import="java.util.*, java.lang.*" %>
<%@ page buffer="5kb" autoFlush="false" %>
<%@ page errorPage="error.jsp" %>
<%@ page import="java.util.Date"%>
<%@ page import="java.util.*,java.awt.*"%>
```

注意： 对于 import 属性，可以使用多个 page 指令以指定该属性有多个值。但对于其他属性，则只能使用一次 page 指令以指定该属性的一个值。

2.2.2　include 指令

include 指令用于在 JSP 页面中静态包含一个文件，其语法格式为：

```
<%@ include file="relativeURL" %>
```

其中，file 属性用于指定被包含的文件。被包含文件的路径通常为相对路径。若路径以“/”开头，则该路径为参照 JSP 应用的上下文路径；若路径以文件名或目录名开头，则该路径为正在使用的 JSP 文件的当前路径。例如：

```
<%@ include file="error.jsp" %>
<%@ include file="/include/calendar.jsp" %>
<%@ include file="/templates/header.html" %>
```

include 指令主要用于解决重复性页面问题，其中要包含的文件在本页面编译时被引入。

注意： 所谓静态包含，是指 JSP 页面和被包含的文件先合并为一个新的 JSP 页面，然后 JSP 引擎再将这个新的 JSP 页面转译为 Java 类文件。其中，被包含的文件应与当前的 JSP 页面处于同一个 Web 项目中，可以是文本文件、HTML/XHTML 文件、JSP 页面或 Java 代码段等，但必须保证合并而成的 JSP 页面要符合 JSP 的语法规则，即能够成为一个合法的 JSP 页面文件。

【实例 2-4】Include 指令示例：设计一个用于显示文本文件 Hello.txt 内容的页面 DisplayText.jsp，如图 2.4 所示。

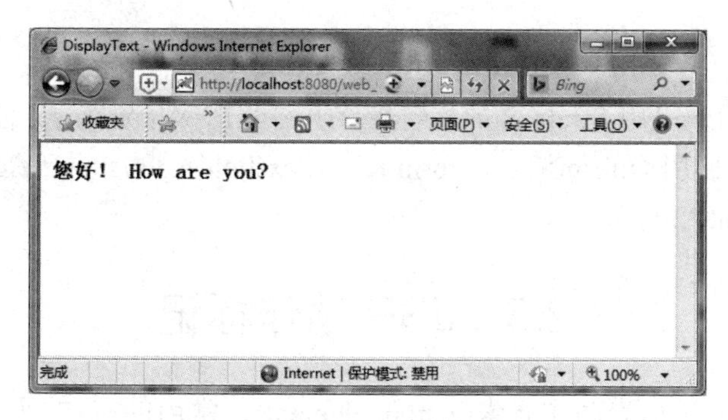

图 2.4　DisplayText.jsp 页面

主要步骤(在项目 web_02 中)如下。

(1) 在 WebRoot 目录中添加一个新的 JSP 页面 DisplayText.jsp。其代码如下：

```
<!-- page 指令 -->
<%@ page contentType="text/html;charset=GB2312" %>
<html>
    <head>
    <title>DisplayText</title>
    </head>
    <body>
        <H3>
        <!-- include 指令 -->
        <%@ include file="Hello.txt" %>
        </H3>
    </body>
</>
```

(2) 在 WebRoot 目录中添加一个文本文件 Hello.txt。其内容如下：

```
<%@ page contentType="text/html;charset=GB2312" %>
您好！
How are you?
```

2.2.3 taglib 指令

taglib 指令用于引用标签库并指定相应的标签前缀，其语法格式为：

```
<%@ taglib uri="tagLibURI" prefix="tagPrefix" %>
```

taglib 指令的有关属性如表 2.2 所示。

表 2.2 taglib 指令的有关属性

属　性	说　明
uri	指定标签库的路径
prefix	设定相应的标签前缀

例如：

```
<%@ taglib uri="/struts-tags" prefix="s" %>
```

该 taglib 指令用于引用 Struts 2 的标签库，并将其前缀指定为 s。使用该指令后，即可在当前 JSP 页面中使用<s:form>…</s:form>、<s:textfield>…</s:textfield>、<s:password>…</s:password>等 Struts 2 标签。

2.3 JSP 动作标记

JSP 的动作标记又称为动作元素(action element)，常用的有 7 个，即 param 动作、include 动作、forward 动作、plugin 动作、useBean 动作、getProperty 动作与 getProperty 动作。

2.3.1　param 动作

param 动作标记用于以“名称-值”对的形式为其他标记提供附加信息(即参数)，必须与 include、forward 或 plugin 等动作标记一起使用。其语法格式为：

```
<jsp:param name="parameterName" value="{parameterValue | <%=
expression %>}" />
```

其中，name 属性用于指定参数名，value 属性用于指定参数值(可以是 JSP 表达式)。例如：

```
<jsp:param name="username" value="abc"/>
```

该 param 动作标记指定了一个参数 username，其值为 abc。

2.3.2　include 动作

include 动作标记用于告知 JSP 页面动态加载一个文件，即在 JSP 页面运行时才将文件引入。其语法格式有以下两种。

格式 1：

```
<jsp:include page="{relativeURL | <%= expression%>}" flush="true" />
```

格式 2：

```
<jsp:include page="{relativeURL | <%= expression %>}" flush="true" >
<jsp:param name="parameterName" value="{parameterValue | <%=
expression %>}" />+
</jsp:include>
```

其中，格式 1 不带 param 子标记，格式 2 带有 param 子标记。在 include 动作标记中，page 属性用于指定要动态加载的文件，而 flush 属性必须设置为 true。

例如：

```
<jsp:include page="scripts/error.jsp" />
<jsp:include page="/copyright.html" />
```

又如：

```
<jsp:include page="scripts/login.jsp">
<jsp:param name="username" value="abc" />
</jsp:include>
```

说明： 所谓动态包含，是指当 JSP 引擎把 JSP 页面转译成 Java 文件时，告诉 Java 解释器，被包含的文件在 JSP 运行时才包含进来。若被包含的文件是普通的文本文件，则将文件的内容发送到客户端，由客户端负责显示。若包含的文件是 JSP 文件，则 JSP 引擎就执行这个文件，然后将执行的结果发送到客户端，并由客户端负责显示。

注意： include 动作标记与 include 指令标记是不同的。include 动作标记是在执行时才对包含的文件进行处理，因此 JSP 页面和其所包含的文件在逻辑和语法上是独立的。如果对包含的文件进行了修改，那么运行时将看到修改后的结果。而 include 指令标记所包含的文件如果发生了变化，必须重新将 JSP 页面转译成 Java 文件(可重新保存该 JSP 页面，然后再访问之，即可转译生成新的 Java 文件)，否则只能看到修改前的文件内容。

【实例 2-5】Include 动作标记示例：计算并显示 1 到指定整数内的所有偶数之和，如图 2.5 所示。

图 2.5　EvenSum 页面

主要步骤(在项目 web_02 中)如下。

(1) 在 WebRoot 目录中添加一个新的 JSP 页面 EvenSumSetNumber.jsp。其代码如下：

```
<%@ page contentType="text/html;charset=UTF-8" %>
<html>
    <head>
        <title>EvenSum</title>
    </head>
    <body>
        <jsp:include page="EvenSumByNumber.jsp">
        <jsp:param name="number" value="100" />
        </jsp:include>
    </body>
</html>
```

(2) 在 WebRoot 目录中添加一个新的 JSP 页面 EvenSumByNumber.jsp。其代码如下：

```
<%@ page contentType="text/html;charset=UTF-8" %>
<html>
    <head>
        <title>偶数和</title>
    </head>
    <body>
    <%
    String s=request.getParameter("number"); //获取参数值
    int n=Integer.parseInt(s);
    int sum=0;
    for(int i=1;i<=n;i++){
        if (i % 2 == 0)
```

```
            sum=sum+i;
    }
    %>
        从 1 到<%=n%>的偶数和是： <%=sum%>
    </body>
</html>
```

解析：

(1) 在本实例中，EvenSumSetNumber.jsp 页面使用 include 动作动态加载 EvenSumByNumber.jsp 页面，并使用 param 动作将参数值传递到 EvenSumByNumber.jsp 中。

(2) 在 EvenSumByNumber.jsp 页面中，首先获取传递过来的参数值，然后再计算并显示从 1 至该值内的所有偶数之和。

2.3.3 forward 动作

forward 动作标记用于跳转至指定的页面。其语法格式有以下两种。

格式 1：

```
<jsp:forward page={"relativeURL" | "<%= expression %>"} />
```

格式 2：

```
<jsp:forward page={"relativeURL" | "<%= expression %>"} >
<jsp:param name="parameterName" value="{parameterValue | <%=
expression %>}" />+
</jsp:forward>
```

其中，格式 1 不带 param 子标记，格式 2 带有 param 子标记。在 forward 动作标记中，page 属性用于指定跳转的目标页面。例如：

```
<jsp:forward page="/servlet/login" />
<jsp:param name="username" value="abc" />
</jsp:forward>
```

说明： 一旦执行到 forward 动作标记，将立即停止执行当前页面，并跳转至该标记中 page 属性所指定的页面。

【实例 2-6】 forward 动作标记示例：计算并显示 1 到指定整数内的所有奇数之和，如图 2.6 所示。

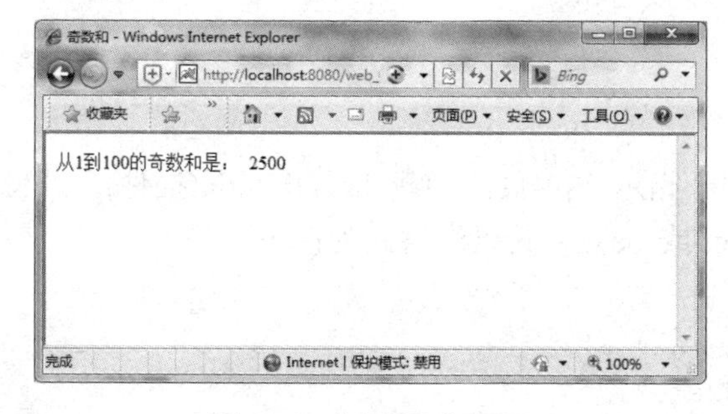

图 2.6　“奇数和”页面

主要步骤(在项目 web_02 中)如下。

(1) 在 WebRoot 目录中添加一个新的 JSP 页面 OddSumSetNumber.jsp。其代码如下：

```
<%@ page contentType="text/html;charset=UTF-8" %>
<html>
    <head>
        <title>OddSum</title>
    </head>
    <body>
        <jsp:forward page="OddSumByNumber.jsp">
        <jsp:param name="number" value="100" />
        </jsp:forward>
    </body>
</html>
```

(2) 在 WebRoot 目录中添加一个新的 JSP 页面 OddSumByNumber.jsp。其代码如下：

```
<%@ page contentType="text/html;charset=UTF-8" %>
<html>
    <head>
        <title>奇数和</title>
    </head>
    <body>
   <%
    String s=request.getParameter("number"); //获取参数值
    int n=Integer.parseInt(s);
    int sum=0;
    for(int i=1;i<=n;i++){
        if (i % 2 != 0)
            sum=sum+i;
    }
    %>
        从 1 到<%=n%>的奇数和是： <%=sum%>
    </body>
</html>
```

解析：

(1) 在本实例中，OddSumSetNumber.jsp 页面使用 forward 动作跳转至 OddSumByNumber.jsp 页面，并使用 param 动作将参数值传递到 OddSumByNumber.jsp 中。

(2) 在 OddSumByNumber.jsp 页面中，首先获取传递过来的参数值，然后再计算并显示从 1 至该值内的所有奇数之和。

2.3.4 plugin 动作

plugin 动作标记用于指示 JSP 页面加载 Java Plugin(插件)，并使用该插件(由客户负责下载)来运行 Java Applet 或 Bean。其语法格式为：

```
<jsp:plugin
type="bean | applet"
code="classFileName"
codebase="classFileDirectoryName"
```

```
[ name="instanceName" ]
[ archive="URIToArchive,..." ]
[ align="bottom | top | middle | left | right" ]
[ height="displayPixels" ]
[ width="displayPixels" ]
[ hspace="leftRightPixels" ]
[ vspace="topBottomPixels" ]
[ jreversion="JREVersionNumber | 1.1" ]
[ nspluginurl="URLToPlugin" ]
[ iepluginurl="URLToPlugin" ] >
[ <jsp:params>
[ <jsp:param name="parameterName" value="{parameterValue | <%=
    expression %>}" /> ]+
</jsp:params> ]
[ <jsp:fallback> text message for user </jsp:fallback> ]
</jsp:plugin>
```

其中，type 属性用于指定被执行的插件对象的类型(是 Bean 还是 applet)，code 属性用于指定被 Java 插件执行的 Java Class 的文件名(其扩展名为.class)，codebase 属性用于指定被执行的 Java Class 文件的目录或路径(若未提供此属性，则使用<jsp:plugin>的 JSP 文件的目录将会被采用)。有关 plugin 动作标记的具体用法请参阅有关手册，在此仅略举一例。

【实例 2-7】plugin 动作标记示例：在 MyApplet.jsp 页面中加载 Java Applet 小程序 MyApplet。

主要步骤如下。

(1) 在项目 web_02 中创建一个 Java Applet 小程序 MyApplet。为此，可按以下步骤进行操作。

① 在项目中右击 src 文件夹，并在其快捷菜单中选择 New→Applet 菜单项，打开 Create a new Applet(Applet Wizard)对话框，如图 2.7 所示。

图 2.7　Create a new Applet(Applet Wizard)对话框

② 在 Name 文本框中输入名称 MyApplet，并在 Options 处取消各复选框的选中状态，然后单击 Next 按钮，打开 Create a new Applet(Applet HTML Wizard)对话框，如图 2.8 所示。

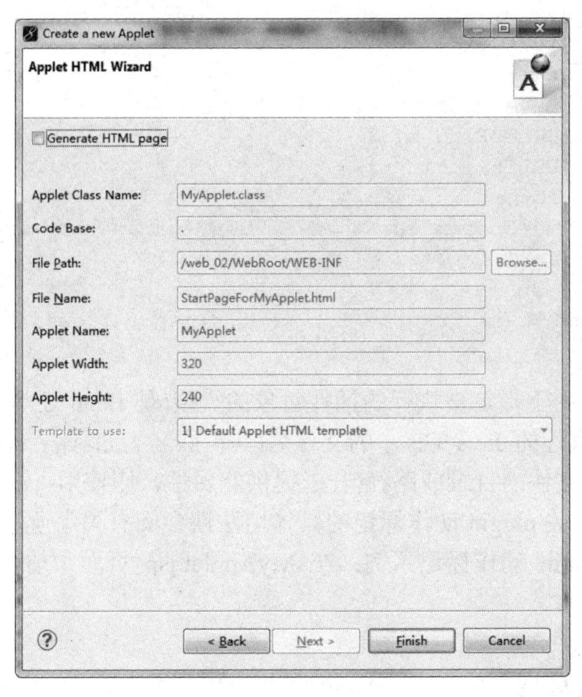

图 2.8　Create a new Applet(Applet HTML Wizard)对话框

③ 取消 Generate HTML page 复选框的选中状态，然后单击 Finish 按钮，关闭 Create a new Applet(Applet HTML Wizard)对话框。此时，在项目的“默认包(default package)”中将自动创建一个 Java 类文件 MyApplet.java。

④ 输入并保存 MyApplet.java 的代码。具体代码如下：

```
import java.applet.Applet;
import java.awt.*;
public class MyApplet extends Applet {
    public void paint(Graphics g){
        g.setColor(Color.red);
        g.drawString("您好，世界！", 5, 10);
        g.setColor(Color.green);
        g.drawString("Hello, World!", 5, 30);
        g.setColor(Color.blue);
        g.drawString("我就是 Applet 小程序！", 5, 50);
    }
}
```

(2) 在项目 web_02 中添加一个新的 JSP 页面 MyApplet.jsp。其代码如下：

```
<%@ page contentType="text/html;charset=GB2312" %>
<html>
    <head>
```

```
    <title>MyApplet 小程序</title>
    </head>
    <body>
        MyApplet 小程序运行结果：<hr/>
        <jsp:plugin type="applet" code="MyApplet.class" codebase="."
            width="380" height="80">
            <jsp:fallback>
            MyApplet 小程序加载失败！
            </jsp:fallback>
        </jsp:plugin>
    </body>
</html>
```

运行结果：重新部署 web_02 项目，并将部署后项目文件夹 web_02 的子文件夹 WEB-INF\classes 中的 MyApplet.class 文件复制到项目文件夹 web_02 中，然后启动 Tomcat 服务器，打开浏览器并浏览 MyApplet.jsp 页面，结果如图 2.9 所示。

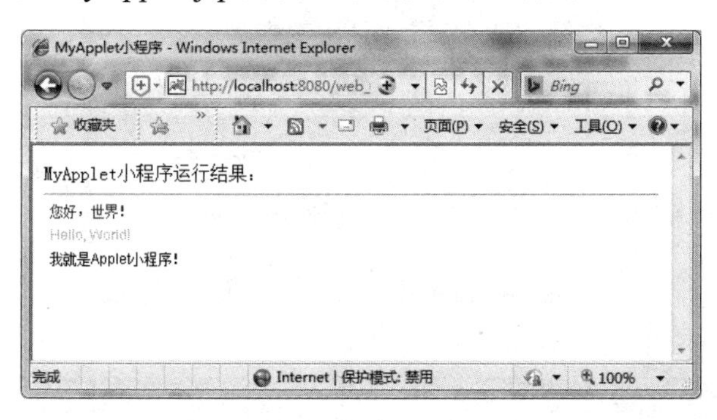

图 2.9　“MyApplet 小程序”页面

提示： 在浏览 MyApplet.jsp 页面时，若出现“应用程序已被安全设置阻止”或“应用程序已被阻止”的错误(见图 2.10 或图 2.11)，可按以下方法加以解决。

(1) 在“控制面板”的“程序”组中单击 Java 图标(或在 JDK 的安装目录中查找并运行 javacpl.exe)，打开“Java 控制面板”对话框，并切换至“安全”选项卡，如图 2.12(a)所示。

(2) 将“安全级别”设置为“中”(见图 2.12(b))，或通过单击“编辑站点列表”按钮添加相应的“例外站点”(在此为“http://localhost:8080”，如图 2.12(c)所示。

(3) 单击“确定”按钮，关闭“Java 控制面板”对话框。

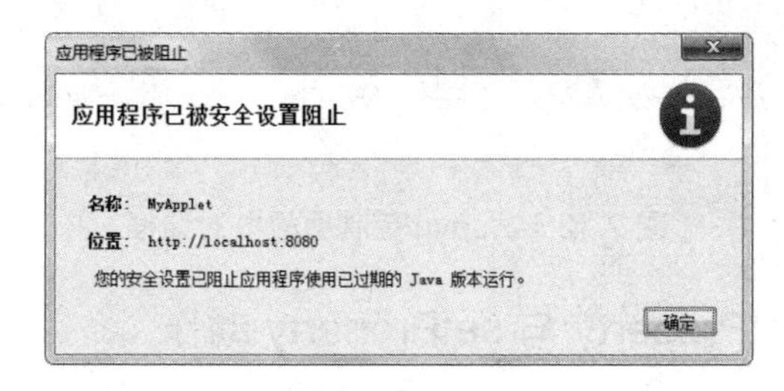

图 2.10　“应用程序已被阻止”对话框

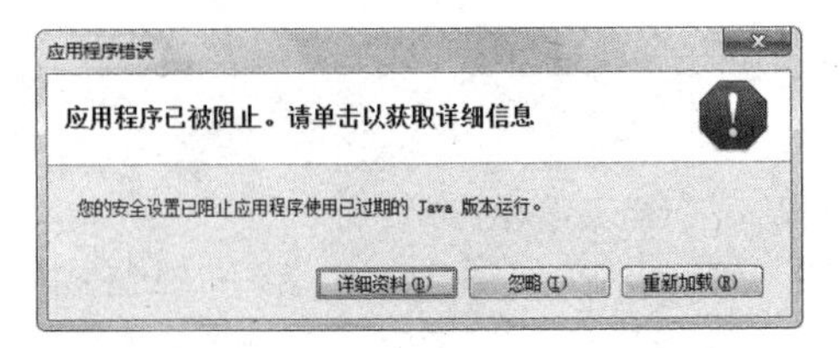

图 2.11　“应用程序错误”对话框

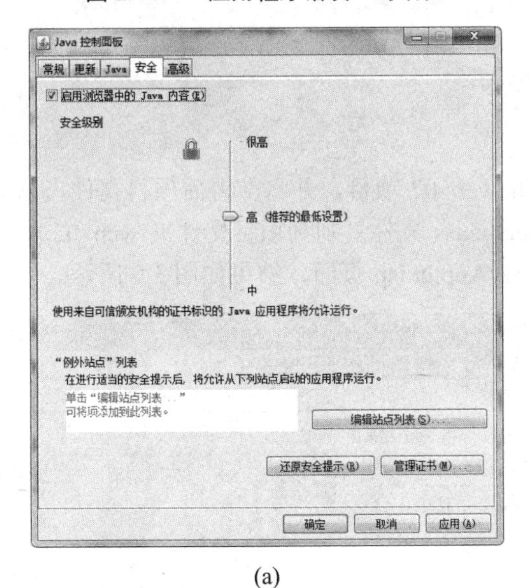

(a)

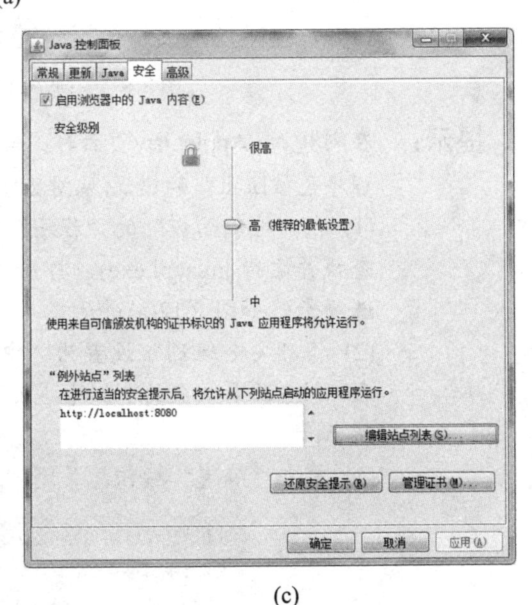

(b)　　(c)

图 2.12　“Java 控制面板”对话框

2.3.5　useBean、getProperty 与 setProperty 动作

useBean 动作标记用于应用一个 JavaBean 组件，而 getProperty 与 setProperty 动作标记

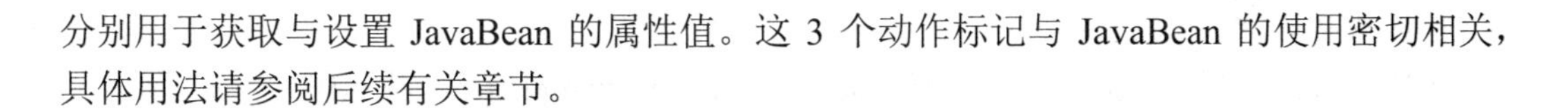
分别用于获取与设置 JavaBean 的属性值。这 3 个动作标记与 JavaBean 的使用密切相关，具体用法请参阅后续有关章节。

2.4　JSP 注释方式

JSP 页面中的注释可分为 3 种，即 HTML/XHTML 注释、JSP 注释与 Java 注释。

2.4.1　HTML/XHTML 注释

HTML/XHTML 注释指的是在标记符号“<!--”与“-->”之间加入的内容。其语法格式为：

```
<!--comment|<%=expression%>-->
```

其中，comment 为注释内容，expression 为 JSP 表达式。

对于 HTML/XHTML 注释，JSP 引擎会将其发送到客户端，从而可以在浏览器中通过查看源代码的方式查看其内容。因此，HTML/XHTML 注释又称为客户端注释或输出注释。这种注释类似于 HTML 文件中的注释，唯一不同的是前者可在注释中应用表达式，以便动态生成不同内容的注释。例如：

```
<!-- 现在时间是：<%=(new java.util.Date()).toLocaleString() %> -->
```

将该代码放在一个 JSP 文件的 body 中运行后，即可以在其源代码中看到相应的注释内容。例如：

```
<!-- 现在时间是：2018-8-18 16:30:28 -->
```

2.4.2　JSP 注释

JSP 注释指的是在标记符号“<%--”与“--%>”之间加入的内容。其语法格式为：

```
<%-- comment --%>
```

其中，comment 为注释内容。

对于 JSP 注释，JSP 引擎在编译 JSP 页面时会自动忽略，不会将其发送到客户端。 因此，JSP 注释又称为服务器端注释或隐藏注释，仅对服务器端的开发人员可见，对客户端是不可见的。

2.4.3　Java 注释

Java 注释只用于注释 JSP 页面中的有关 Java 代码，可分为以下 3 种情形。

(1) 使用双斜杠“//”进行单行注释，其后至行末的内容均为注释。

(2) 使用“/*”与“*/”进行多行注释，二者之间的内容均为注释。

(3) 使用“/**”与“*/”进行多行注释，二者之间的内容均为注释。这种方式可将所注释的内容文档化。

【实例 2-8】注释示例：计算并显示 1 到 100 之间的所有整数之和。

主要步骤如下。

在项目 web_02 中添加一个新的 JSP 页面 CommentExample.jsp。其代码如下：

```
<!-- JSP 页面 <%=(new java.util.Date()).toLocaleString()%> -->
<!-- jsp 指令标记 -->
<%@ page contentType="text/html;charset=GB2312"%>
<%!
    // 变量声明
    int sum;
    // 方法声明
    public int getSum(int n) {
        for (int i = 1; i <= n; i++) {
            sum = sum + i;
        }
        return sum;
    }
%>
<!--html 标记 -->
<%--html 标记 --%>
<html>
    <head>
    <title>累加和</title>
    </head>
    <body>
    <%
    //Java 程序段
    int m = 100;
    %>
    1 ~
    <!-- Java 表达式 -->
    <%=m%>
    间的所有整数之和为:
    <%-- Java 表达式 --%>
    <%= getSum(m) %>
    </body>
</html>
```

运行结果如图 2.13 所示，所生成的 HTML 源代码则如图 2.14 所示。

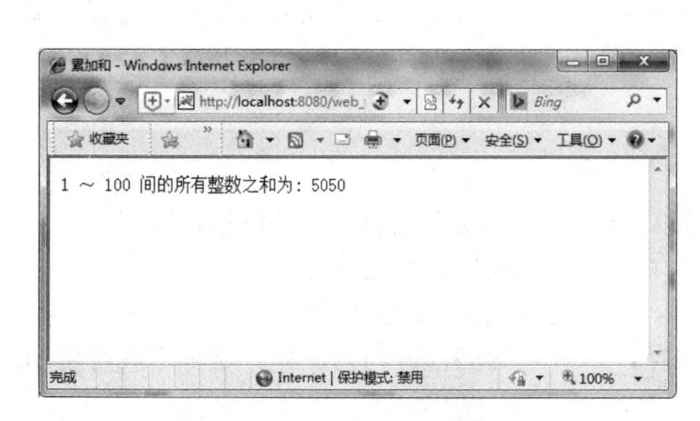

图 2.13 “累加和”页面

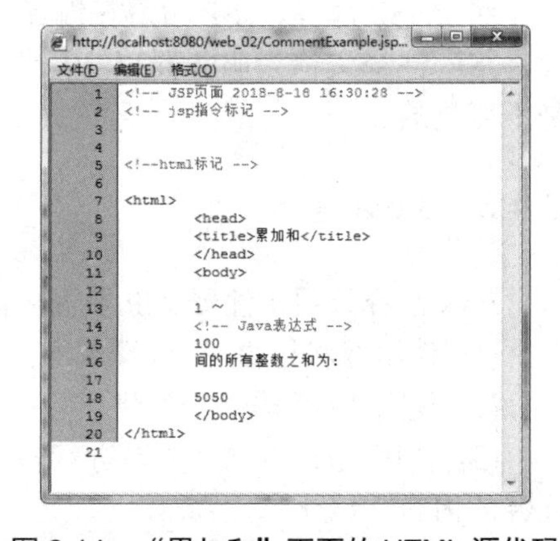

```
1  <!-- JSP页面 2018-8-16 16:30:28 -->
2  <!-- jsp指令标记 -->
3
4
5  <!--html标记 -->
6
7  <html>
8          <head>
9          <title>累加和</title>
10         </head>
11         <body>
12
13         1 ~
14         <!-- Java表达式 -->
15         100
16         间的所有整数之和为:
17
18         5050
19         </body>
20 </html>
21
```

图 2.14 “累加和”页面的 HTML 源代码

本 章 小 结

本章通过具体实例讲解了 JSP 的基本语法、JSP 指令标记与动作标记的基本用法以及 JSP 的注释方式。通过本章的学习，应熟悉 JSP 的基本语法与注释方式，掌握各种 JSP 指令标记与动作标记的主要用法，为 JSP 应用的开发奠定良好的基础。

思 考 题

1. JSP 声明、表达式与脚本小程序的基本语法格式是什么？
2. JSP 指令标记的基本语法格式是什么？
3. JSP 指令标记分为哪几种？
4. page 指令的作用是什么？其基本语法格式是什么？
5. include 指令的作用是什么？其基本语法格式是什么？
6. taglib 指令的作用是什么？其基本语法格式是什么？
7. JSP 的动作标记有哪些？
8. param 动作标记的作用是什么？其基本语法格式是什么？
9. include 动作标记的作用是什么？其基本语法格式是什么？
10. forward 动作标记的作用是什么？其基本语法格式是什么？
11. plugin 动作标记的作用是什么？
12. useBean、getProperty 与 setProperty 动作标记的作用是什么？
13. JSP 页面中的注释分为哪几种？其基本语法格式是什么？

第3章

JSP 内置对象

JSP 内置对象无须创建即可直接使用，并提供了许多在 Web 应用开发中所需要的功能与特性。因此，在 JSP 应用开发的过程中，内置对象的使用十分常见，事实上也是必不可少的。

本章要点：

JSP 内置对象简介；out 对象；request 对象；response 对象；session 对象；application 对象；exception 对象；page 对象；config 对象；pageContext 对象。

学习目标：

了解 JSP 内置对象的概况；掌握 JSP 各种内置对象的主要用法。

3.1　JSP 内置对象简介

JSP 内置对象是在 JSP 运行环境中预先定义的对象，可在 JSP 页面的脚本部分直接加以使用。在 JSP 中，内置对象共有 9 个，即 out 对象、request 对象、response 对象、session 对象、application 对象、exception 对象、page 对象、config 对象与 pageContext 对象。

3.2　out 对象

out 对象为输出流对象，主要用于向客户端输出流进行写操作，可将有关信息发送到客户端的浏览器。此外，通过 out 对象，还可对输出缓存区与输出流进行相应的控制与管理。

out 对象是向客户端输出内容时所使用的常用对象，其实是 javax.servlet.jsp.JspWriter 类的实例，具有 page 作用域。JspWriter 类包含大部分 java.io.PrintWriter 类中的方法，并新增了一些专为处理缓存而设计的方法，会抛出 IOExceptions 异常(而 PrintWriter 则不会)。根据页面是否使用缓存，JspWriter 类会进行不同的实例化操作。

out 对象的常用方法如表 3.1 所示。

表 3.1　out 对象的常用方法

方　法	说　明
void print(String str)	输出数据
void println(String str)	输出数据并换行
void newLine()	输出一个换行符
int getBufferSize()	获取缓冲区的大小
int getRemaining()	获取缓冲区剩余空间的大小
void flush()	输出缓冲区中的数据
void clear()	清除缓冲区中的数据，并关闭对客户端的输出流
void clearBuffer()	清除缓冲区中的数据
void close()	输出缓冲区中的数据，并关闭对客户端的输出流
boolean isAutoFlush()	缓冲区满时是否自动清空。该方法返回布尔值(由 page 指令的 autoFlush 属性确定)。若返回值为 true，则表示缓冲区满了会自动清除；若为 false，则表示缓冲区满了不会自动清除，而是抛出异常

【实例 3-1】out 对象使用示例：向客户端输出有关信息。

主要步骤如下。

(1) 新建一个 Web 项目 web_03。

(2) 在项目 web_03 中添加一个新的 JSP 页面 OutExample.jsp。其代码如下：

```
<%@ page contentType="text/html;charset=GB2312" %>
<html>
    <head>
        <title>out 对象使用示例</title>
    </head>
    <body>
        <%
        out.println("<br>输出字符串:");
        out.println("Hello,World!");
        out.println("<br>输出字符型数据:");
        out.println('*');
        out.println("<br>输出字符数组数据:");
        out.println(new char[]{'a','b','c'});
        out.println("<br>输出整型数据:");
        out.println(100);
        out.println("<br>输出长整型数据:");
        out.println(123456789123456789L);
        out.println("<br>输出单精度数据:");
        out.println(1.50f);
        out.println("<br>输出双精度数据:");
        out.println(123.50d);
        out.println("<br>输出布尔型数据:");
        out.println(true);
        out.println("<br>输出对象:");
        out.println(new java.util.Date());
        out.println("<br>缓冲区大小:");
        out.println(out.getBufferSize());
        out.println("<br>缓冲区剩余大小:");
        out.println(out.getRemaining());
        out.println("<br>是否自动清除缓冲区:");
        out.println(out.isAutoFlush());
        out.println("<br>调用 out.flush()");
        out.flush();
        out.println("<br>out.flush() OK!");  //不会输出
        out.println("<br>调用 out.clearBuffer()");  //不会输出
        out.clearBuffer();
        out.println("<br>out.clearBuffer() OK!");
        out.println("<br>调用 out.close()");
        out.close();
        out.println("<br>out.close() OK!");  //不会输出
        %>
    </body>
</html>
```

运行结果如图 3.1 所示。

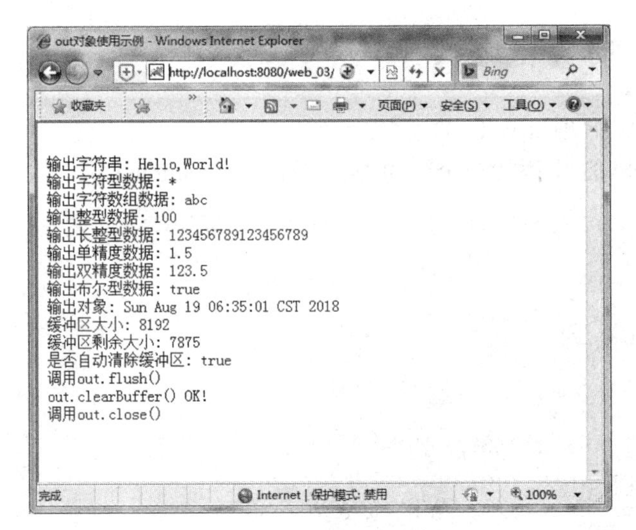

图 3.1 “out 对象使用示例”页面

3.3 request 对象

request 对象为请求对象，其中封装了客户端请求的所有信息，如请求的来源、标头、Cookies 以及与请求相关的参数值等。为获取请求的有关信息(如用户在 form 表单中所填写的数据等)，可调用 request 对象的有关方法。

request 对象是 javax.servlet.http.HttpServletRequest 类的实例，具有 request 作用域，代表的是来自客户端的请求(如 form 表单中写的信息等)，是最常用的对象之一。每当客户端请求一个 JSP 页面时，JSP 引擎就会创建一个新的 request 对象来代表这个请求。

request 对象的常用方法如表 3.2 所示。

表 3.2 request 对象的常用方法

方 法	说 明
String getServerName()	获取接受请求的服务器的主机名
int getServerPort()	获取服务器接受请求所用的端口号
String getRemoteHost()	获取发送请求的客户端的主机名
String getRemoteAddr()	获取发送请求的客户端的 IP 地址
int getRemotePort( )	获取客户端发送请求所用的端口号
String getRemoteUser( )	获取发送请求的客户端的用户名
String getQueryString()	获取查询字符串
String getRequestURI()	获取请求的 URL(不包括查询字符串)
String getRealPath(String path)	获取指定虚拟路径的真实路径
String getParameter(String name)	获取指定参数的值(字符串)
String[] getParameterValue(String name)	获取指定参数的所有值(字符串数组)
Enumeration getParameterNames()	获取所有参数名的枚举

续表

方　法	说　明
Cookie[] getCookies()	获取与请求有关的 Cookie 对象(Cookie 数组)
Map getParameterMap( )	获取请求参数的 Map
Object getAttribute(String name)	获取指定属性的值。若指定属性并不存在，则返回 null
Enumeration getAttributeNames()	获取所有可用属性名的枚举
String getHeader(String name)	获取指定标头的信息
Enumeration getHeaders(String name)	获取指定标头的信息的枚举
int getIntHeader(String name)	获取指定整数类型标头的信息
long getDateHeader(String name)	获取指定日期类型标头的信息
Enumeration getHeaderNames()	获取所有标头名的枚举
String getProtocol()	获取客户端向服务器端传送数据所使用的协议名
String getScheme()	获取请求所使用的协议名
String getMethod( )	获取客户端向服务器端传送数据的方法(如 GET、POST 等)
String getCharacterEncoding()	获取请求的字符编码方式
String getServletPath()	获取客户端所请求的文件的路径
String getContextPath()	获取 Context 路径(即站点名称)
int getContentLength()	获取请求体的长度(字节数)
String getContentType()	获取客户端请求的 MIME 类型。若无法得到该请求的 MIME 类型，则返回-1
ServletInputStream getInputStream()	获取请求的输入流
BufferedReader getReader()	获取解码后的请求体
HttpSession getSession(Boolean create)	获取与当前客户端请求相关联的 HttpSession 对象。若参数 create 为 true，或不指定参数 create，且 session 对象已经存在，则直接返回之，否则就创建一个新的 session 对象并返回之；若参数 create 为 false，且 session 对象已经存在，则直接返回之，否则就返回 null(即不创建新的 session 对象)
String getRequestedSessionId( )	获取 session 对象的 ID 号
void setAttribute(String name, Object obj)	设置指定属性的值
void setCharacterEncoding(String encoding)	设置字符编码方式

【实例 3-2】request 对象使用示例：获取客户端请求的有关信息。

主要步骤如下。

在项目 web_03 中添加一个新的 JSP 页面 RequestExample.jsp。其代码如下：

```
<%@ page contentType="text/html; charset=GB2312" %>
<html>
    <head>
        <title>request 对象使用示例</title>
    </head>
```

```
    <body>
        getServerName: <%= request.getServerName() %> <br>
        getServerPort: <%= request.getServerPort() %> <br>
        getServletPath: <%= request.getServletPath() %> <br>
        getContextPath: <%= request.getContextPath() %> <br>
        getRequestURI : <%= request.getRequestURI() %> <br>
        getRealPath : <%= request.getRealPath(request.getRequestURI()) %> <br>
        getQueryString : <%= request.getQueryString() %> <br>
    </body>
</html>
```

运行结果如图 3.2 所示。

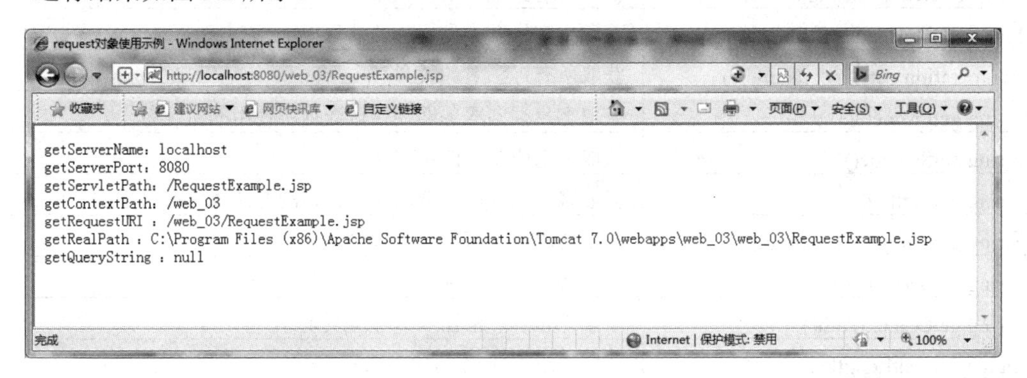

图 3.2 “request 对象使用示例”页面

【实例 3-3】 request 对象使用示例：用户注册。如图 3.3 所示为“用户注册”页面，单击“确定”按钮后，即可跳转至如图 3.4 所示的“注册信息”页面，并在其中显示用户所输入的信息。

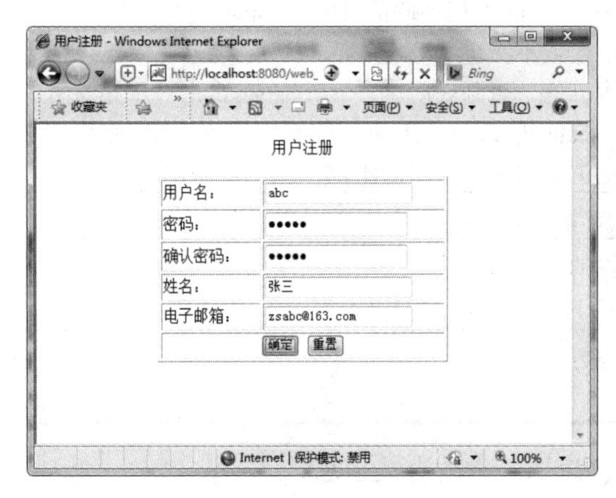

图 3.3 “用户注册”页面

图 3.4 “注册信息”页面

主要步骤(在项目 web_03 中)如下。

(1) 在 WebRoot 目录中添加一个新的页面 UserRegister.htm。其代码如下：

```
<html>
    <head>
        <title>用户注册</title>
```

```
    </head>
    <body>
        <div align="center">
        用户注册
        <form name="form1" id="form1" method="post" action=
            "UserRegisterResult.jsp">
          <table width="300" border="1">
            <tr>
              <td width="100">用户名：</td>
              <td><input name="username" type="text" id="username" /></td>
            </tr>
            <tr>
              <td>密码：</td>
              <td><input name="password" type="password" id="password" /></td>
            </tr>
            <tr>
              <td>确认密码：</td>
              <td><input name="confirmpwd" type="password" id=
                  "confirmpwd" /></td>
            </tr>
            <tr>
              <td>姓名：</td>
              <td><input name="name" type="text" id="name" /></td>
            </tr>
            <tr>
              <td>电子邮箱：</td>
              <td><input name="email" type="text" id="email" /></td>
            </tr>
            <tr>
              <td colspan="2" valign="" align="center"><input type=
                "submit" name="Submit" value="确定" />
              <input type="reset" name="Reset" value="重置" /></td>
            </tr>
          </table>
        </form>
        </div>
    </body>
</html>
```

(2) 在 WebRoot 目录中添加一个新的 JSP 页面 UserRegisterResult.jsp。其代码如下：

```
<%@ page contentType="text/html; charset=gb2312" %>
<html>
    <head>
        <title>注册信息</title>
    </head>
    <body>
        <%
        request.setCharacterEncoding("gb2312");
        String id=request.getParameter("username");
        String password=request.getParameter("password");
```

```
        String confirmpwd=request.getParameter("confirmpwd");
        String name=request.getParameter("name");
        String email=request.getParameter("email");
        %>
        <div align="center">
        <p>注册信息</p>
        <table width="300" border="1">
            <tr>
              <td width="100">用户名：</td>
              <td><%=id%></td>
            </tr>
            <tr>
              <td>密码：</td>
              <td><%=password%></td>
            </tr>
            <tr>
              <td>确认密码：</td>
              <td><%=confirmpwd%></td>
            </tr>
            <tr>
              <td>姓名：</td>
              <td><%=name%></td>
            </tr>
              <tr>
              <td>电子邮箱：</td>
              <td><%=email%></td>
            </tr>
          </table>
        </div>
    </body>
</html>
```

解析：

(1) UserRegister.htm 是一个静态页面，内含一个供用户输入注册信息的表单。该表单被提交后，将由 JSP 页面 UserRegisterResult.jsp 进行处理。

(2) 在 UserRegisterResult.jsp 页面中，调用 request 对象的 getParameter()方法获取通过表单提交过来的数据。为确保能够正确处理汉字，避免出现乱码，在获取数据前，先调用 request 对象的 setCharacterEncoding()方法设置好相应的汉字编码。

3.4 response 对象

response 对象为响应对象，用于对客户端的请求进行动态响应，可向客户端发送数据，如 Cookies、时间戳、HTTP 头信息、HTTP 状态码等。在实际应用中，response 对象主要用于将 JSP 处理数据后的结果传回到客户端。

response 对象是 javax.servlet.http.HttpServletResponse 类的实例，具有 page 作用域。当服务器创建 request 对象时，会同时创建用于响应该客户端的 response 对象。

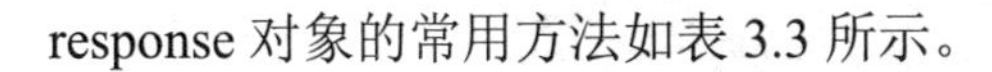

response 对象的常用方法如表 3.3 所示。

表 3.3　response 对象的常用方法

方　法	说　明
void addHeader(String name,String value)	添加指定的标头。若指定标头已存在，则覆盖其值
void setHeader(String name,String value)	设置指定标头的值
boolean containsHeader(String name)	判断指定的标头是否存在
void sendRedirect(String url)	重定向(跳转)到指定的页面(URL)
String encodeRedirectURL(String url)	对用于重定向的 URL 进行编码
String encodeURL(String url)	对 URL 进行编码
void setCharacterEncoding(String encoding)	设置响应的字符编码方式
String getCharacterEncoding()	获取响应的字符编码方式
void setContentType(String type)	设置响应的 MIME 类型
String getContentType()	获取响应的 MIME 类型
void addCookie(Cookie cookie)	添加指定的 Cookie 对象(用于保存客户端的用户信息)
int getBuffersize()	获取缓冲区的大小(KB)
void setBuffersize(int size)	设置缓冲区的大小(KB)
void flushBuffer()	强制将当前缓冲区的内容发送到客户端
void reset()	清空缓冲区中的所有内容
void resetBuffer()	清空缓冲区中除了标头与状态信息以外的所有内容
ServletOutputStream getOutputStream()	获取客户端的输出流对象
PrintWriter getWriter()	获取输出流对应的 Writer 对象
void setContentLength(int length)	设置响应的 BODY 长度
void setStatus(int sc)	设置状态码(status code)。常用的状态码有 404(指示网页找不到的错误)、505(指示服务器内部错误)等
void sendError(int sc)	发送状态码(status code)
void sendError(int sc, String msg)	发送状态码与状态信息
void addDateHeader(String name, long date)	添加指定的日期类型标头
void addHeader(String name, String value)	添加指定的字符串类型标头
void addIntHeader(String name, int value)	添加指定的整数类型标头
void setDateHeader(String name, long date)	设置指定日期类型标头的值
void setHeader(String name, String value)	设置指定字符串类型标头的值
void setIntHeader(String name, int value)	设置指定整数类型标头的值

【实例 3-4】response 对象使用示例：自动刷新页面。如图 3.5 所示为“页面自动刷新”页面，其中的数字每隔 1 秒会自动增加 1(从 0 开始)。

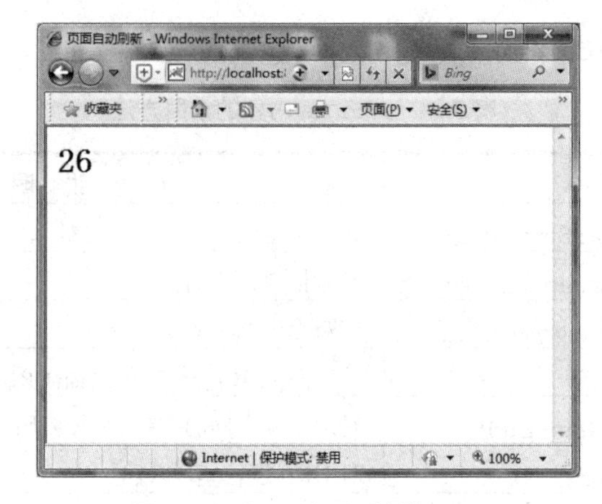

图 3.5　“页面自动刷新”页面

主要步骤如下。

在项目 web_03 中添加一个新的 JSP 页面 AutoRefresh.jsp。其代码如下：

```
<%@page contentType="text/html;charset=gb2312"%>
<HTML>
    <HEAD>
        <TITLE>页面自动刷新</TITLE>
    </HEAD>
    <BODY>
        <%!int i = 0;%>
        <%
            response.setHeader("refresh", "1");
        %>
        <h1><%=i++%></h1>
    </BODY>
</HTML>
```

解析：在本页面中，调用 response 对象的 setHeader()方法发送一个值为 1 的 refresh 标头，让页面每隔 1 秒便自动刷新一次，从而更新所要显示的数字。

【实例 3-5】response 对象使用示例：重定向页面(友情链接)。如图 3.6 所示为“友情链接”页面。在“友情链接”下拉列表框中选择某个选项(在此选择“百度”选项)后，即可打开相应的目标页面(在此为如图 3.7 所示的“百度”页面)。

图 3.6　“友情链接”页面

图 3.7　“百度”页面

主要步骤(在项目 web_03 中)如下。

(1) 在 WebRoot 目录中添加一个新的页面 FriendLinks.htm。其代码如下：

```
<html>
    <head>
        <title>友情链接</title>
    </head>
    <body>
        <b>友情链接</b><br>
        <form action="FriendLinksResult.jsp" method="get">
        <select name="where">
             <option value="baidu" selected>百度
             <option value="sogou">搜狗
             <option value="youdao">有道
        </select>
        <input type="submit" value="跳转">
        </form>
    </body>
</html>
```

(2) 在 WebRoot 目录中添加一个新的 JSP 页面 FriendLinksResult.jsp。其代码如下：

```
<%@ page contentType="text/html;charset=GB2312"%>
<html>
    <head>
        <title>response 对象的 sendRedirect 方法使用示例</title>
    </head>
    <body>
        <%
            String address = request.getParameter("where");
            if (address != null) {
                if (address.equals("baidu"))
                    response.sendRedirect("http://www.baidu.com");
                else if (address.equals("sogou"))
                    response.sendRedirect("http://www.sogou.com/");
                else if (address.equals("youdao"))
```

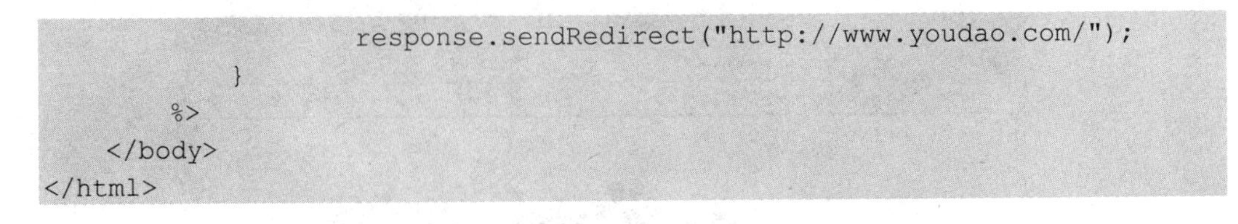

```
                    response.sendRedirect("http://www.youdao.com/");
                }
            %>
        </body>
</html>
```

解析：

(1) FriendLinks.htm 是一个静态页面，内含一个供用户选择搜索引擎的表单。该表单被提交后，将由 JSP 页面 FriendLinksResult.jsp 进行处理。

(2) 在 FriendLinksResult.jsp 页面中，先调用 request 对象的 getParameter()方法获取通过表单提交的值，然后对其进行判断，再调用 response 对象的 sendRedirect()方法将页面重定向到指定的 URL 地址。

【实例 3-6】response 对象使用示例：将当前页面保存为 Word 文档。如图 3.8 所示为 SaveAsWord 页面。单击 Yes 按钮后，可打开如图 3.9 所示的“文件下载”对话框。单击其中的“保存”按钮后，即可将当前页面保存为相应的 Word 文档(默认为 SaveAsWord.doc，其内容如图 3.10 所示)。

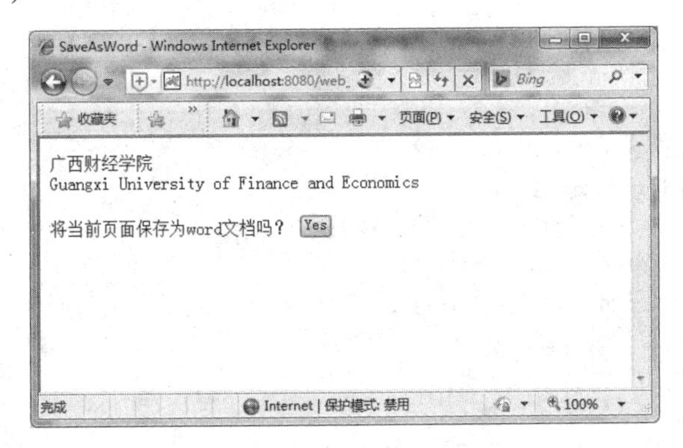

图 3.8　SaveAsWord 页面

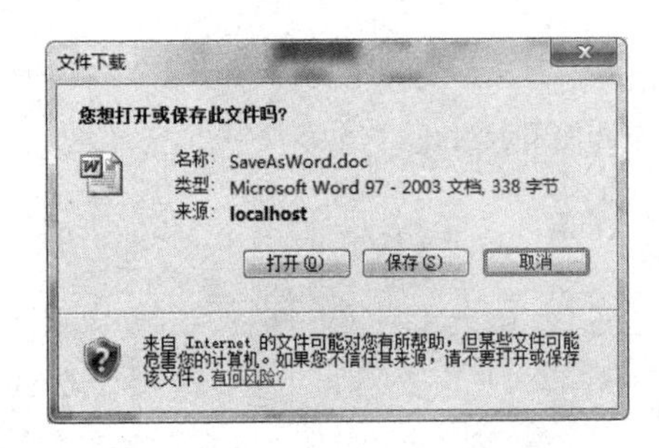

图 3.9　“文件下载”对话框

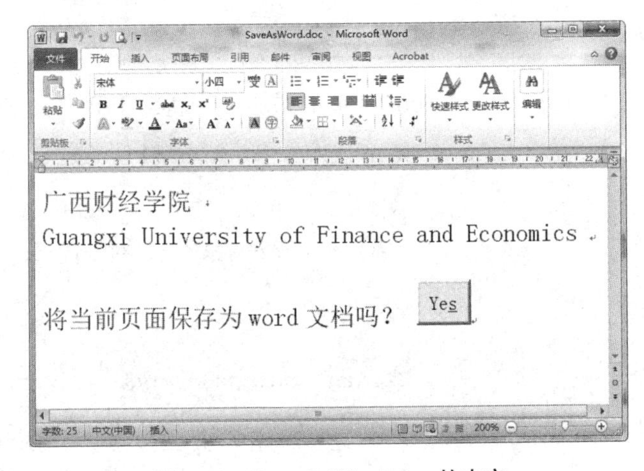

图 3.10　SaveAsWord.doc 的内容

主要步骤如下。

在项目 web_03 中添加一个新的 JSP 页面 SaveAsWord.jsp。其代码如下：

```
<%@ page contentType="text/html;charset=GB2312"%>
<HTML>
    <HEAD>
        <TITLE>SaveAsWord</TITLE>
    </HEAD>
    <BODY>
        <FONT size=3>
            <P>
                广西财经学院
                <BR>
                Guangxi University of Finance and Economics
            <P>
        </FONT>
        <FORM action="" method="get">
            将当前页面保存为 word 文档吗?
            <INPUT type="submit" value="Yes" name="submit">
        </FORM>
<%
    String submit = request.getParameter("submit");
    if (submit == null)
        submit = "";
    if (submit.equals("Yes"))
        response.setContentType("application/msword;charset=GB2312");
 %>
    </BODY>
</HTML>
```

解析：

(1) 在本页面中，由于<FORM>标记的 action 属性为空，因此在单击 Yes 按钮提交表单后，将由当前页面自身进行处理。

(2) 为将当前页面保存为 Word 文档，只需调用 response 对象的 setContentType()方法将响应的 MIME 类型设置为“application/msword”即可。

【实例 3-7】Cookies 使用示例：用户登录。如图 3.11 所示为“用户登录”页面。单击“登录”按钮后，可打开如图 3.12 所示的“登录结果”页面，以显示用户所输入的用户名与密码。再单击其中的“[OK]”链接后，将打开图 3.13 所示的“登录信息”页面，以显示当前用户的有关信息。

图 3.11　“用户登录”页面

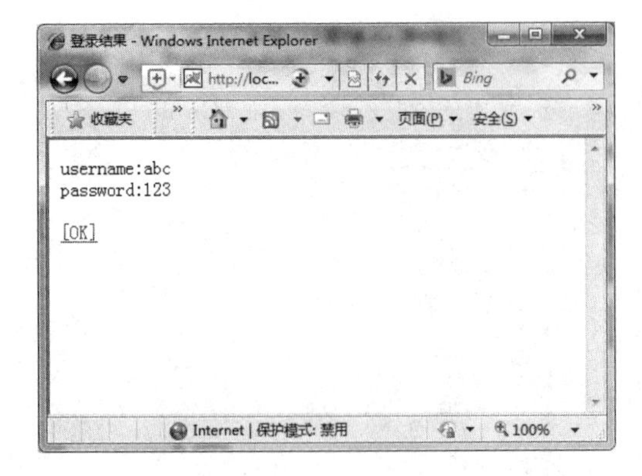

图 3.12 “登录结果”页面

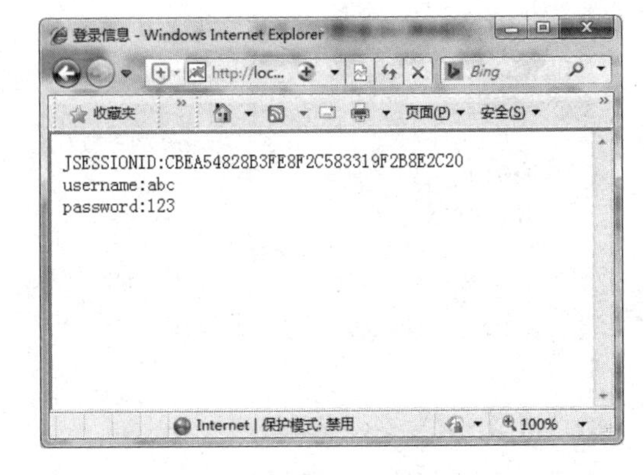

图 3.13 “登录信息”页面

主要步骤(在项目 web_03 中)如下。

(1) 在 WebRoot 目录中添加一个新的页面 UserLogin.htm。其代码如下：

```
<html>
    <head>
        <title>用户登录</title>
    </head>
    <body>
        <form method="post" action="UserLoginResult.jsp">
            <p>
                用户名：
                <input type="text" name="username" size="20">
            </p>
            <p>
                密  码：
                <input type="password" name="password" size="20">
            </p>
            <p>
                <input type="submit" value="登录" name="ok">
                <input type="reset" value="重置" name="cancel">
            </p>
        </form>
    </body>
</html>
```

(2) 在 WebRoot 目录中添加一个新的 JSP 页面 UserLoginResult.jsp。其代码如下：

```
<%@ page contentType="text/html;charset=GB2312"%>
<html>
    <head>
        <title>登录结果</title>
    </head>
    <%
        String username = request.getParameter("username");
        String password = request.getParameter("password");
        out.println("username:"+username+"<br>");
        out.println("password:"+password+"<br>");
```

```
        Cookie cookieUsername=new Cookie("username",username);
        Cookie cookiePassword=new Cookie("password",password);
        //cookieUsername.setMaxAge(30);
        //cookiePassword.setMaxAge(30);
        response.addCookie(cookieUsername);
        response.addCookie(cookiePassword);
    %>
    <br>
    <a href="UserLoginInfo.jsp">[OK]</a>
</html>
```

(3) 在 WebRoot 目录中添加一个新的 JSP 页面 UserLoginInfo.jsp。其代码如下：

```
<%@ page contentType="text/html;charset=GB2312"%>
<html>
    <head>
        <title>登录信息</title>
    </head>
    <%
        Cookie[] cookies=request.getCookies();
        if (cookies!=null){
            for(int i=0;i<cookies.length;i++){

    out.println(cookies[i].getName()+":"+cookies[i].getValue()+"<br>");
            }
        }
    %>
</html>
```

解析：

(1) UserLogin.htm 是一个静态页面，内含一个供用户输入用户名与密码的表单。该表单被提交后，将由 JSP 页面 UserLoginResult.jsp 进行处理。

(2) 在 UserLoginResult.jsp 页面中，先获取并显示用户所输入的用户名与密码，然后调用 response 对象的 addCookie()方法添加相应的用户名与密码 Cookie，最后再生成一个目标页面为 UserLoginInfo.jsp 的“[OK]”链接。

(3) 在 UserLoginInfo.jsp 页面中，通过调用 request 对象的 getCookies()方法获取相应的 Cookie 数组，然后再对其进行遍历，输出各个 Cookie 的名称与值。

说明： 必要时，可为各个 Cookie 分别设置相应的生存期，即关闭浏览器后 Cookie 的有效期。为此，只需分别调用 Cookie 对象的 setMaxAge()方法即可。该方法的基本格式为：

```
void setMaxAge(int expiry)
```

其中，参数 expiry 用于指定当前 Cookie 的最大生存期(以秒为单位)。通常，expiry 的值应为正整数，以指定当前 Cookie 在关闭浏览器后还可保存多长时间。若 expiry 值为负，则表示当前 Cookie 在关闭浏览器后将立即被删除；若 expiry 值为 0，则表示删除当前 Cookie。

3.5 session 对象

session 对象为会话对象，封装当前用户会话的有关信息。借助于 session 对象，可对各个客户端请求期间的会话进行跟踪。在实际应用中，通常用 session 对象存储用户在访问各个页面期间所产生的有关信息，并在页面之间进行共享。

session 对象是 javax.servlet.http.HttpSession 类的实例(类似于 Servlet 中的 session 对象)，具有 session 作用域。当一个用户首次访问服务器上的一个 JSP 页面时，JSP 引擎就会产生一个 session 对象，同时为该 session 对象分配一个 String 型的 ID 号，并将该 ID 号发送到客户端，存放在用户的 Cookie 中。当该用户再次访问连接该服务器的其他页面时，或从该服务器连接到其他服务器再返回到该服务器时，JSP 引擎将继续使用此前所创建的同一个 session 对象。待用户关闭浏览器(即终止与服务器端的会话)后，服务器端才将该用户的 session 对象销毁。可见，每个用户都对应有一个 session 对象，可专门用来存放与该用户有关的信息。

session 对象的常用方法如表 3.4 所示。

表 3.4 session 对象的常用方法

方 法	说 明
String getId()	获取 session 对象的 ID 号
boolean isNew()	判断是否为新的 session 对象。新的 session 对象是指该 session 对象已由服务器产生，但尚未被客户端使用过
void setMaxInactiveInterval (int interval)	设置 session 对象的有效时间或生存时间(单位为秒)，即会话期间客户端两次请求的最长时间间隔。超过此时间，session 对象将会失效。若为 0 或负值，则表示该 session 对象永远不会过期
int getMaxInactiveInterval ()	获取 session 对象的有效时间或生存时间(单位为秒)。若为 0 或负值，则表示该 session 对象永远不会过期
void setAttribute(String name,Object obj)	在 session 中设置指定的属性及其值
Object getAttribute(String name)	获取 session 中指定的属性值。若该属性不存在，则返回 null
Enumeration getAttributeNames()	获取 session 中所有属性名的枚举
void removeAttribute(String name)	删除 session 中指定的属性
void invalidate()	注销当前的 session 对象，并删除其中的所有属性
long getCreationTime()	获取 session 对象的创建时间(单位为毫秒，由 1970 年 1 月 1 日零时算起)
long getLastAccessedTime()	返回当前会话中客户端最后一次发出请求的时间(单位为毫秒，由 1970 年 1 月 1 日零时算起)

【实例 3-8】session 对象使用示例：站点计数器。如图 3.14 所示为“站点计数器”页面，其主要功能为显示当前用户是访问本站点的第几个用户。

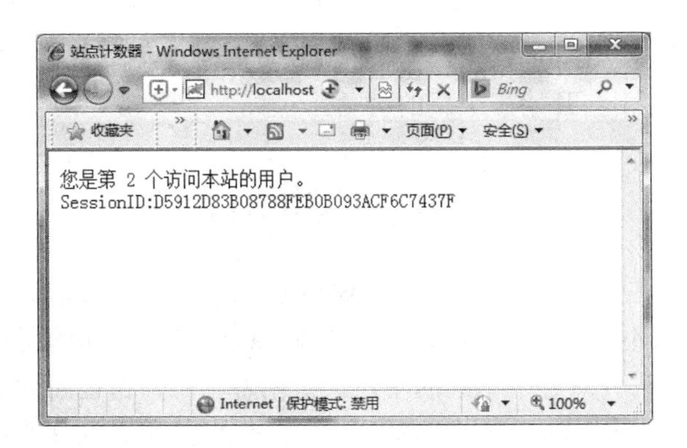

图 3.14　“站点计数器”页面

主要步骤如下。

在项目 web_03 中添加一个新的 JSP 页面 SiteCounter.jsp。其代码如下：

```
<%@ page contentType="text/html;charset=GB2312"%>
<html>
    <head>
        <title>站点计数器</title>
    </head>
    <body>
    <%!
    int counter=0;
    synchronized void countPeople(){
        counter=counter+1;
    }
    %>
    <%
    if (session.isNew()) {
        countPeople();
        session.setAttribute("counter", String.valueOf(counter));
    }
    %>
    <P>
    您是第
    <font color="red"> <%=(String)session.getAttribute("counter")%></font>
    个访问本站的用户。
    <br>
    SessionID:<%=session.getId()%><br>
    </body>
</html>
```

解析：

(1) 本页面通过调用 session 对象的 isNew()方法来判断当前用户是否开始一个新的会话(刷新页面时不会开始一个新的会话，即 session 对象的 ID 号是不会改变的)。只有在开始一个新的会话时，才会增加计数，并将相应的计数结果作为 session 对象的 counter 属性保存起来。反之，显示的计算结果是从 session 对象的 counter 属性获取的。因此，本页面具有禁止用户通过刷新页面增加计数的功能。

(2) 本页面同时显示 session 的 ID 号。在刷新页面时，session 的 ID 号是不会改变的。这表明，刷新页面时并不会开始一个新的会话。

3.6 application 对象

application 对象为应用对象，负责提供 Web 应用程序在服务器运行期间的某些全局性信息。与 session 对象不同，application 对象针对 Web 应用程序的所有用户，并由所有用户所共享(session 对象只针对各个不同的用户，是由各个用户自己所独享的)。

application 对象是 javax.servlet.ServletContext 类的实例(其实是直接包装了 Servlet 的 ServletContext 类对象)，具有 application 作用域。当 Web 服务器启动一个 Web 应用程序时，就为其产生一个 application 对象。当关闭 Web 服务器或停止 Web 应用程序时，该 application 对象才会被销毁。各个 Web 应用程序的 application 对象是互不相同的。

application 对象的常用方法如表 3.5 所示。

表 3.5　application 对象的常用方法

方　法	说　明
void setAttribute(String name,Object obj)	在 application 中设置指定的属性及其值
Object getAttribute(String name)	获取 application 中指定的属性值。若该属性不存在，则返回 null
Enumeration getAttributeNames()	获取 application 中所有属性名的枚举
void removeAttribute(String name)	删除 application 中指定的属性
Object getInitParameter(String name)	获取 application 中指定属性的初始值。若该属性不存在，则返回 null
String getServerInfo()	获取 JSP(Servlet)引擎的名称及版本号
int getMajorVersion()	获取服务器支持的 Servlet API 的主要版本号
int getMinorVersion()	获取服务器支持的 Servlet API 的次要版本号
String getRealPath(String path)	获取指定虚拟路径的真实路径(绝对路径)
ServletContext getContext(String uripath)	获取指定 Web Application 的 application 对象
String getMimeType(String file)	获取指定文件的 MIME 类型
URL getResource(String path)	获取指定资源(文件或目录)的 URL 路径
InputStream getResourceAsStream(String path)	获取指定资源的输入流
RequestDispatcher getRequestDispatcher(String uripath)	获取指定资源的 RequestDispatcher 对象
Servlet getServlet(String name)	获取指定名称的 Servlet
Enumeration getServlets()	获取所有 Servlet 的枚举
Enumeration getServletNames()	获取所有 Servlet 名称的枚举
void log(String msg)	将指定的信息写入 log(日志)文件中

续表

方　法	说　明
void log(String msg,Throwable throwable)	将 stack trace(栈轨迹)及所产生的 Throwable 异常信息写入 log(日志)文件中
void log(Exception exception,String msg)	将指定异常的 stack trace(栈轨迹)及错误信息写入 log(日志)文件中

【实例 3-9】application 对象使用示例：站点计数器。如图 3.15 所示为“站点计数器”页面，其功能为显示当前用户是访问本站点的第几个用户。

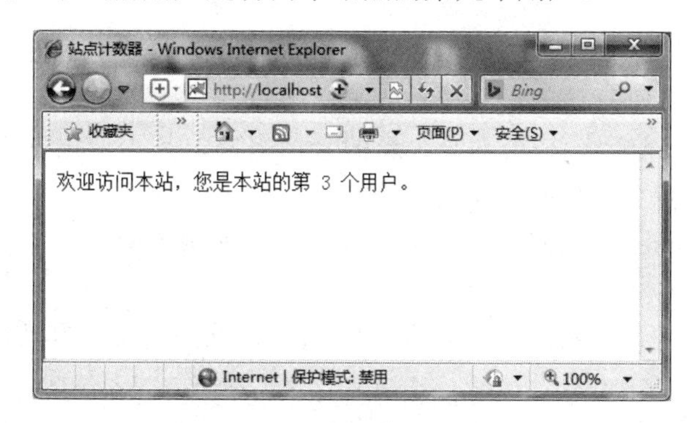

图 3.15　“站点计数器”页面

主要步骤如下。

在项目 web_03 中添加一个新的 JSP 页面 WebSiteCounter.jsp。其代码如下：

```
<%@ page language="java" contentType="text/html;charset=GB2312"%>
<html>
    <head>
        <title>站点计数器</title>
    </head>
    <body>
    <%!
    synchronized void countPeople() {
        ServletContext application = getServletContext();
        Integer counter = (Integer) application.getAttribute("counter");
        if (counter == null) {
            counter=1;
            application.setAttribute("counter", counter);
        } else {
            counter=counter+1;
            application.setAttribute("counter", counter);
        }
    }
    %>
    <%
        Integer allCounter = (Integer) application.getAttribute("counter");
        if (session.isNew() || allCounter == null) {
            countPeople();
```

```
        }
        Integer myCounter = (Integer) application.getAttribute("counter");
    %>
    <P>
        欢迎访问本站，您是本站的第
        <font color="red"> <%=myCounter%></font>
        个用户。
        <br>
    </body>
</html>
```

解析：

(1) 本页面将站点的访问计数结果保存到 application 对象的 counter 属性中。这样，站点的各个用户均可对其进行访问，并在需要时递增其值。

(2) 本页面根据当前会话是否为一个新的会话来决定是否递增站点的访问计数，因此具有防止用户通过刷新页面来增加计数的功能。

【实例 3-10】request、session 与 application 对象使用示例。

主要步骤(在项目 web_03 中)如下。

(1) 在 WebRoot 目录中添加一个新的 JSP 页面 MyPage1.jsp。其代码如下：

```
<%@ page language="java" pageEncoding="gb2312"%>
<html>
    <head>
        <title>MyPage1</title>
    </head>
    <body>
        <%
    request.setAttribute("request","I am in Request.");
    session.setAttribute("session","I am in Session.");
    application.setAttribute("application","I am in Application.");
        %>
        <jsp:forward page="MyPage2.jsp"></jsp:forward>
    </body>
</html>
```

(2) 在 WebRoot 目录中添加一个新的 JSP 页面 MyPage2.jsp。其代码如下：

```
<%@ page language="java" pageEncoding="gb2312"%>
<html>
    <head>
        <title>MyPage2</title>
    </head>
    <body>
        <%
        out.println("request: "+(String)request.getAttribute("request")
            +"<br>");
        out.println("session: "+(String)session.getAttribute("session")
            +"<br>");
        out.print("application: "+(String)application.getAttribute
            ("application")+"<br>");
```

```
        %>
    </body>
</html>
```

解析：

(1) MyPage1.jsp 页面分别在 request、session 与 application 对象中设置相应的属性，而 MyPage2 页面则分别获取并显示 request、session 与 application 对象的相应属性值。

(2) 打开浏览器，输入地址“http://localhost:8080/web_03/MyPage1.jsp”并回车，结果如图 3.16 所示。

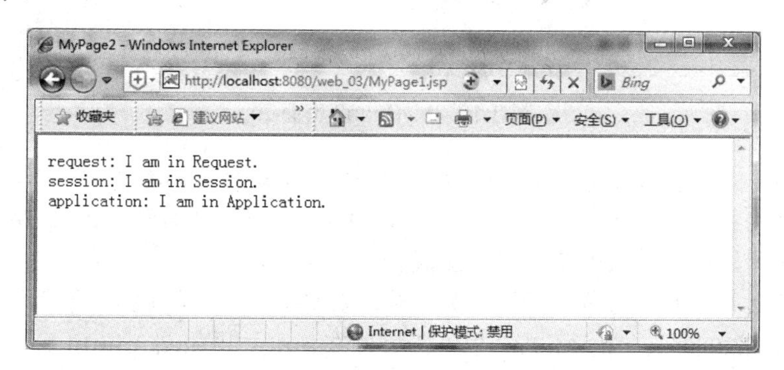

图 3.16　MyPage2 页面(1)

在 MyPage1.jsp 中，由于使用 forward 动作标记将页面跳转到 MyPage2.jsp，因此浏览器中的地址不会改变，也就是说请求并没有改变。在同一个请求中，request、session 与 application 对象都是有效的。因此，MyPage2.jsp 页面可顺利获取并显示这三个对象中的有关属性值。

(3) 若直接将浏览器中的地址“http://localhost:8080/web_03/MyPage1.jsp”改为“http://localhost:8080/web_03/MyPage2.jsp”并回车，则结果如图 3.17 所示。

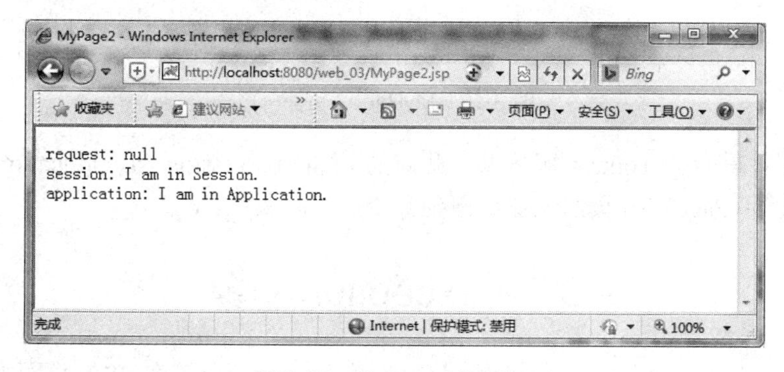

图 3.17　MyPage2 页面(2)

地址改变了，请求也就不同了，于是此前的 request 对象就失效了，因此 MyPage2.jsp 页面无法访问到其中的相应属性。但由于浏览器并未关闭，依然处于同一个会话中，session 与 application 对象仍然有效，因此 MyPage2.jsp 页面可顺利获取并显示这两个对象中的有关属性值。

(4) 若重新打开一个浏览器，然后输入地址“http://localhost:8080/web_03/

MyPage2.jsp”并回车，则结果如图 3.18 所示。

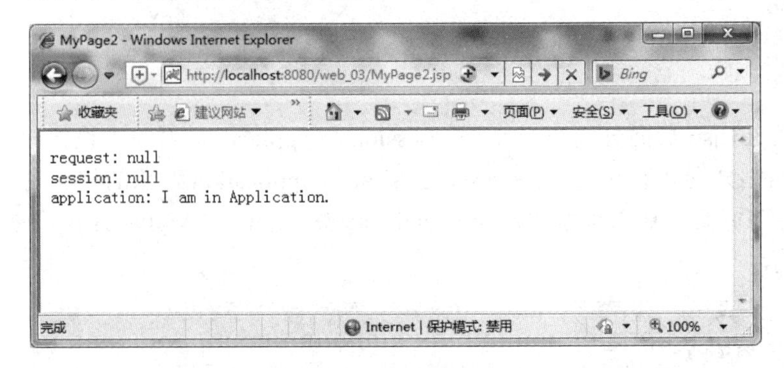

图 3.18　MyPage2 页面(3)

由于开始了一个新的会话，此前的 request 与 session 对象就失效了，因此 MyPage2.jsp 页面无法访问到其中的相应属性。不过，application 对象依然有效，因此 MyPage2.jsp 页面可顺利获取并显示该对象中的有关属性值。

(5) 若停止并重启 Tomcat 服务器，再重新打开一个浏览器，然后直接输入地址“http://localhost:8080/web_03/MyPage2.jsp”并回车，则结果如图 3.19 所示。

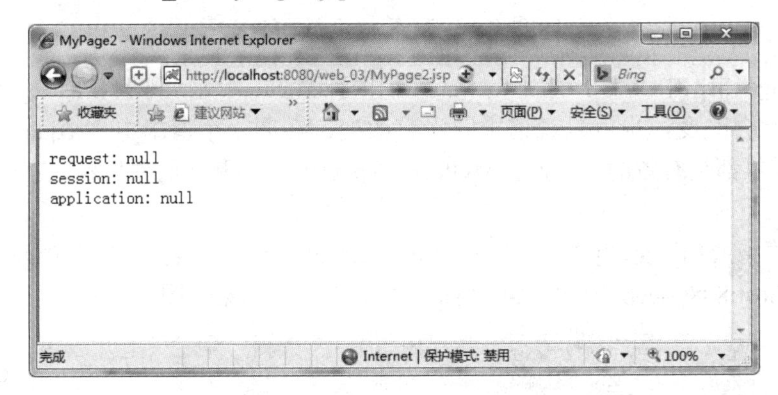

图 3.19　MyPage2 页面(4)

由于停止并重启了 Tomcat 服务器，此前的 request、session 与 application 对象就全部失效了，因此 MyPage2.jsp 页面无法访问到其中的相应属性。

3.7　exception 对象

exception 对象为异常对象(或例外对象)，其中封装了从某个 JSP 页面抛出的异常信息，常用于处理 JSP 页面在执行时所发生的错误或异常。

exception 对象是 javax.lang.Throwable 类的实例，具有 page 作用域。当一个 JSP 页面在运行过程中出现异常时，就会产生一个 exception 对象。不过，如果一个页面要使用 exception 对象，就必须将该页面 page 指令的 isErrorPage 属性值设为 true，否则将无法进行编译。通常，可使用 page 指令指定某一页面为专门的错误处理页面，从而将有关页面的异常或错误都集中到该页面中进行处理。这样，可让整个系统变得更加健壮，并使系统的

执行流程变得更加清晰。

exception 对象的常用方法如表 3.6 所示。

表 3.6　exception 对象的常用方法

方　法	说　明
String getMessage()	获取异常的描述信息(字符串)
String getLocalizedMessage()	获取本地化语言的异常描述信息(字符串)
String toString()	获取关于异常的简短描述信息(字符串)
void printStackTrace(PrintWriter s)	输出异常的栈轨迹
Throwable FillInStackTrace()	重写异常的栈轨迹

【实例 3-11】exception 对象使用示例。

主要步骤(在项目 web_03 中)如下。

(1) 在 WebRoot 目录中添加一个新的页面 OnePage.jsp。其代码如下：

```
<%@ page language="java" contentType="text/html;charset=GB2312"%>
<%@ page errorPage="Exception.jsp" %>
<html>
    <head>
        <title>exception 对象使用示例</title>
    </head>
    <body>
        <%
        int i= 100/0;
        %>
    </body>
</html>
```

(2) 在 WebRoot 目录中添加一个新的页面 Exception.jsp。其代码如下：

```
<%@ page language="java" contentType="text/html;charset=GB2312"%>
<%@ page isErrorPage="true" import="java.io.*" %>
<html>
    <head>
        <title>exception 对象使用示例</title>
    </head>
    <body>
       <font color="red">
       <%=exception.toString() %>
       <br>
       <%
       exception.printStackTrace(new PrintWriter(out));
       %>
       </font>
    </body>
</html>
```

运行结果：在浏览器中输入地址“http://localhost:8080/web_03/OnePage.jsp”并回车，

结果如图 3.20 所示。

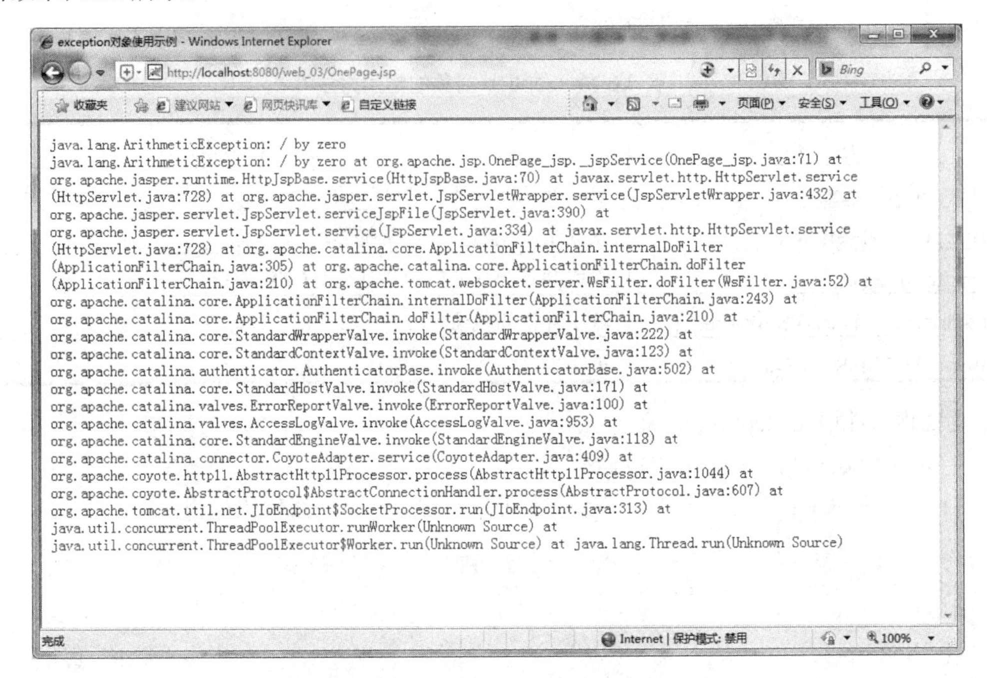

图 3.20 “exception 对象使用示例”页面

解析：

(1) 在 OnePage.jsp 页面中，执行“int i= 100/0;”语句时将产生一个异常。由于该页面包含一条“<%@ page errorPage="Exception.jsp" %>”指令，因此在产生异常时将自动跳转到 Exception.jsp 页面，并传入相应的 exception 对象。

(2) 在 Exception.jsp 页面，通过 exception 对象即可获取异常的有关信息。不过，为访问 exception 对象，需使用 page 指令将 isErrorPage 属性设置为 true。

3.8 page 对象

page 对象为页面对象，是页面实例的引用，代表 JSP 页面本身，即 JSP 页面被转译后的 Servlet。

page 对象是 java.lang.Object 类的实例，具有 page 作用域。从本质上看，page 对象是一个包含当前 Servlet 接口引用的变量，相当于 this 变量的一个别名。通过 page 对象，可调用 Servlet 类所定义的方法。不过，page 对象在 JSP 中其实很少使用。

page 对象的常用方法如表 3.7 所示。

表 3.7 page 对象的常用方法

方 法	说 明
class getClass	获取当前对象的类
int hashCode()	获取当前对象的哈希(Hash)代码

续表

方　法	说　明
boolean equals(Object obj)	判断当前对象是否与指定的对象相等
void copy(Object obj)	把当前对象拷贝到指定的对象中
Object clone()	克隆当前对象
String toString()	获取表示当前对象的一个字符串
void notify()	唤醒一个等待的线程
void notifyAll()	唤醒所有等待的线程
void wait(int timeout)	使一个线程处于等待状态，直到指定的超时时间结束或被唤醒
void wait()	使一个线程处于等待状态，直到被唤醒

【实例 3-12】 page 对象使用示例。

主要步骤如下。

在项目 web_03 中添加一个新的 JSP 页面 PageExample.jsp。其代码如下：

```
<%@ page language="java" contentType="text/html;charset=GB2312"%>
<%@ page info="My JSP Page."%>
<html>
    <head>
        <title>page 对象使用示例</title>
    </head>
    <body>
        Class: <%= page.getClass() %>
        <br>
        Class: <%= this.getClass() %>
        <br>
        String: <%= page.toString() %>
        <br>
        String: <%= this.toString() %>
        <br>
        Page Info: <%= ((javax.servlet.jsp.HttpJspPage)page).getServletInfo() %>
        <!--
        <br>
        Page Info: <%= this.getServletInfo() %>
        -->
    </body>
</html>
```

运行结果如图 3.21 所示。

解析：

(1) 在本页面中，直接调用 page 对象的 getClass()方法与 toString()方法即可获取当前页面对象的类以及表示该对象的字符串。通常，在代码中可用 this 代替 page。

(2) page 对象的类型为 java.lang.Object，将其强制类型转换为 javax.servlet.jsp.HttpJspPage，即可调用其中的 getServletInfo()获取页面中 page 指令的 info 属性值。

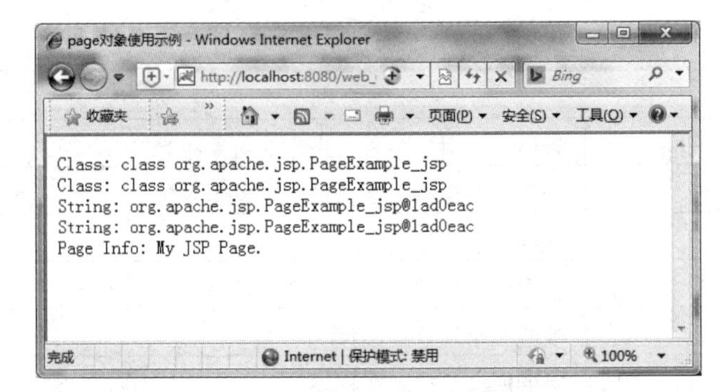

图 3.21 “page 对象使用示例”页面

3.9 config 对象

config 对象为配置对象，主要用于获取 Servlet 或者 JSP 引擎的初始化参数。

config 对象是 javax.servlet.ServletConfig 类的实例(其实是直接包装了 Servlet 的 ServletConfig 类对象)，具有 page 作用域。在 config 对象中，包含初始化参数以及一些实用方法，可为使用 web.xml 文件的服务器程序与 JSP 页面在其环境中设置初始化参数。

config 对象的常用方法如表 3.8 所示。

表 3.8 config 对象的常用方法

方 法	说 明
String getInitParameter(String name)	获取指定 Servlet 初始化参数的值
Enumeration getInitParameterNames()	获取所有 Servlet 初始化参数的枚举
String getServletName()	获取 Servlet 的名称
ServletContext getServletContext()	获取 Servlet 上下文(ServletContext)

【实例 3-13】config 对象使用示例。

主要步骤(在项目 web_03 中)如下。

(1) 在项目的配置文件 web.xml 中添加一个 Servlet 的配置。其具体代码如下：

```
<?xml version="1.0" encoding="UTF-8"?>
<web-app version="3.0"
    xmlns="http://java.sun.com/xml/ns/javaee"
    xmlns:xsi="http://www.w3.org/2001/XMLSchema-instance"
    xsi:schemaLocation="http://java.sun.com/xml/ns/javaee
    http://java.sun.com/xml/ns/javaee/web-app_3_0.xsd">
  <display-name></display-name>
  <welcome-file-list>
    <welcome-file>index.jsp</welcome-file>
  </welcome-file-list>
  <servlet>
    <servlet-name>ConfigExample</servlet-name>
   <jsp-file>/ConfigExample.jsp</jsp-file>
    <init-param>
```

```
    <param-name>www</param-name>
        <param-value>http://www.gxufe.cn</param-value>
    </init-param>
   <init-param>
       <param-name>port</param-name>
       <param-value>80</param-value>
   </init-param>
  </servlet>
  <servlet-mapping>
   <servlet-name>ConfigExample</servlet-name>
   <url-pattern>/ConfigExample.jsp</url-pattern>
  </servlet-mapping>
</web-app>
```

(2) 在项目的 WebRoot 文件夹中添加一个新的 JSP 页面 ConfigExample.jsp。其代码如下：

```
<%@ page language="java" contentType="text/html;charset=GB2312"%>
<html>
    <head>
        <title>config 对象使用示例</title>
    </head>
    <body>
        <%
        String www = (String)config.getInitParameter("www");
        String port = (String)config.getInitParameter("port");
        %>
        www: <%= www %><br>
        port: <%= port %><br>
    </body>
</html>
```

运行结果如图 3.22 所示。

解析：在本页面中，通过调用 config 对象的 getInitParameter()方法，获取配置文件 web.xml 中有关 Servlet 初始化参数值。

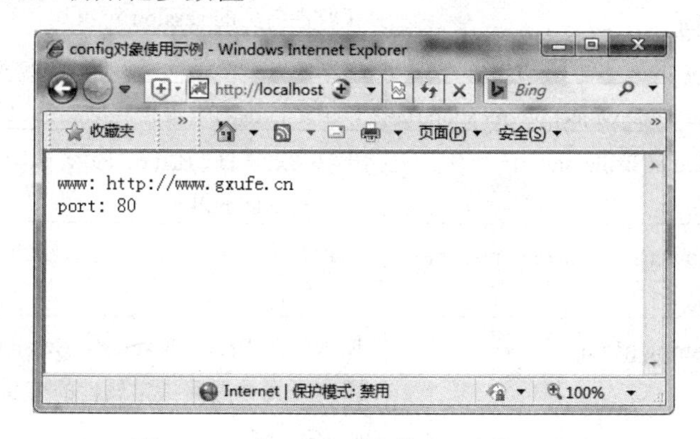

图 3.22 “config 对象使用示例”页面

3.10 pageContext 对象

pageContext 对象为页面上下文对象，主要用于访问页面的有关信息。其实，pageContext 对象是整个 JSP 页面的代表，相当于页面中所有功能的集大成者，可实现对页面内所有对象的访问。

pageContext 对象是 javax.servlet.jsp.PageContext 类的实例，具有 page 作用域，其创建与初始化均由容器完成。在 PageContext 类中，定义了一些范围常量，包括 PAGE_SCOPE、REQUEST_SCOPE、SESSION_SCOPE 与 APPLICATION_SCOPE，分别表示 Page 范围(即 pageContext 对象的属性范围)、Request 范围(即 request 对象的属性范围)、Session 范围(即 session 对象的属性范围)与 Application 范围(即 application 对象的属性范围)。

在 pageContext 对象中，包含传递给 JSP 页面的指令信息，存储了 request 对象与 response 对象的引用。此外，out 对象、session 对象、application 对象与 config 对象也可以从 pageContext 对象中导出。可见，通过 pageContext 对象可以存取其他内置对象。

pageContext 对象的常用方法如表 3.9 所示。

表 3.9　pageContext 对象的常用方法

方　法	说　明
Exception getException()	获取当前页(该页应为 Error Page)的 exception 对象
JspWriter getOut()	获取当前页的 out 对象
Object getPage()	获取当前页的 page 对象
ServletRequest getRequest()	获取当前页的 request 对象
ServletResponse getResponse()	获取当前页的 response 对象
ServletConfig getServletConfig()	获取当前页的 config 对象
ServletContext getServletContext()	获取当前页的 application 对象
HttpSession getSession()	获取当前页的 session 对象
void setAttribute(String name,Object obj)	设置指定的属性及其值(在 Page 范围内)
void setAttribute(String name,Object obj,int scope)	在指定范围内设置指定的属性及其值
public Object getAttribute(String name)	获取指定属性的值(在 Page 范围内)。若无指定的属性，则返回 null
public Object getAttribute(String name,int scope)	在指定范围内获取指定属性的值。若无指定的属性，则返回 null
Object findAttribute(String name)	按顺序在 Page、Request、Session 与 Application 范围内查找并返回指定属性的值。若无指定的属性，则返回 null
void removeAttribute(String name)	在所有范围内删除指定的属性
void removeAttribute(String name,int scope)	在指定范围内删除指定的属性

续表

方　法	说　明
int getAttributeScope(String name)	获取指定属性的作用范围
Enumeration getAttributeNamesInScope(int scope)	获取指定范围内的属性名枚举
void release()	释放 pageContext 对象所占用的资源
void forward(String relativeUrlPath)	将页面重定向到指定的地址
void include(String relativeUrlPath)	在当前位置包含指定的文件

【实例 3-14】pageContext 对象使用示例。

主要步骤如下。

在项目 web_03 中添加一个新的 JSP 页面 PageContextExample.jsp。其代码如下：

```
<%@ page language="java" pageEncoding="gb2312"%>
<html>
    <head>
        <title>pageContext 对象使用示例</title>
    </head>
    <body>
        <%
        ServletRequest myRequest=pageContext.getRequest();
        myRequest.setAttribute("request","I am in Request.");
        HttpSession mySession=pageContext.getSession();
        mySession.setAttribute("session","I am in Session.");
        ServletContext myApplication=pageContext.getServletContext();
       myApplication.setAttribute("application","I am in Application.");
        out.println(pageContext.getAttribute("request",PageContext.REQUEST_
            SCOPE) + "<br>");
        out.println(pageContext.getAttribute("session",PageContext.SESSION_
        SCOPE) + "<br>");
        out.println(pageContext.getAttribute("application",PageContext.APPLI
            CATION_SCOPE) + "<br>");
        %>
    </body>
</html>
```

运行结果如图 3.23 所示。

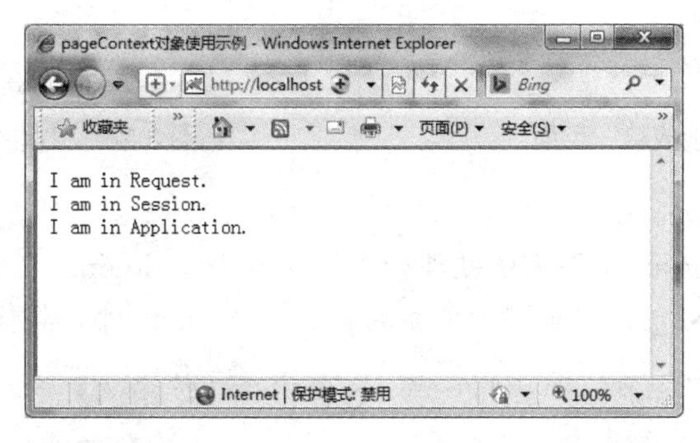

图 3.23　“pageContext 对象使用示例”页面

3.11 JSP 内置对象应用案例

3.11.1 系统登录

系统登录是各类应用系统中用于确保系统安全性的一项至关重要的功能，其主要作用是验证用户的身份，并确定其操作权限。下面，采用 JSP 技术实现 Web 应用系统中的系统登录功能(在此暂时假定合法用户的用户名与密码分别为“abc”与“123”)。

如图 3.24 所示为“系统登录”页面。在此页面输入用户名与密码后，再单击“登录”按钮，即可提交至服务器对用户的身份进行验证。若该用户为系统的合法用户，则跳转至“登录成功”页面，如图 3.25 所示；反之，则跳转至“登录失败”页面，如图 3.26 所示。

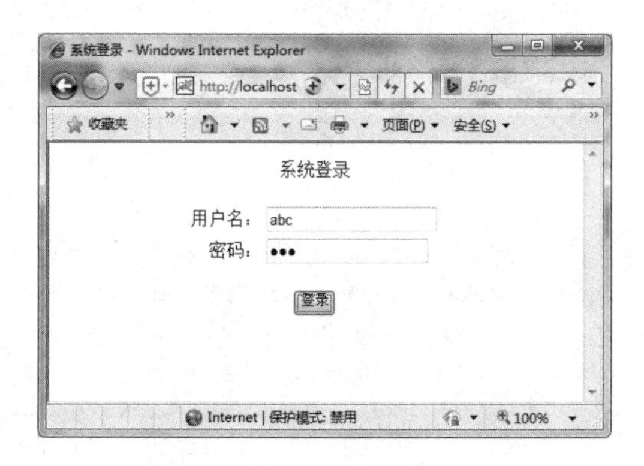

图 3.24 “系统登录”页面

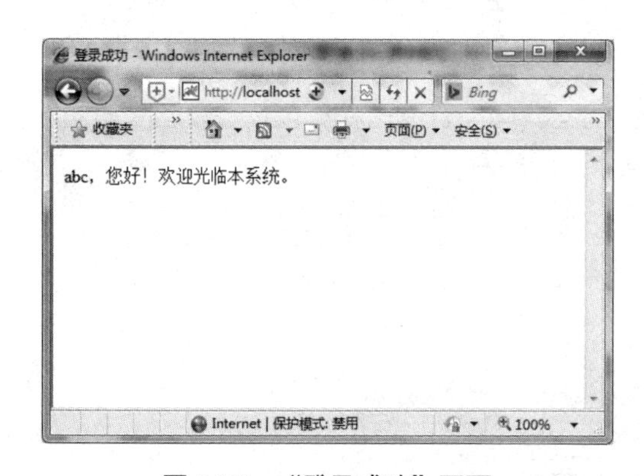

图 3.25 “登录成功”页面

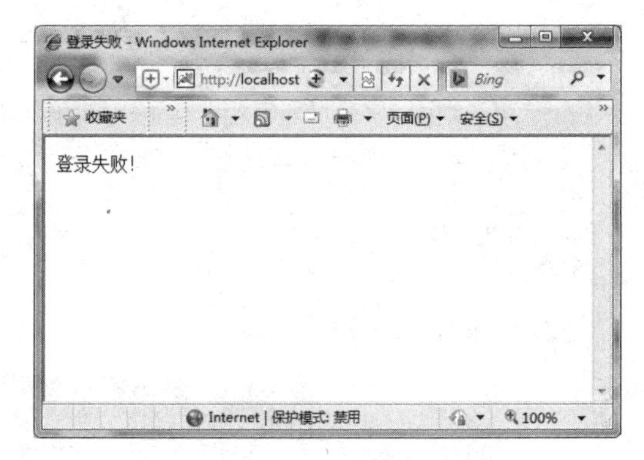

图 3.26 “登录失败”页面

实现步骤(在项目 web_03 中)如下。

(1) 在项目的 WebRoot 文件夹中新建一个子文件夹 syslogin。

(2) 在子文件夹 syslogin 中添加一个新的 JSP 页面 login.jsp。其代码如下：

```
<%@ page language="java" pageEncoding="utf-8" %>
<html>
    <head>
```

```
    <title>系统登录</title>
    </head>
    <body>
        <div align="center">
        <form action="validate.jsp" method="post">
            系统登录<br><br>
            <table>
            <tr><td align="right">用户名：</td><td><input type="text"
                name="username"></td></tr>
            <tr><td align="right">密码：</td><td><input type="password"
                name="password"></td></tr>
            </table>
            <br>
            <input type="submit" value="登录">
        </form>
        </div>
    </body>
</html>
```

(3) 在子文件夹 syslogin 中添加一个新的 JSP 页面 validate.jsp。其代码如下：

```
<%@ page language="java" pageEncoding="utf-8" %>
<%request.setCharacterEncoding("utf-8"); %>
<html>
    <head>
        <title>登录验证</title>
        <meta http-equiv="Content-Type" content="text/html;charset=utf-8">
    </head>
    <body>
    <%
    String username0=request.getParameter("username");  //获取提交的姓名
    String password0=request.getParameter("password");  //获取提交的密码
    boolean validated=false;  //验证标识
    if (username0!=null&&password0!=null){
        if (username0.equals("abc") && password0.equals("123")) {
            validated=true;
        }
    }
    if(validated)  //验证成功跳转到成功页面
    {
    %>
        <jsp:forward page="welcome.jsp"></jsp:forward>
    <%
    }
    else  //验证失败跳转到失败页面
    {
    %>
        <jsp:forward page="error.jsp"></jsp:forward>
    <%
    }
    %>
    </body>
</html>
```

(4) 在子文件夹 syslogin 中添加一个新的 JSP 页面 welcome.jsp。其代码如下：

```
<%@ page language="java" pageEncoding="utf-8" %>
<%request.setCharacterEncoding("utf-8"); %>
<html>
    <head>
        <title>登录成功</title>
    </head>
    <body>
        <%out.print(request.getParameter("username")); %>，您好！欢迎光临本系统。
    </body>
</html>
```

(5) 在子文件夹 syslogin 中添加一个新的 JSP 页面 error.jsp。其代码如下：

```
<%@ page language="java" pageEncoding="utf-8" %>
<html>
    <head>
        <title>登录失败</title>
    </head>
    <body>
        登录失败！
    </body>
</html>
```

打开浏览器，输入地址“http://localhost:8080/web_03/syslogin/login.jsp”并回车，即可打开如图 3.24 所示的“系统登录”页面。

3.11.2 简易聊天室

聊天室是目前较为常见的一种网络应用。下面综合应用 JSP 的有关内置对象，设计并实现一个简易的聊天室。

如图 3.27 所示为“用户登录”页面。输入用户名与密码，再单击“登录”按钮后，即可打开如图 3.28 所示的 ChatRoom 页面。在该页面中，可显示所有用户的聊天内容，当前用户也可输入并发送自己的言论。

图 3.27　“用户登录”页面

图 3.28　ChatRoom 页面

实现步骤(在项目 web_03 中)如下。

(1) 在项目的 WebRoot 文件夹中新建一个子文件夹 ChatRoom。

(2) 在子文件夹 ChatRoom 中添加一个新的页面 login.htm。其代码如下：

```
<html>
    <head>
        <meta http-equiv="Content-Type" content="text/html;charset=UTF-8">
        <title>用户登录</title>
    </head>
    <body>
        <form method="post" action="loginCheck.jsp">
            用户名：
            <input name="username" type="text" id="username" size="20"><br>
            密    码：
            <input name="password" type="password" id="password" size="20">
              
            <input type="submit" name="Submit" value="登 录 ">
        </form>
    </body>
</html>
```

(3) 在子文件夹 ChatRoom 中添加一个新的 JSP 页面 loginCheck.jsp。其代码如下：

```
<%@ page contentType="text/html;charset=UTF-8" %>
<% request.setCharacterEncoding("UTF-8"); %>
<%
String username=request.getParameter("username");
String password=request.getParameter("password");
if(username == null || password == null){
    response.sendRedirect("login.htm");
}
```

```
else{
    session.setAttribute("username",username);
    response.sendRedirect("chatRoom.jsp");
}
%>
```

(4) 在子文件夹 ChatRoom 中添加一个新的 JSP 页面 chatRoom.jsp。其代码如下：

```
<%@ page contentType="text/html;charset=UTF-8" %>
<% request.setCharacterEncoding("UTF-8"); %>
<%
    //获得提交聊天内容的用户名
    String userName = (String)session.getAttribute("username");
    String chatText = request.getParameter("chatText");//获得聊天内容
    chatText = userName + ":<br>  " + chatText + "<br>";
    String allChatText = (String)application.getAttribute("allChatText");
    //获得历史聊天记录
    if (allChatText == null)
    {
      allChatText = chatText;
    }
    else
    {
      allChatText = chatText + allChatText;
    }
    application.setAttribute("allChatText",allChatText);
    response.sendRedirect("sendText.htm");
%>
```

(5) 在子文件夹 ChatRoom 中添加一个新的 JSP 页面 displayText.jsp。其代码如下：

```
<%@ page contentType="text/html;charset=UTF-8" %>
<%response.setHeader("refresh", "3");%>
<%
  String allChatText = (String)application.getAttribute("allChatText");
  if ( allChatText != null)
  {
    out.print(allChatText);
  }
  else
  {
   out.print("[聊天记录]");
  }
%>
```

(6) 在子文件夹 ChatRoom 中添加一个新的页面 sendText.htm。其代码如下：

```
<html>
    <head>
      <meta http-equiv="content-type" content="text/html; charset=UTF-8">
      <title></title>
    </head>
```

```
    <body>
    <form action="sendText.jsp" method="post">
        <textarea name="chatText" rows=10 cols=50></textarea>
        <br>
        <input type="submit" value="发 送 "/>
    </form>
</body>
</html>
```

(7) 在子文件夹 ChatRoom 中添加一个新的 JSP 页面 sendText.jsp。其代码如下：

```
<%@ page contentType="text/html;charset=UTF-8" %>
<% request.setCharacterEncoding("UTF-8"); %>
<%
    //获得提交聊天内容的用户名
    String userName = (String)session.getAttribute("username");
    String chatText = request.getParameter("chatText");//获得聊天内容
    chatText = userName + ":<br>  " + chatText + "<br>";
    String allChatText = (String)application.getAttribute("allChatText");
    //获得历史聊天记录
    if (allChatText == null)
    {
       allChatText = chatText;
    }
    else
    {
       allChatText = chatText + allChatText;
    }
    application.setAttribute("allChatText",allChatText);
    response.sendRedirect("sendText.htm");
%>
```

打开浏览器，输入地址“http://localhost:8080/web_03/ChatRoom/login.htm”并回车，即可打开如图 3.27 所示的“用户登录”页面。

本 章 小 结

本章首先介绍了 JSP 内置对象的概况，然后通过具体实例讲解了各种 JSP 内置对象的主要用法，最后再通过具体案例说明了 JSP 的综合应用技术。通过本章的学习，应熟练掌握 JSP 内置对象的主要用法，并能在 Web 应用的开发中灵活地加以运用。

思 考 题

1. JSP 的内置对象有哪些？
2. out 对象的主要作用是什么？有哪些常用方法？
3. request 对象的主要作用是什么？有哪些常用方法？
4. response 对象的主要作用是什么？有哪些常用方法？

5. 如何创建 Cookie？如何读取 Cookie 的信息？
6. session 对象的主要作用是什么？有哪些常用方法？
7. 如何在 session 对象中设置属性？如何获取 session 对象中的属性？
8. application 对象的主要作用是什么？有哪些常用方法？
9. 如何在 application 对象中设置属性？如何获取 application 对象中的属性？
10. exception 对象的主要作用是什么？有哪些常用方法？
11. page 对象的主要作用是什么？有哪些常用方法？
12. config 对象的主要作用是什么？有哪些常用方法？
13. pageContext 对象的主要作用是什么？有哪些常用方法？

第4章

JDBC 技术

JDBC 是 Java 语言中通用的一种数据库访问技术，其实质是 Java 与数据库间的一套接口规范。在各类 Java 应用中，JDBC 的使用是相当普遍的。

本章要点：

JDBC 简介；JDBC 的核心类与接口；JDBC 的应用技术。

学习目标：

了解 JDBC 的概况；掌握 JDBC 核心类与接口的基本用法；掌握 JDBC 的数据库编程技术；掌握 Web 应用系统开发的 JSP+JDBC 模式。

4.1 JDBC 简介

JDBC(Java Data Base Connectivity，Java 数据库连接)是一种用于执行 SQL 语句的 Java API(Application Programming Interface，应用编程接口或应用程序编程接口)，由一组用 Java 语言编写的类和接口组成，可让开发人员以纯 Java 的方式连接数据库，并完成相应的操作。

从结构上看，JDBC 是 Java 语言访问数据库的一套接口集合。而从本质上看，JDBC 则是调用者(开发人员)与执行者(数据库厂商)之间的一种协议。JDBC 的实现由数据库厂商以驱动程序的形式提供。对于不同类型的数据库管理系统(DBMS)来说，其 JDBC 驱动程序是不同的。而对于某些数据库管理系统，若其版本不同，则所用的 JDBC 驱动程序也可能有所不同。

JDBC 为各种数据库的访问提供了一致的方式，从而便于开发人员使用 Java 语言编写数据库应用程序。使用 JDBC，应用程序能自动地将 SQL 语句传送给相应的数据库管理系统。因此，在开发数据库应用时，Java 与 JDBC 的结合可让开发人员真正实现“一次编写，处处运行”。

在 JSP 中，可使用 JDBC 技术实现对数据库的访问，并完成有关表中记录的查询、增加、修改、删除等操作。

4.2 JDBC 的核心类与接口

JDBC 的类库包含在两个包中，即 java.sql 包与 javax.sql 包。

java.sql 包提供 JDBC 的一些基本功能，主要针对基本的数据库编程服务(如生成连接、执行语句以及准备语句与运行批处理查询等)，同时也有一些高级的处理(如批处理更新、事务隔离与可滚动结果集等)。JDBC 的核心类库均包含在 java.sql 包中。java.sql 包所包含的重要类与接口主要有 java.sql.DriverManager 类、java.sql.Driver 接口、java.sql.Connection 接口、java.sql.Statement 接口、java.sql.PreparedStatement 接口、java.sql.CallableStatement 接口、java.sql.ResultSet 接口等。

javax.sql 包最初是作为 JDBC 2.0 的可选包而引入的，提供了 JDBC 的一些扩展功能，主要是为数据库方面的高级操作提供相应的接口与类。例如，为连接管理、分布式事务与旧有的连接提供更好的抽象，引入了容器管理的连接池、分布式事务与行集等。javax.sql 包所包含的重要接口有 javax.sql.DataSource、javax.sql.RowSet 等。

4.2.1　DriverManager 类

DriverManager 类相当于驱动程序的管理器，负责注册 JDBC 驱动程序，建立与指定数据库(或数据源)的连接。该类的常用方法如表 4.1 所示。

表 4.1　DriverManager 类的常用方法

方　法	说　明
Connection getConnection(String url,String user,String password)	建立与指定数据库的连接，并返回一个数据库连接对象
void setLoginTimeout(int seconds)	设置连接数据库时驱动程序等待的时间(以秒为单位)
void registerDriver(Driver driver)	注册指定的驱动程序
Enumeration getDrivers()	返回当前加载的驱动程序的枚举
Driver getDriver(String url)	在已向 DriverManager 注册的驱动程序中查找并返回一个能打开指定数据库的驱动程序

对于 DriverManager 类来说，最常用的方法应该是 getConnection()。该方法的常用方式为：

```
Static Connection getConnection(String url,String user,String password)
throw SQLException
```

其中，参数 user 为连接数据库时所使用的用户名，password 为相应用户的密码，url 则为所要连接的数据库(或数据源)的 URL(相当于连接字符串)。数据库(或数据源)不同，其 URL 的格式往往是不同的，如以下示例：

```
    // ODBC 数据源
    String url="jdbc:odbc:<dataSourceName>";
    //SQL Server 2005/2008 数据库
String  url="jdbc:sqlserver://localhost:1433;databaseName=<databaseName>";
//MySQL 数据库
String url="jdbc:mysql://localhost:3306/<databaseName>";
//Oracle 数据库
String url="jdbc:oracle:thin:@localhost:1521:<databaseName>";
```

其中，<dataSourceName>表示数据源名，<databaseName>表示数据库名。

4.2.2　Driver 接口

Driver 接口是每个 JDBC 驱动程序都要实现的接口。换言之，每个 JDBC 驱动程序都要提供一个实现 Driver 接口的类。DriverManager 会尝试加载尽可能多的可以找到的驱动程序，并让每个驱动程序依次尝试连接到指定的目标 URL。DriverManager 在加载某个 Driver 类时，会创建相应的实例并加以注册。

要使用 JDBC 访问数据库，首先要加载相应的驱动程序。驱动程序的加载与注册可通过调用 Class 类(在 java.lang 包中)的静态方法 forName()实现。该方法的常用方式为：

```
Class.forName(String driverClassName);
```

其中，参数 driverClassName 用于指定 JDBC 驱动程序的类名。

说明： Class.forName()实例化相应的驱动程序类并自动向 DriverManager 注册，因此无须再显式地调用 DriverManager.registerDriver()方法进行注册。

对于 Java 应用来说，目前常用的数据库访问方式主要有两种，即 JDBC-ODBC 桥驱动方式与直接驱动方式。

要通过 JDBC-ODBC 桥驱动方式访问数据库，加载驱动程序的代码如下：

```
Class.forName("sun.jdbc.odbc.JdbcOdbcDriver");
```

要通过直接驱动方式访问数据库，则针对不同的 DBMS(数据库管理系统)，所要加载的驱动程序是不同的。例如：

```
//SQL Server 数据库
Class.forName("com.microsoft.jdbc.sqlserver.SQLServerDriver");
//MySQL 数据库
Class.forName("com.mysql.jdbc.Driver");
//Oracle 数据库
Class.forName("Oracle.jdbc.driver.OracleDriver");
```

4.2.3 Connection 接口

Connection 接口代表与数据库的连接，用于执行 SQL 语句并返回相应的结果，也可为数据库的事务处理提供支持(如提供提交、回滚等方法)。该接口的常用方法如表 4.2 所示。

表 4.2 Connection 接口的常用方法

方 法	说 明
Statement createStatement()	创建并返回一个 Statement 对象。该对象通常用于执行不带参数的 SQL 语句
PreparedStatement prepareStatement(String sql)	创建一个 PreparedStatement 对象。该对象通常用于执行带有参数的 SQL 语句，并对 SQL 语句进行编译预处理
CallableStatement prepareCall(String sql)	创建一个 CallableStatement 对象。该对象通常用于调用数据库的存储过程
void close()	关闭与数据库的连接(即关闭当前的 Connection 对象，并释放其所占用的资源
boolean isClosed()	判断当前 Connection 对象是否已被关闭。若已关闭，则返回 true，否则返回 false

续表

方　法	说　明
void setReadOnly(boolean readOnly)	开启(readOnly 为 true 时)或关闭(readOnly 为 false 时)当前 Connection 对象的只读模式(默认为非只读模式)。不能在事务中执行此操作，否则将抛出异常
boolean getReadOnly() boolean isReadOnly()	判断当前 Connection 对象是否为只读模式。若为只读模式，则返回 true，否则返回 false
void setAutoCommit(boolean autoCommit)	开启(autoCommit 为 true 时)或关闭(autoCommit 为 false 时)当前 Connection 对象的自动提交模式
boolean getAutoCommit()	判断当前 Connection 对象是否为自动提交模式。若为自动提交模式，则返回 true，否则返回 false
void commit()	提交事务，也就是将自上一次提交或回滚以来进行的所有更改保存到数据库
void rollback()	回滚事务，也就是取消当前事务中的所有更改。该方法只能在非自动提交模式下调用，否则将抛出异常。此外，该方法的一种重载形式以 SavePoint 实例为参数，可用于取消指定 SavePoint 实例之后的所有更改
SavePoint setSavepoint()	在当前事务中创建并返回一个 SavePoint 实例。要求当前 Connection 对象为非自动提交模式，否则将抛出异常
void releaseSavePoint(SavePoint savepoint)	从当前事务中删除指定的 SavePoint 实例

要创建一个 Connection 对象，只需调用 DriverManager 类的 getConnection()方法即可。如以下示例：

```
Class.forName("com.microsoft.sqlserver.jdbc.SQLServerDriver");
String url="jdbc:sqlserver://localhost:1433;DatabaseName=rsgl";
String user="sa";
String password="abc123!";
Connection conn=DriverManager.getConnection(url,user,password);
```

在此，创建了一个 Connection 对象 conn。

Connection 对象表示与特定数据库的连接，主要用于执行 SQL 语句并得到执行的结果。默认情况下，Connection 对象处于自动提交模式，即每条 SQL 语句在执行后都会自动进行提交。若禁用了自动提交模式，则必须显式调用其 commit()方法以提交对数据库的更改(否则无法将更改保存到数据库中)。

4.2.4　Statement 接口

Statement 接口用于执行不带参数的 SQL 语句(即静态 SQL 语句)，并返回相应的执行结果。该接口的常用方法如表 4.3 所示。

表 4.3　Statement 接口的常用方法

方　法	说　明
ResultSet executeQuery(String sql)	执行指定的查询类 SQL 语句(通常为 Select 语句)，并返回一个 ResultSet 对象
int executeUpdate(String sql)	执行指定的更新类 SQL 语句(通常为 Insert、Update 或 Delete 语句)，并返回受影响的行数
boolean execute(String sql)	执行指定的 SQL 语句(该语句可能返回多个结果)。若该语句返回的第一个结果是 ResultSet 对象，则返回 true，否则(第一个结果是受影响的行数或没有结果)返回 false
void addBatch(String sql)	将指定的 SQL 语句(通常为静态的更新类语句)添加到 Batch(批)中。若驱动程序不支持批处理，将抛出异常
void clearBatch()	清除 Batch 中的所有 SQL 语句。若驱动程序不支持批处理，将抛出异常
int[] executeBatch()	执行 Batch 中的所有 SQL 语句。若全部执行成功，则返回相应的整数数组。若驱动程序不支持批处理，或未能全部执行成功，将抛出异常
void close()	关闭 Statement 对象(实例)，释放其所占用的资源

要创建一个 Statement 对象，只需调用 Connection 对象的 createStatement()方法即可。如以下示例：

```
...
Connection conn=DriverManager.getConnection(url,user,password);
Statement stmt=conn.createStatement();
```

在此，创建了一个 Statement 对象 stmt。

对于 Connection 接口来说，createStatement()是其最为常用的方法之一。其实，该方法还有带参数的形式，所创建的 Statement 对象可用于生成具有指定特性的 ResultSet 对象。其具体的重载形式如下。

- Statement createStatement(int resultSetType,int resultSetConcurrency) throws SQLException
- Statement createStatement(int resultSetType,int resultSetConcurrency,int resultSetHoldability) throws SQLException

其中，第一种形式用于创建一个可生成具有给定结果集类型与并发性的 ResultSet 对象的 Statement 对象，第二种形式用于创建一个可生成具有给定结果集类型、并发性与可保持性的 ResultSet 对象的 Statement 对象。各参数的说明如下。

(1) resultSetType：用于指定结果集游标(Cursor)的滚动方式，其取值为以下 ReasultSet 常量之一。

- ResultSet.TYPE_FORWORD_ONLY：默认的游标类型，仅支持结果集的 forward 操作，不支持 backforward 、random 、last、first 等操作。
- ResultSet.TYPE_SCROLL_INSENSITIVE：支持结果集的 forward、backforward、

random、last、first 等操作，对其他 session 对数据库中数据做出的更改是不敏感的。

- ResultSet.TYPE_SCROLL_SENSITIVE：支持结果集的 forward、backforward、random、last、first 等操作，对其他 session 对数据库中数据做出的更改是敏感的，即若其他 session 修改了数据库中的数据，则会反映到本结果集中。

(2) resultSetConcurrency：用于指定是否可以用结果集更新数据库，其取值为以下 ResultSet 常量之一。

- ResultSet.CONCUR_READ_ONLY：在 ResultSet 中的数据记录是只读的，不允许修改。
- ResultSet.CONCUR_UPDATABLE：在 ResultSet 中的数据记录可以任意修改，然后更新到数据库中，即可以进行记录的插入、修改或删除。

(3) resultSetHoldability：用于指定结果集的保持性，其取值为以下 ResultSet 常量之一。

- ResultSet.HOLD_CURSORS_OVER_COMMIT：在事务 Commit (提交)或 Rollback (回滚)后，ResultSet 仍然可用。
- ResultSet.CLOSE_CURSORS_AT_COMMIT：在事务 Commit 或 Rollback 后，ResultSet 被关闭。

如以下示例：

```
...
Connection conn=DriverManager.getConnection(url,user,password);
stmt=conn.createStatement(ResultSet.TYPE_SCROLL_INSENSITIVE,ResultSet.CO
NCUR_READ_ONLY);
```

在此，同样创建了一个 Statement 对象 stmt，但该 stmt 对象所创建的结果集具有指定的特性，使用起来将更加灵活。

4.2.5　PreparedStatement 接口

PreparedStatement 接口继承自 Statement 接口，是 Statement 接口的扩展，用于执行预编译的动态 SQL 语句，即包含有参数的 SQL 语句(参数占位符为问号“?”)。该接口的常用方法如表 4.4 所示。

表 4.4　PreparedStatement 接口的常用方法

方　法	说　明
ResultSet executeQuery()	执行预编译的 Select 语句，并返回一个 ResultSet 对象
int executeUpdate()	执行预编译的 Insert、Update 或 Delete 语句，并返回受影响的行数
void setXxx(int parameterIndex, Xxx x)	将 SQL 语句中的第 parameterIndex 个参数的值设置为 x(Xxx 表示数据类型)。参数的编号从 1 开始，用来设置参数值的 setter 方法(如 setInt、setShort、setString 等)必须与相应参数的 SQL 类型兼容。例如，若参数的类型为 SQL 类型 int，则应该使用 setInt()方法设置其值

续表

方 法	说 明
void clearParameters()	清除当前所有的参数值
void close()	关闭 PreparedStatement 对象(实例)，释放其所占用的资源

要创建一个 PreparedStatement 对象，只需调用 Connection 对象的 preparedStatement() 方法即可。如以下示例：

```
...
Connection conn=DriverManager.getConnection(url,user,password);
String sql="insert into zgb(bh,xm,xb,bm,csrq,jbgz,gwjt)
values(?,?,?,?,?,?,?)";
PreparedStatement stmt=conn.prepareStatement(sql);
stmt.setString(1,bh);
stmt.setString(2,xm);
stmt.setString(3,xb);
stmt.setString(4,bm);
stmt.setDate(5,Date.valueOf(csrq));
stmt.setFloat(6,Float.valueOf(jbgz));
stmt.setFloat(7,Float.valueOf(gwjt));
int n = stmt.executeUpdate();
...
```

在此，创建了一个 PreparedStatement 对象 stmt，并利用该对象向职工表 zgb 插入了一个职工记录。

PreparedStatement 对象表示预编译的 SQL 语句对象，相应的 SQL 语句被预编译并存储在该对象之中，因此通过该对象可高效地重复执行相应的 SQL 语句。

4.2.6 CallableStatement 接口

CallableStatement 接口继承自 PreparedStatement 接口，是 PreparedStatement 接口的扩展，用于执行数据库的存储过程。该接口的常用方法如表 4.5 所示。

表 4.5 CallableStatement 接口的常用方法

方 法	说 明
ResultSet executeQuery()	执行查询操作，并返回一个 ResultSet 对象
int executeUpdate()	执行更新操作，并返回受影响的行数
void setXxx(int parameterIndex, Xxx x)	将第 parameterIndex 个参数的值设置为 x(参数的编号从 1 开始，Xxx 表示数据类型)
void registerOutParameter (int parameterIndex, JDBCType)	将第 parameterIndex 个参数注册为相应的 JDBC 类型(参数的编号从 1 开始，JDBCType 表示 JDBC 类型，如 java.sql.Types.TINYINT、java.sql.Types.DECIMAL 等)。该方法用于 OUT 参数与 INOUT 参数

续表

方　法	说　明
Xxx getXxx(int parameterIndex)	获取第 parameterIndex 个参数的值(参数的编号从 1 开始，Xxx 表示数据类型)。该方法用于 OUT 参数与 INOUT 参数
void clearParameters()	清除当前所有的参数值
void close()	关闭 PreparedStatement 对象(实例)，释放其所占用的资源

CallableStatement 对象为所有的 DBMS 提供了一种以标准形式调用存储过程的方法。这种调用方法使用换码语法(或转义语法)，分为带结果参数与不带结果参数两种形式(结果参数表示存储过程的返回值)，其语法格式如下：

```
{call 存储过程名[(?, ?, ...)]}

{? = call 存储过程名[(?, ?, ...)]}
```

其中，第一种形式为不返回结果参数的存储过程的调用语法，第二种形式为返回结果参数的存储过程的调用语法。在这两种语法格式中，方括号表示可选项，问号则作为参数的占位符(第一个参数的编号为 1，依次类推)。其实，存储过程的调用形式是根据其具体定义来确定的。若存储过程没有返回值，则调用时无须使用结果参数，反之则应在前面添加一个问号；若存储过程没有参数，则调用时只需指定其名称即可，反之则应在其名称后加上圆括号，并在其中添加相应数量的问号。存储过程的参数分为 3 种，即输入参数(IN 参数)、输出参数(OUT 参数)与输入输出参数(INOUT 参数)。至于结果参数，则属于输出参数。

要创建一个 CallableStatement 对象，只需调用 Connection 对象的 prepareCall()方法即可。如以下示例：

```
...
Connection conn=DriverManager.getConnection(url,user,password);
CallableStatement stmt=conn.prepareCall("{call getZgInfo(?, ? , ?)}");
...
```

在此，创建了一个 CallableStatement 对象 stmt。其中，getZgInfo 为存储过程名，其后各参数的类型取决于该存储过程的定义。

4.2.7　ResultSet 接口

ResultSet 接口表示查询返回的结果集，类似于一个数据表。该接口的常用方法如表 4.6 所示。

表 4.6　ResultSet 接口的常用方法

方　法	说　明
void first()	将指针移动到第一行。若结果集为空，则返回 false，否则返回 true。若结果集类型为 TYPE_FORWORD_ONLY，将抛出异常
void last()	将指针移动到最后一行。若结果集为空，则返回 false，否则返回 true。若结果集类型为 TYPE_FORWORD_ONLY，将抛出异常

续表

方　法	说　明
boolean previous()	将指针移动到上一行。若有上一行，则返回 true，否则返回 false。若结果集类型为 TYPE_FORWORD_ONLY，将抛出异常
boolean next()	将指针移动到下一行(指针最初位于第一行之前)。若有下一行，则返回 true，否则返回 false
void beforeFirsr()	将指针移动到第一行之前(即结果集的开头)。若结果集类型为 TYPE_FORWORD_ONLY，将抛出异常
void afterLast()	将指针移动到最后一行之后(即结果集的末尾)。若结果集类型为 TYPE_FORWORD_ONLY，将抛出异常
boolean absolute(int row)	将指针移动到指定行(若 row 为正整数，则表示从前向后编号；若 row 为负整数，则表示从后向前编号)。若存在指定行，则返回 true，否则返回 false。若结果集类型为 TYPE_FORWORD_ONLY，将抛出异常
boolean relative(int row)	将指针移动到相对于当前行的指定行(若 row 为正整数，则表示向后移动；若 row 为负整数，则表示向前移动；若 row 为 0，则表示当前行)。若存在指定行，则返回 true，否则返回 false。若结果集类型为 TYPE_FORWORD_ONLY，将抛出异常
int getRow()	获取当前行的行号或索引号(从 1 开始)。未处于有效行时，将返回 0
Xxx getXxx (int columnIndex)	返回当前行中指定列的值(通过索引号指定列)
Xxx getXxx (String columnName)	返回当前行中指定列的值(通过名称指定列)
void close()	关闭 ResultSet 对象(实例)，释放其所占用的资源
int findColumn (String columnName)	返回指定列的索引号。若无指定列，将抛出异常
boolean isFirst()	判断指针是否位于第一行。如果是，则返回 true，否则返回 false
boolean isLast()	判断指针是否位于最后一行。如果是，则返回 true，否则返回 false
boolean isBeforeFirst()	判断指针是否位于第一行之前(即结果集的开头)。如果是，则返回 true，否则返回 false
boolean isAfterLast()	判断指针是否位于最后一行之后(即结果集的末尾)。如果是，则返回 true，否则返回 false

ResultSet 对象(即结果集)是通过执行相应的查询语句或存储过程产生的。如以下示例：

```
...
Connection conn=DriverManager.getConnection(url,user,password);
Statement stmt=conn.createStatement();
String sql = "select * from bmb order by bmbh";
ResultSet rs = stmt.executeQuery(sql);
...
```

在此，创建了一个 ResultSet 对象 rs，内含部门表 bmb 的所有记录(按部门编号的升序排列)。

ResultSet 对象主要用于获取检索结果以及相应数据表的有关信息。每个 ResultSet 对象都具有一个指向其当前数据行的指针，且该指针最初均被置于第一行之前(即结果集的开头)。通过调用 ResultSet 对象的 next()方法，可将指针移动到下一行。若无下一行，则 next()方法返回 false。因此，可在循环中使用 next()方法来对结果集进行迭代。

默认的结果集(即 ResultSet 对象)是不可更新的，且只能向前移动指针，因此只能迭代一次，且只能按从第一行到最后一行的顺序依次进行。必要时，可专门生成可滚动和/或可更新的结果集。这样，即可更加灵活地满足相关应用的需要。如以下示例：

```
...
Connection conn=DriverManager.getConnection(url,user,password);
Statement stmt= conn.createStatement(ResultSet.TYPE_SCROLL_INSENSITIVE,
ResultSet.CONCUR_UPDATABLE);
String sql = "select * from bmb order by bmbh";
ResultSet rs = stmt.executeQuery(sql);
...
```

在此，所创建的结果集(即 ResultSet 对象)rs 是可滚动、可更新的，而且不受其他更新的影响。

4.3　JDBC 基本应用

通过使用 JDBC，可轻松实现对数据库的访问，并完成有关操作。JDBC 编程的基本步骤如下。

(1) 加载驱动程序。通过调用 Class.forName(driverClassName)方法，即可加载相应的驱动程序。

(2) 建立与数据库的连接。通过调用 DriverManager.getConnection()方法，即可建立与指定数据库的连接，并获得相应的连接对象 conn。

(3) 执行 SQL 语句。首先，通过调用连接对象 conn 的 createStatement()方法生成相应的语句对象 stmt。然后，再调用语句对象 stmt 的 executeQuery()或 executeUpdate()方法执行指定的查询类语句或更新类语句，并返回相应的结果。其中，executeQuery()方法返回一个代表查询结果的结果集 rs，executeUpdate()方法返回一个表示受影响记录数的整数值 n。

(4) 处理返回的结果。通过返回的结果集 rs 或整数值 n，判断相应语句的执行情况。特别地，对于返回的非空结果集 rs，可通过 while(rs.next())等循环结构进行迭代输出。

(5) 关闭与数据库的连接。通过调用连接对象 conn 的 close()方法关闭与数据库的连接。在此之前，也可先调用结果集 rs 与语句对象 stmt 的 close()方法关闭之。

下面，通过一些具体实例说明 JDBC 的应用方法。在此，所要访问的数据库为在 SQL Server 2005/2008 中创建的人事管理数据库 rsgl。在该数据库中，共有 3 个表，即部门表 bmb、职工表 zgb 与用户表 users。各表的结构如表 4.7～表 4.9 所示，各表中所包含的记录如表 4.10～表 4.12 所示。

表 4.7　部门表 bmb 的结构

列　名	类　型	约　束	说　明
bmbh	char(2)	主键	部门编号
bmmc	varchar(20)		部门名称

表 4.8　职工表 zgb 的结构

列　名	类　型	约　束	说　明
bh	char(7)	主键	编号
xm	char(10)		姓名
xb	char(2)		性别
bm	char(2)		所在部门(编号)
csrq	datetime		出生日期
jbgz	decimal(7,2)		基本工资
gwjt	decimal(7,2)		岗位津贴

表 4.9　用户表 users 的结构

列　名	类　型	约　束	说　明
username	char(10)	主键	用户名
password	varchar(20)		用户密码
usertype	varchar(10)		用户类型

表 4.10　部门记录

部门编号	部门名称
01	计信系
02	会计系
03	经济系
04	财政系
05	金融系

表 4.11　职工记录

编号	姓名	性别	所在部门	出生日期	基本工资	岗位津贴
1992001	张三	男	01	1969-06-12	1500.00	1000.00
1992002	李四	男	01	1968-12-15	1600.00	1100.00
1993001	王五	男	02	1970-01-25	1300.00	800.00
1993002	赵一	女	03	1970-03-15	1300.00	800.00
1993003	赵二	女	01	1971-01-01	1200.00	700.00

表 4.12　用户记录

用 户 名	用户密码	用户类型
abc	123	普通用户
abcabc	123	普通用户
admin	12345	系统管理员
system	12345	系统管理员

【实例 4-1】连接 SQL Server 2005/2008 数据库 rsgl，然后再关闭与该数据库的连接(假定 SQL Server 2005/2008 安装在本地计算机上，其超级管理员登录账号 sa 的密码为“abc123!”)。

主要步骤如下。

(1) 新建一个 Web 项目 web_04。

(2) 将 SQL Server 2005/2008 的 JDBC 驱动程序 sqljdbc4.jar 添加到项目中。为此，只需先复制 sqljdbc4.jar，然后再右击项目的 WebRoot\WEB-INF\lib 文件夹，并在其快捷菜单中选择 Paste 菜单项。添加驱动程序 sqljdbc4.jar 后的项目结构如图 4.1 所示。

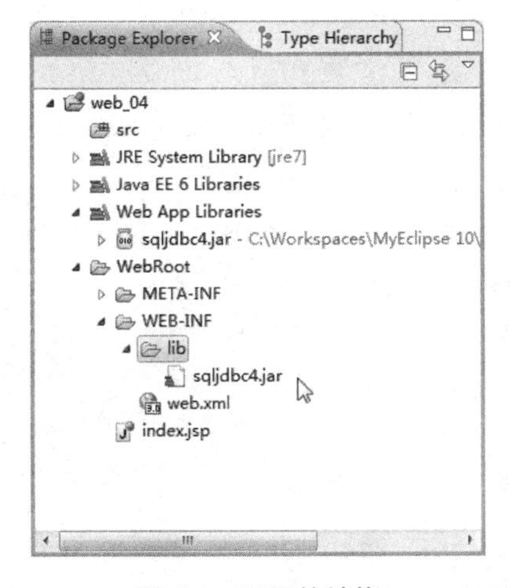

图 4.1　项目的结构

注意： 目前常用的 SQL Server JDBC 驱动程序主要有两种，即 Microsoft SQL Server 2005 JDBC Driver(sqljdbc.jar) 与 Microsoft JDBC Driver 4.0 for SQL Server(sqljdbc4.jar)。其中，前者为与 JDBC 3.0 兼容的驱动程序，可提供对 SQL Server 2000 与 SQL Server 2005 数据库的可靠访问；后者为与 JDBC 4.0 兼容的驱动程序，可提供对 SQL Server 2005 与 SQL Server 2008 数据库的可靠访问。

(3) 在项目的 WebRoot 文件夹中添加一个新的 JSP 页面 ConnectDB.jsp。其代码如下：

```
<%@ page contentType="text/html;charset=GB2312" language="java" %>
<%@ page import="java.sql.*"%>
<html>
```

```
<head><title>SQL Server</title></head>
<body>
<%
    Connection conn=null;
    try{
        Class.forName("com.microsoft.sqlserver.jdbc.SQLServerDriver");
        String url="jdbc:sqlserver://localhost:1433;DatabaseName=rsgl";
       //String  url="jdbc:sqlserver://127.0.0.1:1433;DatabaseName=rsgl";
        String user="sa";
        String password="abc123!";
        conn=DriverManager.getConnection(url,user,password);
        out.println("数据库连接成功!<br>");
    }
    catch(ClassNotFoundException e){
        out.println("!"+e.getMessage());
    }
    catch(SQLException e){
        out.println(e.getMessage());
    }
    finally{
        try{
            if (conn!=null){
                conn.close();
                out.println("数据库连接关闭成功!<br>");
            }
        }
        catch(Exception e){
            out.println(e.getMessage());
        }
    }
 %>
</body>
</html>
```

运行结果如图 4.2 所示。

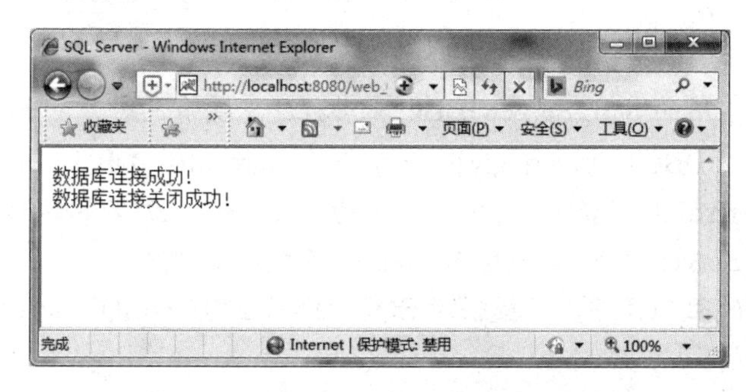

图 4.2　页面 ConnectDB.jsp 的运行结果

解析：

(1) 在 ConnectDB.jsp 页面中，先调用 Class.forName()显式地加载指定的驱动程序类，然后再调用 DriverManager.getConnection()方法建立与指定数据库的连接，并获取相应的连接对象 conn，最后再调用 conn 的 close()方法关闭与数据库的连接。

(2) 在 ConnectDB.jsp 页面中，为妥善处理可能出现的各种异常，使用了相应的异常处理语句。

【实例 4-2】部门增加(增加一个部门，其编号为“10”，名称为“学生办”)。

主要步骤如下。

在项目 web_04 的 WebRoot 文件夹中添加一个新的 JSP 页面 BmZj.jsp。其代码如下：

```
<%@ page contentType="text/html;charset=GB2312" language="java" %>
<%@ page import="java.sql.*"%>
<%request.setCharacterEncoding("gb2312"); %>
<html>
<head><title></title></head>
<body>
<%
    try {
        Class.forName("com.microsoft.sqlserver.jdbc.SQLServerDriver");
        String url="jdbc:sqlserver://localhost:1433;DatabaseName=rsgl";
        String user="sa";
        String password="abc123!";
        Connection conn=DriverManager.getConnection(url,user,password);
        String sql = "insert into bmb values('10','学生办')";
       Statement stmt=conn.createStatement();
       int n = stmt.executeUpdate(sql);
       if (n==1)
           out.print("部门增加成功!<br>");
        else
           out.print("部门增加失败!<br>");
       stmt.close();
        conn.close();
    }
    catch (Exception e) {
        out.print(e.toString());
    }
%>
</body>
</html>
```

运行结果如图 4.3 所示。

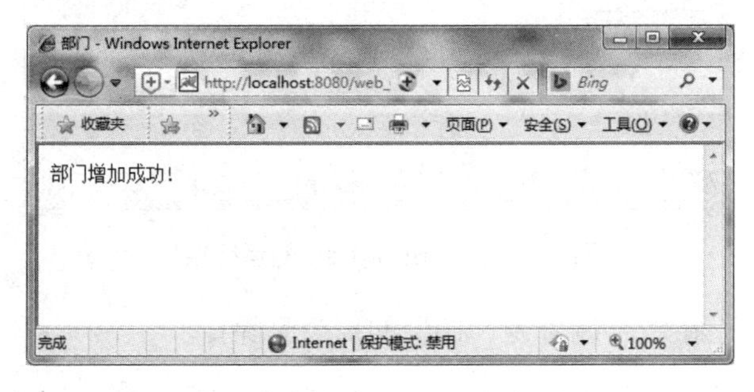

图 4.3　页面 BmZj.jsp 的运行结果

【实例 4-3】部门修改(将编号为“10”的部门的名称修改为“学工部”)。

主要步骤如下。

在项目 web_04 的 WebRoot 文件夹中添加一个新的 JSP 页面 BmXg.jsp。其代码如下：

```
<%@ page contentType="text/html;charset=GB2312" language="java" %>
<%@ page import="java.sql.*"%>
<%request.setCharacterEncoding("gb2312"); %>
<html>
<head><title>部门</title></head>
<body>
<%
    try {
        Class.forName("com.microsoft.sqlserver.jdbc.SQLServerDriver");
        String url="jdbc:sqlserver://localhost:1433;DatabaseName=rsgl";
        String user="sa";
        String password="abc123!";
        Connection conn=DriverManager.getConnection(url,user,password);
        String sql = "update bmb set bmmc='学工部' where bmbh='10'";
       Statement stmt=conn.createStatement();
       int n = stmt.executeUpdate(sql);
       if (n==1)
            out.print("部门修改成功!<br>");
        else
            out.print("部门修改失败!<br>");
       stmt.close();
        conn.close();
    }
    catch (Exception e) {
        out.print(e.toString());
    }
%>
</body>
</html>
```

运行结果如图 4.4 所示。

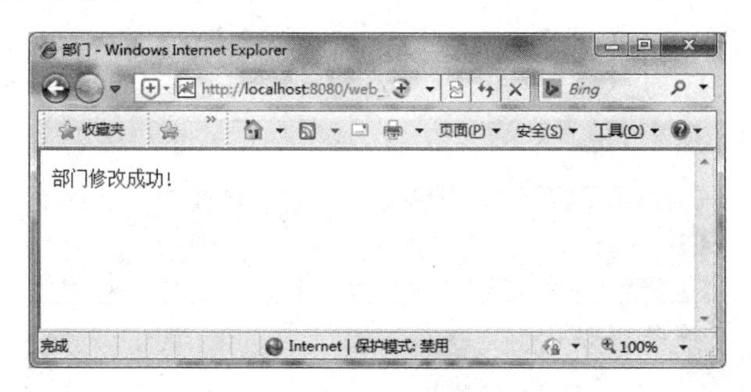

图 4.4　页面 BmXg.jsp 的运行结果

【实例 4-4】部门删除(将编号为“10”的部门删除)。

主要步骤如下。

在项目 web_04 的 WebRoot 文件夹中添加一个新的 JSP 页面 BmSc.jsp。其代码如下：

```
<%@ page contentType="text/html;charset=GB2312" language="java" %>
<%@ page import="java.sql.*"%>
<%request.setCharacterEncoding("gb2312"); %>
<html>
<head><title>部门</title></head>
<body>
<%
    try {
        Class.forName("com.microsoft.sqlserver.jdbc.SQLServerDriver");
        String url="jdbc:sqlserver://localhost:1433;DatabaseName=rsgl";
        String user="sa";
        String password="abc123!";
        Connection conn=DriverManager.getConnection(url,user,password);
        String sql = "delete from bmb where bmbh='10'";
       Statement stmt=conn.createStatement();
       int n = stmt.executeUpdate(sql);
       if (n==1)
           out.print("部门删除成功!<br>");
        else
           out.print("部门删除失败!<br>");
       stmt.close();
        conn.close();
    }
    catch (Exception e) {
        out.print(e.toString());
    }
%>
</body>
</html>
```

运行结果如图 4.5 所示。

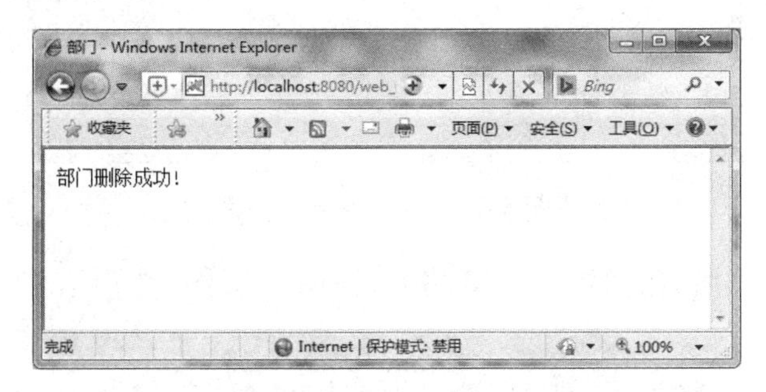

图 4.5　页面 BmSc.jsp 的运行结果

【实例 4-5】查询并显示部门的总数。

主要步骤如下。

在项目 web_04 的 WebRoot 文件夹中添加一个新的 JSP 页面 BmZs.jsp。其代码如下：

```
<%@ page contentType="text/html;charset=GB2312" language="java" %>
<%@ page import="java.sql.*"%>
<%request.setCharacterEncoding("gb2312"); %>
<html>
<head><title>部门总数</title></head>
```

```
<body>
<%
    try {
        Class.forName("com.microsoft.sqlserver.jdbc.SQLServerDriver");
        String url="jdbc:sqlserver://localhost:1433;DatabaseName=rsgl";
        String user="sa";
        String password="abc123!";
        Connection conn=DriverManager.getConnection(url,user,password);
        String sql = "select count(*) from bmb";
        Statement stmt=conn.createStatement();
        ResultSet rs = stmt.executeQuery(sql);
        rs.next();
        int n=rs.getInt(1);
        out.print("部门总数: "+n);
        rs.close();
        stmt.close();
        conn.close();
    }
    catch (Exception e) {
        out.print(e.toString());
    }
%>
</body>
</html>
```

运行结果如图 4.6 所示。

图 4.6 “部门总数”页面

【实例 4-6】查询所有的部门并以表格方式显示，如图 4.7 所示。

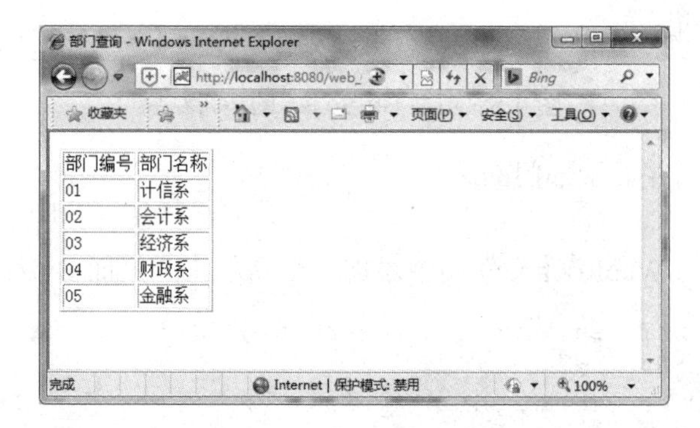

图 4.7 “部门查询”页面

主要步骤如下。

在项目 web_04 的 WebRoot 文件夹中添加一个新的 JSP 页面 BmCx.jsp。其代码如下：

```
<%@ page contentType="text/html;charset=GB2312" language="java" %>
<%@ page import="java.sql.*"%>
<%request.setCharacterEncoding("gb2312"); %>
<html>
<head><title>部门查询</title></head>
<body>
<%
    try {
        Class.forName("com.microsoft.sqlserver.jdbc.SQLServerDriver");
        String url="jdbc:sqlserver://localhost:1433;DatabaseName=rsgl";
        String user="sa";
        String password="abc123!";
        Connection conn=DriverManager.getConnection(url,user,password);
        String sql = "select * from bmb order by bmbh";
        Statement stmt=conn.createStatement();
        ResultSet rs = stmt.executeQuery(sql);
%>
    <table border="1">
    <tr><td>部门编号</td><td>部门名称</td></tr>
<%
       while(rs.next())
       {
        String bmbh=rs.getString("bmbh");
        String bmmc=rs.getString("bmmc");
%>
    <tr><td><%=bmbh%></td><td><%=bmmc%></td></tr>
<%
       }
%>
    </table>
<%
       rs.close();
       stmt.close();
        conn.close();
    }
    catch (Exception e) {
        out.print(e.toString());
    }
%>
</body>
</html>
```

【实例 4-7】如图 4.8 所示为“部门选择”页面。通过部门下拉列表框选择部门后，再单击“确定”按钮，即可显示所选部门的编号，如图 4.9 所示。

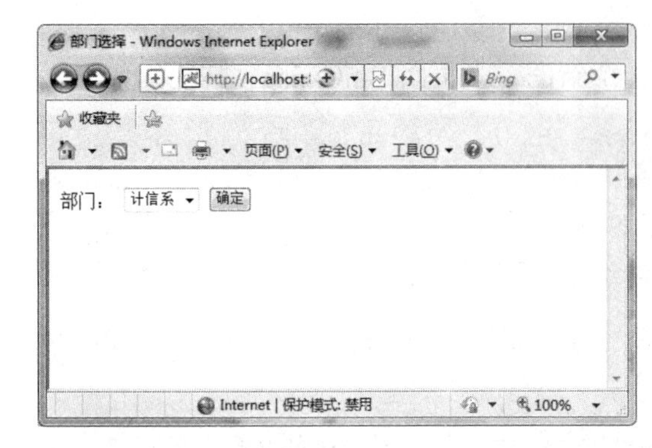

图 4.8 “部门选择”页面

图 4.9 部门选择结果页面

主要步骤(在项目 web_04 中)如下。

(1) 在项目的 WebRoot 文件夹中添加一个新的 JSP 页面 BmXz.jsp。其代码如下：

```
<%@ page contentType="text/html;charset=GB2312" language="java" %>
<%@ page import="java.sql.*"%>
<%request.setCharacterEncoding("gb2312"); %>
<html>
<head><title>部门选择</title></head>
<body>
<%
    try {
        Class.forName("com.microsoft.sqlserver.jdbc.SQLServerDriver");
        String url="jdbc:sqlserver://localhost:1433;DatabaseName=rsgl";
        String user="sa";
        String password="abc123!";
        Connection conn=DriverManager.getConnection(url,user,password);
        String sql = "select * from bmb order by bmbh";
        Statement stmt=conn.createStatement();
        ResultSet rs = stmt.executeQuery(sql);
%>
    <form method="post" action="BmXz0.jsp">
    部门:
    <select name="bmbh">
<%
       while(rs.next())
       {
        String bmbh=rs.getString("bmbh");
        String bmmc=rs.getString("bmmc");
%>
    <option value="<%=bmbh%>"><%=bmmc%></option>
<%
       }
%>
    </select>
    <input name="Submit" type="submit" value="确定" />
```

```
    </form>
<%
        rs.close();
        stmt.close();
         conn.close();
    }
    catch (Exception e) {
        out.print(e.toString());
    }
%>
</body>
</html>
```

(2) 在项目的 WebRoot 文件夹中添加一个新的 JSP 页面 BmXz0.jsp。其代码如下：

```
<%@ page contentType="text/html;charset=GB2312" language="java" %>
<%@ page import="java.sql.*"%>
<%request.setCharacterEncoding("gb2312"); %>
<html>
<head><title>部门选择</title></head>
<body>
    <%
    String bmbh=request.getParameter("bmbh");
    %>
    部门编号：<%=bmbh%>
</body>
</html>
```

解析：

(1) 在本实例中，BmXz.jsp 页面其实是一个表单(其处理页面为 BmXz0.jsp)，表单内包含一个部门下拉列表框。该部门下拉列表框中的各个选项是根据部门表动态生成的，每个选项的显示文本为部门的名称，而相应的取值则为部门的编号。

(2) 在 BmXz0.jsp 页面中，通过调用 request 对象的 getParameter()方法获取提交表单后传递过来的部门编号，然后再显示。

4.4　JDBC 应用案例

4.4.1　系统登录

下面以 JSP+JDBC 模式实现 Web 应用系统中的系统登录功能(基于 SQL Server 2005/2008 数据库 rsgl 中的用户表 users)。

如图 4.10 所示为“系统登录”页面。在此页面输入用户名与密码后，再单击“登录”按钮，即可提交至服务器对用户的身份进行验证。若该用户为系统的合法用户，则跳转至“登录成功”页面，如图 4.11 所示；反之，则跳转至“登录失败”页面，如图 4.12 所示。

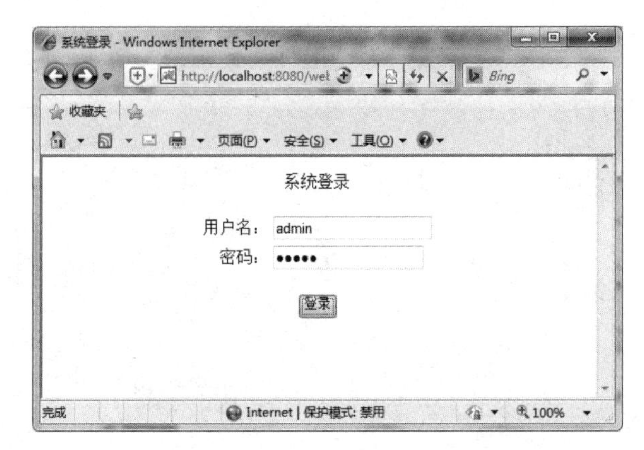

图 4.10　“系统登录”页面

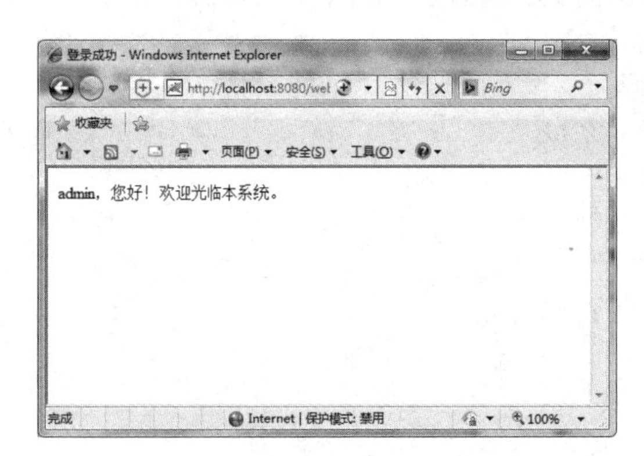

图 4.11　“登录成功”页面

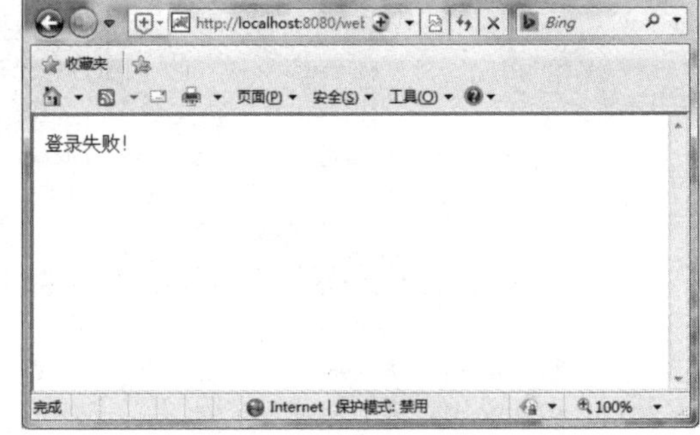

图 4.12　“登录失败”页面

实现步骤(在项目 web_04 中)如下。

(1) 在项目 web_04 的 WebRoot 文件夹中新建一个子文件夹 syslogin。

(2) 在子文件夹 syslogin 中添加一个新的 JSP 页面 login.jsp。其代码与第 3 章 3.11.1 节系统登录案例中的相同。

(3) 在子文件夹 syslogin 中添加一个新的 JSP 页面 validate.jsp。其代码如下：

```
<%@ page language="java" pageEncoding="utf-8" import="java.sql.*" %>
<%request.setCharacterEncoding("utf-8"); %>
<html>
    <head>
        <title>登录验证</title>
        <meta http-equiv="Content-Type" content="text/html;charset=utf-8">
    </head>
    <body>
    <%
    String username0=request.getParameter("username");  //获取提交的姓名
    String password0=request.getParameter("password");  //获取提交的密码
    boolean validated=false;  //验证标识
    Class.forName("com.microsoft.sqlserver.jdbc.SQLServerDriver").newInstance();
    String url="jdbc:sqlserver://localhost:1433;databaseName=rsgl";
    String user="sa";
```

```
    String password="abc123!";
    Connection conn=DriverManager.getConnection(url, user, password);
    //查询用户表中的记录
    String sql="select * from users";
    Statement stmt=conn.createStatement();
    ResultSet rs=stmt.executeQuery(sql);  //获取结果集
    while(rs.next())
    {
        if((rs.getString("username").trim().compareTo(username0)==0)&&
            (rs.getString("password").trim().compareTo(password0)==0))
            {
                validated=true;
            }
        }
        rs.close();
        stmt.close();
        conn.close();
        if(validated)  //验证成功跳转到成功页面
        {
        %>
            <jsp:forward page="welcome.jsp"></jsp:forward>
        <%
        }
        else  //验证失败跳转到失败页面
        {
        %>
            <jsp:forward page="error.jsp"></jsp:forward>
        <%
        }
        %>
    </body>
</html>
```

(4) 在子文件夹 syslogin 中添加一个新的 JSP 页面 welcome.jsp。其代码与第 3 章 3.11.1 节系统登录案例中的相同。

(5) 在子文件夹 syslogin 中添加一个新的 JSP 页面 error.jsp。其代码与第 3 章 3.11.1 节系统登录案例中的相同。

4.4.2 数据添加

Web 应用系统的一大功能就是数据的添加(或增加)。在此，以职工增加为例进行简要说明，并通过 JSP+JDBC 模式加以实现(基于 SQL Server 2005/2008 数据库 rsgl 中的职工表 zgb 与部门表 bmb)。

如图 4.13 所示为“职工增加”页面。在其中的表单中输入职工的各项信息后，再单击“确定”按钮提交表单，即可将该职工记录添加到职工表中。

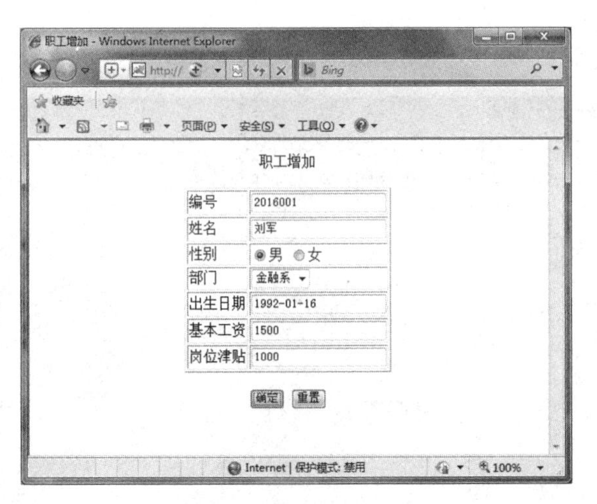

图 4.13 “职工增加”页面

主要步骤(在项目 web_04 中)如下。

(1) 在项目的 WebRoot 文件夹中添加一个新的 JSP 页面 ZgZj.jsp。其代码如下：

```
<%@ page contentType="text/html;charset=gb2312" language="java" %>
<%@ page import="java.sql.*"%>
<%request.setCharacterEncoding("gb2312"); %>
<script language="JavaScript">
function check(theForm)
{
  if (theForm.bh.value.length != 7)
  {
    alert("职工编号必须为 7 位！");
    theForm.bh.focus();
    return (false);
  }
  if (theForm.xm.value == "")
  {
    alert("请输入姓名！");
    theForm.xm.focus();
    return (false);
  }
  if (theForm.csrq.value == "")
  {
    alert("请输入出生日期！");
    theForm.csrq.focus();
    return (false);
  }
  if (theForm.jbgz.value == "")
  {
    alert("请输入基本工资！");
    theForm.jbgz.focus();
    return (false);
  }
  if (theForm.gwjt.value == "")
  {
```

```
    alert("请输入岗位津贴！");
    theForm.gwjt.focus();
    return (false);
  }
  return (true);
}
</script>
<html>
<head><title>职工增加</title></head>
<body>
<div align="center">
  <P>职工增加</P>
  <form id="form1" name="form1" method="post" action="ZgZj0.jsp"
onSubmit="return check(this)">
    <table border="1">
    <tr><td>编号</td><td><input name="bh" type="text" id="bh" /></td></tr>
    <tr><td>姓名</td><td><input name="xm" type="text" id="xm" /></td></tr>
    <tr><td>性别</td><td>
    <input type="radio" name="xb" value="男" checked="checked" />男
    <input type="radio" name="xb" value="女" />女
    </td></tr>
<%
        Class.forName("com.microsoft.sqlserver.jdbc.SQLServerDriver");
        String url="jdbc:sqlserver://localhost:1433;DatabaseName=rsgl";
        String user="sa";
        String password="abc123!";
        Connection conn=DriverManager.getConnection(url,user,password);
        String sql = "select * from bmb order by bmbh";
       Statement stmt=conn.createStatement();
       ResultSet rs = stmt.executeQuery(sql);
%>
    <tr><td>部门</td>
    <td><select name="bm">
<%
       while(rs.next())
       {
        String bmbh=rs.getString("bmbh");
        String bmmc=rs.getString("bmmc");
%>
    <option value="<%=bmbh%>"><%=bmmc%></option>
<%
       }
       rs.close();
       stmt.close();
        conn.close();
%>
    </select>
    </td></tr>
    <tr><td>出生日期</td><td><input name="csrq" type="text" id="csrq" /></td></tr>
    <tr><td>基本工资</td><td><input name="jbgz" type="text" id="jbgz" /></td></tr>
    <tr><td>岗位津贴</td><td><input name="gwjt" type="text" id="gwjt" /></td></tr>
    </table>
    <br>
```

```
    <input name="submit" type="submit"  value="确定" />
    <input name="reset" type="reset" value="重置" />
  </form>
</div>
</body>
</html>
```

(2) 在项目的 WebRoot 文件夹中添加一个新的 JSP 页面 ZgZj0.jsp。其代码如下：

```
<%@ page contentType="text/html;charset=gb2312" language="java" %>
<%@ page import="java.sql.*"%>
<%request.setCharacterEncoding("gb2312"); %>
<html>
<head><title></title></head>
<body>
<%
    String bh = request.getParameter("bh");
    String xm = request.getParameter("xm");
    String xb = request.getParameter("xb");
    String bm = request.getParameter("bm");
    String csrq = request.getParameter("csrq");
    String jbgz = request.getParameter("jbgz");
    String gwjt = request.getParameter("gwjt");
    try {
        Class.forName("com.microsoft.sqlserver.jdbc.SQLServerDriver");
        String url="jdbc:sqlserver://localhost:1433;DatabaseName=rsgl";
        String user="sa";
        String password="abc123!";
        Connection conn=DriverManager.getConnection(url,user,password);
        String sql = "insert into zgb(bh,xm,xb,bm,csrq,jbgz,gwjt)";
        sql=sql+" values('"+bh+"','"+xm+"','"+xb+"','"+bm+"','"+csrq+"'";
        sql=sql+","+jbgz+","+gwjt+")";
       Statement stmt=conn.createStatement();
       int n = stmt.executeUpdate(sql);
       if (n>0){
            out.print("职工记录增加成功！");
        }
        else {
            out.print("职工记录增加失败！");
        }
       stmt.close();
        conn.close();
    }
    catch (Exception e) {
        out.print(e.toString());
    }
%>
</body>
</html>
```

解析：

(1) 在 ZgZj.jsp 页面中，对于在表单中输入的职工信息，提交后先利用 JavaScript 脚本在客户端进行相应的验证。

(2) 在 ZgZj0.jsp 页面中，先获取通过表单提交的各项职工信息，然后再构造 Insert 语句并通过所创建的 Statement 对象执行，从而实现职工记录的增加。其实，职工记录的增加也可通过 PreparedStatement 对象实现。为此，只需将页面中“String sql = "insert into zgb(bh,xm,xb,bm,csrq,jbgz,gwjt)";”与“int n = stmt.executeUpdate(sql);”之间的语句改写为以下语句即可。

```
String sql="insert into zgb(bh,xm,xb,bm,csrq,jbgz,gwjt) values(?,?,?,?,?,?,?)";
 PreparedStatement stmt=conn.prepareStatement(sql);
 stmt.setString(1,bh);
 stmt.setString(2,xm);
 stmt.setString(3,xb);
 stmt.setString(4,bm);
 stmt.setDate(5,Date.valueOf(csrq));  //
 stmt.setFloat(6,Float.valueOf(jbgz));
 stmt.setFloat(7,Float.valueOf(gwjt));
 int n = stmt.executeUpdate();
```

4.4.3　数据维护

Web 应用系统的另外一大功能就是数据的维护，包括数据的查询、修改与删除。在此，以职工维护为例进行相应说明，并通过 JSP+JDBC 模式加以实现(基于 SQL Server 2005/2008 数据库 rsgl 中的职工表 zgb 与部门表 bmb)。

如图 4.14 所示为“职工查询”页面。在其中的“部门”下拉列表框中选择某个部门后，再单击“确定”按钮，即可打开如图 4.15 所示的“职工维护”页面，以分页方式显示相应部门的职工列表，并为每个职工记录提供 3 个操作链接，即“详情”链接、“修改”链接与“删除”链接。若单击某个“详情”链接，则打开如图 4.16 所示的“职工信息”页面，以表格方式显示相应职工的详细信息。若单击某个“修改”链接，则打开如图 4.17 所示的“职工修改”页面，以表格方式显示相应职工的各项信息，并允许用户进行相应的修改，待单击“确定”按钮后再将所做的修改更新到职工表中。若单击某个“删除”链接，则打开如图 4.18 所示的“职工删除”页面，以表格方式显示相应职工的各项信息，待单击“确定”按钮后再将其从职工表中删除。

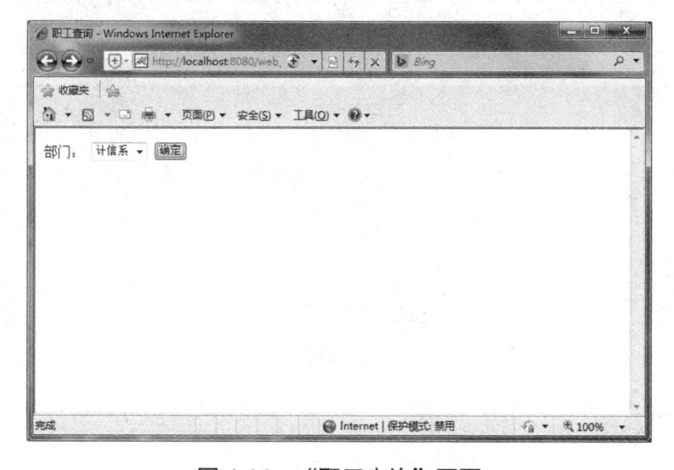

图 4.14　“职工查询”页面

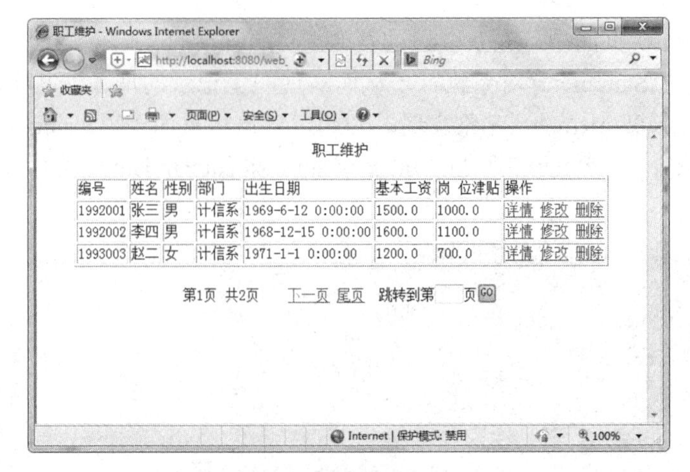

图 4.15　“职工维护”页面

图 4.16　“职工信息”页面

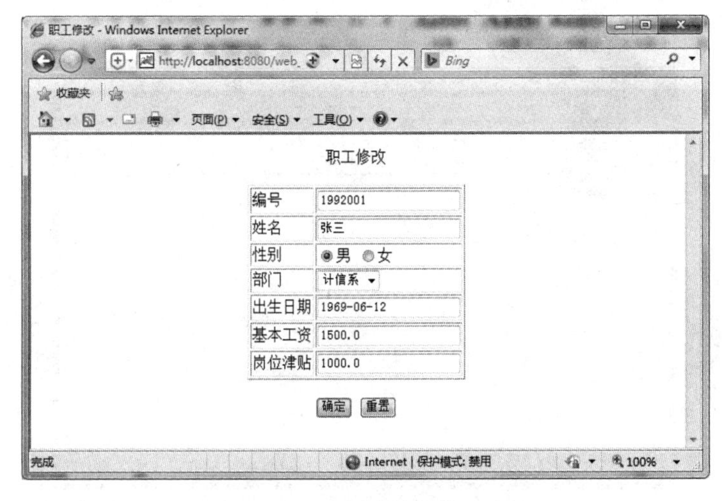

图 4.17　“职工修改”页面

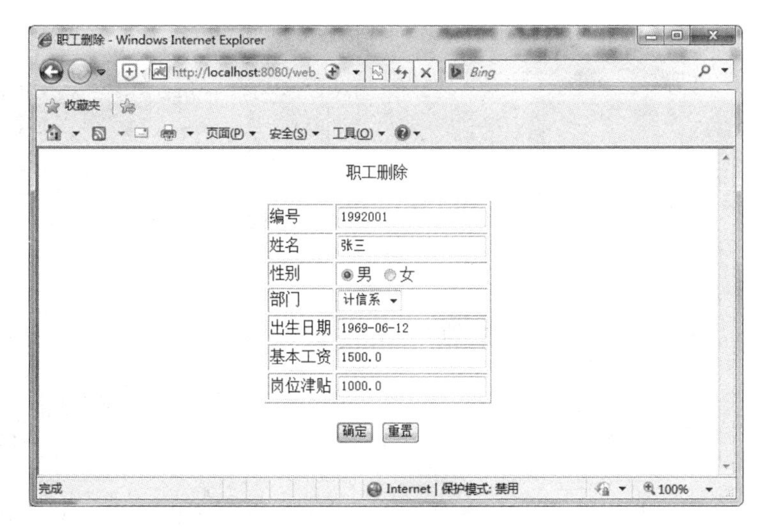

图 4.18　“职工删除”页面

主要步骤(在项目 web_04 中)如下。

(1) 在项目的 WebRoot 文件夹中添加一个新的 JSP 页面 ZgCx.jsp。其代码如下：

```
<%@ page contentType="text/html;charset=GB2312" language="java" %>
<%@ page import="java.sql.*"%>
<%request.setCharacterEncoding("gb2312"); %>
<html>
<head><title>职工查询</title></head>
<body>
<%
    try {
        Class.forName("com.microsoft.sqlserver.jdbc.SQLServerDriver");
        String url="jdbc:sqlserver://localhost:1433;DatabaseName=rsgl";
        String user="sa";
        String password="abc123!";
        Connection conn=DriverManager.getConnection(url,user,password);
        String sql = "select * from bmb order by bmbh";
       Statement stmt=conn.createStatement();
       ResultSet rs = stmt.executeQuery(sql);
%>
    <form method="post" action="ZgWh.jsp">
    部门：
    <select name="bmbh">
<%
       while(rs.next())
       {
        String bmbh=rs.getString("bmbh");
        String bmmc=rs.getString("bmmc");
%>
    <option value="<%=bmbh%>"><%=bmmc%></option>
<%
       }
%>
```

```
    </select>
    <input name="Submit" type="submit" value="确定" />
    </form>
<%
        rs.close();
        stmt.close();
         conn.close();
    }
    catch (Exception e) {
        out.print(e.toString());
    }
%>
</body>
</html>
```

(2) 在项目的 WebRoot 文件夹中添加一个新的 JSP 页面 ZgWh.jsp。其代码如下：

```
<%@ page contentType="text/html;charset=GB2312" language="java" %>
<%@ page import="java.sql.*"%>
<%request.setCharacterEncoding("gb2312"); %>
<html>
<head><title>职工维护</title></head>
<body>
<div align="center">
    <P>职工维护</P>
<%
    String bmbh=request.getParameter("bmbh");
    String pageNo=request.getParameter("pageno");
    int pageSize=3;
    int pageCount;
    int rowCount;
    int pageCurrent;
    int rowCurrent;
    if(pageNo==null||pageNo.trim().length()==0){
        pageCurrent=1;
    }else{
        pageCurrent=Integer.parseInt(pageNo);
    }
    try {
        Class.forName("com.microsoft.sqlserver.jdbc.SQLServerDriver");
        String url="jdbc:sqlserver://localhost:1433;DatabaseName=rsgl";
        String user="sa";
        String password="abc123!";
        Connection conn=DriverManager.getConnection(url,user,password);
        String sql = "select bh,xm,xb,bmmc,csrq,jbgz,gwjt from zgb,bmb";
        sql=sql+" where zgb.bm=bmb.bmbh and bm='"+bmbh+"'";
        sql=sql+" order by bh";
        Statement stmt=conn.createStatement(ResultSet.TYPE_SCROLL_INSENSITIVE,
            ResultSet.CONCUR_READ_ONLY);
      ResultSet rs = stmt.executeQuery(sql);
       rs.last();
```

```
        rowCount = rs.getRow();
        pageCount = (rowCount + pageSize - 1)/pageSize;
        if(pageCurrent>pageCount)
            pageCurrent=pageCount;
        if(pageCurrent<1)
            pageCurrent=1;
%>
    <table border="1">
    <tr><td>编号</td><td>姓名</td><td>性别</td><td>部门</td>
    <td>出生日期</td><td>基本工资</td><td>岗位津贴</td>
    <td>操作</td></tr>
<%
    rs.beforeFirst();
    rowCurrent=1;
    while(rs.next()){
        if(rowCurrent>(pageCurrent-1)*pageSize && rowCurrent<=
            pageCurrent*pageSize){
        String bh=rs.getString("bh");
        String xm=rs.getString("xm");
        String xb=rs.getString("xb");
        String bmmc=rs.getString("bmmc");
        String csrq=rs.getDate("csrq").toLocaleString();
        String jbgz=String.valueOf(rs.getFloat("jbgz"));
        String gwjt=String.valueOf(rs.getFloat("gwjt"));
%>
    <tr><td><%=bh%></td><td><%=xm%></td><td><%=xb%></td><td><%=bmmc%></td>
    <td><%=csrq%></td><td><%=jbgz%></td><td><%=gwjt%></td>
    <td><a href="ZgXq.jsp?bh=<%=bh%>" target="_blank">详情</a> <a href=
        "ZgXg.jsp?bh=<%=bh%>">修改</a> <a href="ZgSc.jsp?bh=<%=bh%>">删除
        </a></td></tr>
<%
        }
       rowCurrent++;
    }
 %>
    </table>
        <p align="center">
        <form method="POST" action="ZgWh.jsp">
            第<%=pageCurrent %>页 共<%=pageCount %>页 
            <%if(pageCurrent>1){ %>
            <a href="ZgWh.jsp?bmbh=<%=bmbh %>&pageno=1">首页</a>
            <a href="ZgWh.jsp?bmbh=<%=bmbh %>&pageno=<%=pageCurrent-1
                %>">上一页</a>
            <%} %>
             
            <%if(pageCurrent<pageCount){ %>
            <a href="ZgWh.jsp?bmbh=<%=bmbh %>&pageno=<%=pageCurrent+1
                %>">下一页</a>
            <a href="ZgWh.jsp?bmbh=<%=bmbh %>&pageno=<%=pageCount %>">尾页</a>
            <%} %>
```

```
             跳转到第<input type="text" name="pageno" size="3" maxlength=
                "5">页<input name="submit" type="submit" value="GO">
            <input name="bmbh" type="hidden" value="<%=bmbh %>">
        </form>
<%
        rs.close();
        stmt.close();
         conn.close();
    }
    catch(ClassNotFoundException e)
    {
        out.println(e.getMessage());
    }
    catch(SQLException e)
    {
        out.println(e.getMessage());
    }
    catch (Exception e) {
        out.print(e.toString());
    }
%>
</div>
</body>
</html>
```

(3) 在项目的 WebRoot 文件夹中添加一个新的 JSP 页面 ZgXq.jsp。其代码如下：

```
<%@ page contentType="text/html;charset=gb2312" language="java" %>
<%@ page import="java.sql.*"%>
<%@ page import="java.text.*"%>
<%request.setCharacterEncoding("gb2312"); %>
<html>
<head><title>职工信息</title></head>
<body>
<div align="center">
  <P>职工信息</P>
<%
        Class.forName("com.microsoft.sqlserver.jdbc.SQLServerDriver");
        String url="jdbc:sqlserver://localhost:1433;DatabaseName=rsgl";
        String user="sa";
        String password="abc123!";
        Connection conn=DriverManager.getConnection(url,user,password);
        String bh0=request.getParameter("bh").trim();
        String sql0 = "select * from zgb where bh='"+bh0+"'";
       Statement stmt0=conn.createStatement();
       ResultSet rs0 = stmt0.executeQuery(sql0);
       rs0.next();
       String xm0=rs0.getString("xm").trim();
       String xb0=rs0.getString("xb").trim();
       String bm0=rs0.getString("bm").trim();
       SimpleDateFormat sdf=new SimpleDateFormat("yyyy-MM-dd");
```

```
        String csrq0=sdf.format(rs0.getDate("csrq"));
        String jbgz0=String.valueOf(rs0.getFloat("jbgz"));
        String gwjt0=String.valueOf(rs0.getFloat("gwjt"));
        rs0.close();
        stmt0.close();
%>
    <form id="form1" name="form1" method="post" action="">
    <table border="1">
    <tr><td>编号</td><td><input name="bh" type="text" id="bh"
    value="<%=bh0%>" readonly="true" /></td></tr>
    <tr><td>姓名</td><td><input name="xm" type="text" id="xm"
    value="<%=xm0%>" /></td></tr>
    <tr><td>性别</td><td>
    <input type="radio" name="xb" value="男" <% if (xb0.equals("男"))
    { %> checked="checked" <% } %> disabled="disabled"/>男
    <input type="radio" name="xb" value="女" <% if (xb0.equals("女"))
    { %> checked="checked" <% } %> disabled="disabled"/>女
    </td></tr>
<%
         String sql = "select * from bmb order by bmbh";
        Statement stmt=conn.createStatement();
        ResultSet rs = stmt.executeQuery(sql);
%>
    <tr><td>部门</td>
    <td><select name="bm" disabled="disabled">
<%
        while(rs.next())
        {
         String bmbh=rs.getString("bmbh").trim();
         String bmmc=rs.getString("bmmc").trim();
%>
    <option value="<%=bmbh%>" <% if (bm0.equals(bmbh)){ %> selected <% }
        %>><%=bmmc%></option>
<%
        }
        rs.close();
        stmt.close();
         conn.close();
%>
    </select>
    </td></tr>
    <tr><td>出生日期</td><td><input name="csrq" type="text" id="csrq"
        value="<%=csrq0%>" /></td></tr>
    <tr><td>基本工资</td><td><input name="jbgz" type="text" id="jbgz"
        value="<%=jbgz0%>" /></td></tr>
    <tr><td>岗位津贴</td><td><input name="gwjt" type="text" id="gwjt"
        value="<%=gwjt0%>" /></td></tr>
    </table>
    <br>
    <a href="javascript:window.close()" >[关闭]</a>
```

```
</form>
</div>
</body>
</html>
```

(4) 在项目的 WebRoot 文件夹中添加一个新的 JSP 页面 ZgXg.jsp。其代码如下：

```
<%@ page contentType="text/html;charset=gb2312" language="java" %>
<%@ page import="java.sql.*"%>
<%@ page import="java.text.*"%>
<%request.setCharacterEncoding("gb2312"); %>
<script language="JavaScript">
function check(theForm)
{
  if (theForm.bh.value.length != 7)
  {
    alert("职工编号必须为 7 位！");
    theForm.bh.focus();
    return (false);
  }
  if (theForm.xm.value == "")
  {
    alert("请输入姓名！");
    theForm.xm.focus();
    return (false);
  }
  if (theForm.csrq.value == "")
  {
    alert("请输入出生日期！");
    theForm.csrq.focus();
    return (false);
  }
  if (theForm.jbgz.value == "")
  {
    alert("请输入基本工资！");
    theForm.jbgz.focus();
    return (false);
  }
  if (theForm.gwjt.value == "")
  {
    alert("请输入岗位津贴！");
    theForm.gwjt.focus();
    return (false);
  }
  return (true);
}
</script>
<html>
<head><title>职工修改</title></head>
<body>
<div align="center">
```

```
  <P>职工修改</P>
<%
        Class.forName("com.microsoft.sqlserver.jdbc.SQLServerDriver");
        String url="jdbc:sqlserver://localhost:1433;DatabaseName=rsgl";
        String user="sa";
        String password="abc123!";
        Connection conn=DriverManager.getConnection(url,user,password);
        String bh0=request.getParameter("bh").trim();
        String sql0 = "select * from zgb where bh='"+bh0+"'";
        Statement stmt0=conn.createStatement();
        ResultSet rs0 = stmt0.executeQuery(sql0);
        rs0.next();
        String xm0=rs0.getString("xm").trim();
        String xb0=rs0.getString("xb").trim();
        String bm0=rs0.getString("bm").trim();
        SimpleDateFormat sdf=new SimpleDateFormat("yyyy-MM-dd");
        String csrq0=sdf.format(rs0.getDate("csrq"));
        String jbgz0=String.valueOf(rs0.getFloat("jbgz"));
        String gwjt0=String.valueOf(rs0.getFloat("gwjt"));
        rs0.close();
        stmt0.close();
%>
<form id="form1" name="form1" method="post" action="ZgXg0.jsp"
onSubmit="return check(this)">
    <table border="1">
    <tr><td>编号</td><td><input name="bh" type="text" id="bh" value=
        "<%=bh0%>" readonly="true" /></td></tr>
    <tr><td>姓名</td><td><input name="xm" type="text" id="xm" value=
        "<%=xm0%>" /></td></tr>
    <tr><td>性别</td><td>
    <input type="radio" name="xb" value="男" <% if (xb0.equals("男")){ %>
        checked="checked" <% } %>/>男
    <input type="radio" name="xb" value="女" <% if (xb0.equals("女")){ %>
        checked="checked" <% } %>/>女
    </td></tr>
<%
        String sql = "select * from bmb order by bmbh";
       Statement stmt=conn.createStatement();
       ResultSet rs = stmt.executeQuery(sql);
%>
    <tr><td>部门</td>
    <td><select name="bm">
<%
       while(rs.next())
       {
        String bmbh=rs.getString("bmbh").trim();
        String bmmc=rs.getString("bmmc").trim();
%>
    <option value="<%=bmbh%>" <% if (bm0.equals(bmbh)){ %> selected <% } %>>
        <%=bmmc%></option>
```

```
<%
        }
        rs.close();
        stmt.close();
         conn.close();
%>
    </select>
    </td></tr>
    <tr><td>出生日期</td><td><input name="csrq" type="text" id="csrq"
        value="<%=csrq0%>" /></td></tr>
    <tr><td>基本工资</td><td><input name="jbgz" type="text" id="jbgz"
        value="<%=jbgz0%>" /></td></tr>
    <tr><td>岗位津贴</td><td><input name="gwjt" type="text" id="gwjt"
        value="<%=gwjt0%>" /></td></tr>
    </table>
    <br>
    <input name="submit" type="submit" value="确定" />
    <input name="reset" type="reset" value="重置" />
</form>
</div>
</body>
</html>
```

(5) 在项目的 WebRoot 文件夹中添加一个新的 JSP 页面 ZgXg0.jsp。其代码如下：

```
<%@ page contentType="text/html;charset=gb2312" language="java" %>
<%@ page import="java.sql.*"%>
<%request.setCharacterEncoding("gb2312"); %>
<html>
<head><title></title></head>
<body>
<%
    String bh = request.getParameter("bh");
    String xm = request.getParameter("xm");
    String xb = request.getParameter("xb");
    String bm = request.getParameter("bm");
    String csrq = request.getParameter("csrq");
    String jbgz = request.getParameter("jbgz");
    String gwjt = request.getParameter("gwjt");
    try {
        Class.forName("com.microsoft.sqlserver.jdbc.SQLServerDriver");
        String url="jdbc:sqlserver://localhost:1433;DatabaseName=rsgl";
        String user="sa";
        String password="abc123!";
        Connection conn=DriverManager.getConnection(url,user,password);
        String sql = "update zgb set xm='"+xm+"',xb='"+xb+"',bm='"+bm+"'";
        sql=sql+",csrq='"+csrq+"',jbgz="+jbgz+",gwjt="+gwjt;
        sql=sql+" where bh='"+bh+"'";
       Statement stmt=conn.createStatement();
       int n = stmt.executeUpdate(sql);
       if (n>0){
```

```
            out.print("<script Lanuage='JavaScript'>window.alert
              ('职工记录修改成功！')</script>");
            out.print("<script Lanuage='JavaScript'>window.location
              ='ZgCx.jsp'</script>");
        }
        else {
            out.print("<script Lanuage='JavaScript'>window.alert
              ('职工记录修改失败！')</script>");
          out.print("<script Lanuage='JavaScript'>window.location
              ='ZgCx.jsp'</script>");
        }
       stmt.close();
        conn.close();
    }
    catch (Exception e) {
        out.print(e.toString());
    }
%>
</body>
</html>
```

该页面中“String sql = "update zgb set xm='"+xm+"',xb='"+xb+"',bm='"+bm+"'";”与“int n = stmt.executeUpdate(sql);”之间的语句也可改写为：

```
String sql="update zgb set xm=?,xb=?,bm=?,csrq=?,jbgz=?,gwjt=? where bh=?";
PreparedStatement stmt=conn.prepareStatement(sql);
stmt.setString(1,xm);
stmt.setString(2,xb);
stmt.setString(3,bm);
stmt.setString(4,csrq);
stmt.setFloat(5,Float.valueOf(jbgz));
stmt.setFloat(6,Float.valueOf(gwjt));
stmt.setString(7,bh);
int n = stmt.executeUpdate();
```

(6) 在项目的 WebRoot 文件夹中添加一个新的 JSP 页面 ZgSc.jsp。其代码如下：

```
<%@ page contentType="text/html;charset=gb2312" language="java" %>
<%@ page import="java.sql.*"%>
<%@ page import="java.text.*"%>
<%request.setCharacterEncoding("gb2312"); %>
<html>
<head><title>职工删除</title></head>
<body>
<div align="center">
  <P>职工删除</P>
<%
        Class.forName("com.microsoft.sqlserver.jdbc.SQLServerDriver");
        String url="jdbc:sqlserver://localhost:1433;DatabaseName=rsgl";
        String user="sa";
        String password="abc123!";
```

```
        Connection conn=DriverManager.getConnection(url,user,password);
        String bh0=request.getParameter("bh").trim();
        String sql0 = "select * from zgb where bh='"+bh0+"'";
       Statement stmt0=conn.createStatement();
       ResultSet rs0 = stmt0.executeQuery(sql0);
       rs0.next();
       String xm0=rs0.getString("xm").trim();
       String xb0=rs0.getString("xb").trim();
       String bm0=rs0.getString("bm").trim();
       SimpleDateFormat sdf=new SimpleDateFormat("yyyy-MM-dd");
       String csrq0=sdf.format(rs0.getDate("csrq"));
       String jbgz0=String.valueOf(rs0.getFloat("jbgz"));
       String gwjt0=String.valueOf(rs0.getFloat("gwjt"));
       rs0.close();
       stmt0.close();
%>
<form id="form1" name="form1" method="post" action="ZgSc0.jsp"
onSubmit="return check(this)">
    <table border="1">
    <tr><td>编号</td><td><input name="bh" type="text" id="bh"
value="<%=bh0%>" readonly="true" /></td></tr>
    <tr><td>姓名</td><td><input name="xm" type="text" id="xm"
value="<%=xm0%>" /></td></tr>
    <tr><td>性别</td><td>
    <input type="radio" name="xb" value="男" <% if (xb0.equals("男")){ %>
checked="checked" <% } %>/>男
    <input type="radio" name="xb" value="女" <% if (xb0.equals("女")){ %>
checked="checked" <% } %>/>女
    </td></tr>
<%
        String sql = "select * from bmb order by bmbh";
       Statement stmt=conn.createStatement();
       ResultSet rs = stmt.executeQuery(sql);
%>
    <tr><td>部门</td>
    <td><select name="bm">
<%
       while(rs.next())
       {
        String bmbh=rs.getString("bmbh").trim();
        String bmmc=rs.getString("bmmc").trim();
%>
    <option value="<%=bmbh%>" <% if (bm0.equals(bmbh)){ %> selected <% } %>>
        <%=bmmc%></option>
<%
       }
       rs.close();
       stmt.close();
        conn.close();
%>
```

```
    </select>
    </td></tr>
    <tr><td>出生日期</td><td><input name="csrq" type="text" id="csrq"
        value="<%=csrq0%>" /></td></tr>
    <tr><td>基本工资</td><td><input name="jbgz" type="text" id="jbgz"
        value="<%=jbgz0%>" /></td></tr>
    <tr><td>岗位津贴</td><td><input name="gwjt" type="text" id="gwjt"
        value="<%=gwjt0%>" /></td></tr>
    </table>
    <br>
    <input name="submit" type="submit" value="确定" />
    <input name="reset" type="reset" value="重置" />
</form>
</div>
</body>
</html>
```

(7) 在项目的 WebRoot 文件夹中添加一个新的 JSP 页面 ZgSc0.jsp。其代码如下：

```
<%@ page contentType="text/html;charset=gb2312" language="java" %>
<%@ page import="java.sql.*"%>
<%request.setCharacterEncoding("gb2312"); %>
<html>
<head><title></title></head>
<body>
<%
    String bh =  request.getParameter("bh");
    try {
        Class.forName("com.microsoft.sqlserver.jdbc.SQLServerDriver");
        String url="jdbc:sqlserver://localhost:1433;DatabaseName=rsgl";
        String user="sa";
        String password="abc123!";
        Connection conn=DriverManager.getConnection(url,user,password);
        String sql = "delete from zgb";
        sql=sql+" where bh='"+bh+"'";
       Statement stmt=conn.createStatement();
       int n = stmt.executeUpdate(sql);
       if (n>0){
           out.print("<script Lanuage='JavaScript'>window.alert
             ('职工记录删除成功！')</script>");
          out.print("<script Lanuage='JavaScript'>window.location
             ='ZgCx.jsp'</script>");
        }
        else {
           out.print("<script Lanuage='JavaScript'>window.alert
             ('职工记录删除失败！')</script>");
          out.print("<script Lanuage='JavaScript'>window.location
             ='ZgCx.jsp'</script>");
        }
       stmt.close();
        conn.close();
```

```
    }
    catch (Exception e) {
        out.print(e.toString());
    }
%>
</body>
</html>
```

该页面中“String sql = "delete from zgb";”与“int n = stmt.executeUpdate(sql);”之间的语句也可改写为：

```
String sql="delete from zgb where bh=?";
PreparedStatement stmt=conn.prepareStatement(sql);
stmt.setString(1,bh);
int n = stmt.executeUpdate();
```

说明： 对于 Java Web 应用系统的开发来说，JSP+JDBC 是最为基本且最为简单的一种模式，如图 4.19 所示。基于该模式的 Web 应用程序的工作流程如下。

① 浏览器发出请求。

② JSP 页面接收请求，并根据业务处理的需要通过 JDBC 完成对数据库的操作。

③ JSP 将业务处理的结果信息动态生成相应的 Web 页面，并发送到浏览器。

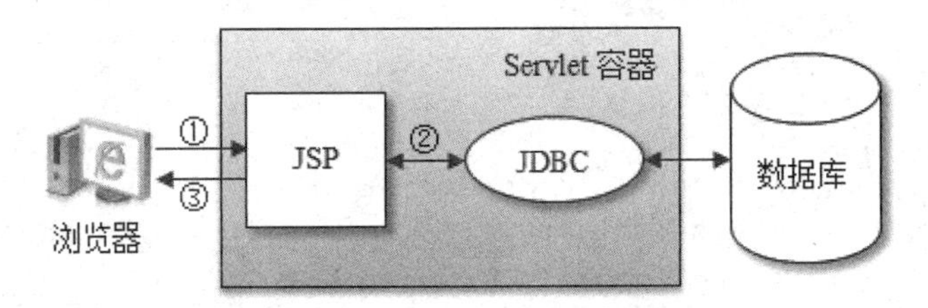

图 4.19　JSP+JDBC 模式

本 章 小 结

本章首先介绍了 JDBC 的概况，然后较为详细地讲解了 JDBC 核心类与接口的主要用法，并通过具体实例与案例深入说明了 JDBC 的数据库编程技术。通过本章的学习，应熟练掌握 JDBC 数据库编程的基本步骤与相关技术，并能使用 JSP+JDBC 模式开发相应的 Web 应用系统。

思 考 题

1. JDBC 的类库包含在哪两个包中？
2. DriverManager 类的主要作用是什么？有哪些常用方法？
3. 在应用程序中，如何加载 JDBC 驱动程序？
4. Connection 接口的主要作用是什么？有哪些常用方法？

5. Statement 接口的主要作用是什么？有哪些常用方法？
6. PreparedStatement 接口的主要作用是什么？有哪些常用方法？
7. CallableStatement 接口的主要作用是什么？有哪些常用方法？
8. ResultSet 接口的主要作用是什么？有哪些常用方法？
9. JDBC 编程的基本步骤是什么？

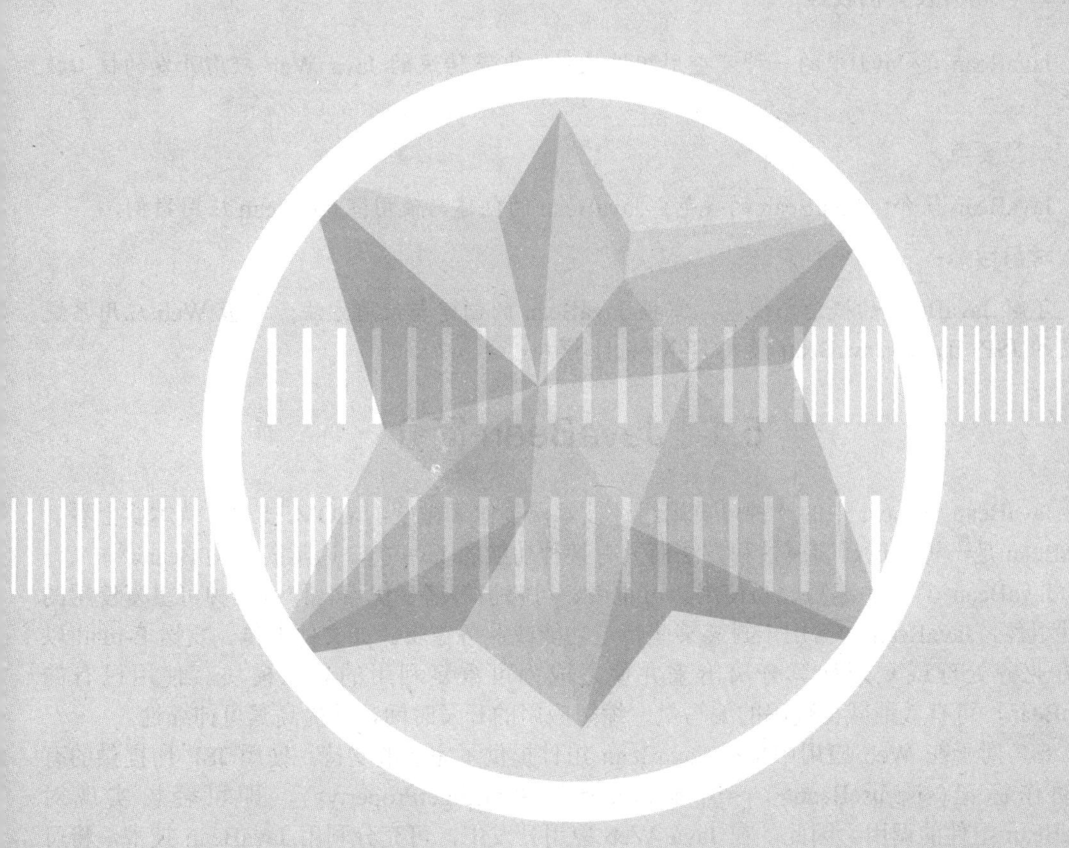

第5章

JavaBean 技术

JavaBean 是 Java 中的一种可重用组件技术，也是传统的 Java Web 应用开发的核心技术之一。

本章要点：

JavaBean 简介；JavaBean 的规范；JavaBean 的创建与使用；JavaBean 应用案例。

学习目标：

了解 JavaBean 的概念与规范；掌握 JavaBean 的创建与使用方法；掌握 Web 应用系统开发的 JSP+JDBC+JavaBean 模式(即 Model1 模式)。

5.1 JavaBean 简介

JavaBean 是 Java 中的一种可重用组件技术，类似于微软的 COM 技术。从本质上看，JavaBean 是一种通过封装属性和方法而具有某种功能的 Java 类，通常简称为 Bean。

JavaBean 具有易编写、易使用、可重用、可移植等诸多优点。作为一种可重复使用的软件组件，JavaBean 通常用于封装某些特定功能或业务逻辑。如文件上传、发送 E-mail 以及将业务处理或复杂计算分离出来并使之成为可重复利用的独立模块。使用已有的 JavaBean，可有效地减少代码的编写量，缩短应用的开发时间，并提高其可伸缩性。

JSP 对于在 Web 应用中集成 JavaBean 组件提供了完善的支持。使用 JSP 所提供的有关动作标记(<jsp:useBean>、<jsp:setProperty>和<jsp:getProperty>)，即可轻松实现对 JavaBean 组件的调用。因此，在 Java Web 应用开发中，可充分利用 JavaBean 技术，将可重复利用的程序代码封装为相应的 JavaBean，供相关的 JSP 页面直接调用。例如，可将连接数据库、执行 SQL 语句的功能封装为相应的数据库访问 JavaBean。这样，在需要访问数据库的页面中，即可直接调用该 JavaBean 实现对数据库的有关操作。

5.2 JavaBean 的规范

通常，一个标准的 JavaBean 需遵循以下规范。

(1) JavaBean 是一个公共的(public)类。

(2) JavaBean 类必须存在一个不带参数的构造函数。

(3) JavaBean 的属性应声明为 private，方法应声明为 public。

(4) JavaBean 应提供 setXxx()与 getXxx()方法来存取类中的属性。其中，Xxx 为属性名称(第一个字母应大写)。若属性为布尔类型，则可使用 isXxx()方法代替 getXxx()方法。

5.3 JavaBean 的创建

创建一个 JavaBean 其实就是在遵循 JavaBean 规范的基础上创建一个 Java 类，并将其保存为*.java 文件。

【实例 5-1】 JavaBean 创建示例：创建一个用户 JavaBean—UserBean。

主要步骤如下。

(1) 新建一个 Web 项目 web_05。

(2) 在项目中创建一个包 org.etspace.abc.bean。为此，可按以下步骤进行操作。

① 选择 File→New→Package 菜单项，打开 New Java Package 对话框，如图 5.1 所示。

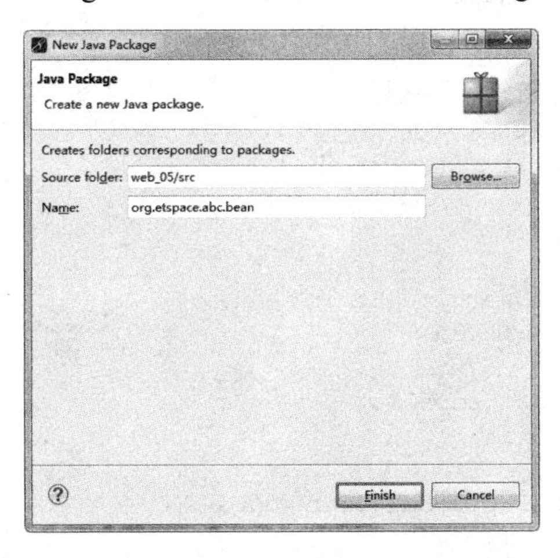

图 5.1　New Java Package 对话框

② 在 Name 文本框中输入包名(在此为 org.etspace.abc.bean)，同时在 Source folder 文本框处指定其存放文件夹(在此为 web_05/src)。

③ 单击 Finish 按钮，关闭 New Java Package 对话框。

(3) 在 org.etspace.abc.bean 包中创建一个用户 JavaBean，即 UserBean。为此，可按以下步骤进行操作。

① 在项目中右击 org.etspace.abc.bean 包，并在其快捷菜单中选择 New→Class 菜单项，打开 New Java Class 对话框，如图 5.2 所示。

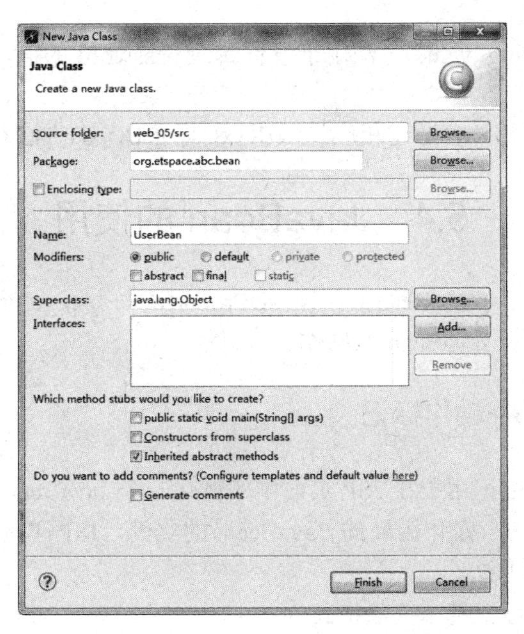

图 5.2　New Java Class 对话框

② 在 Name 文本框中输入类名 UserBean。

③ 单击 Finish 按钮，关闭 New Java Class 对话框。此时，在项目的 org.etspace.abc.bean 包中，将自动创建一个 Java 类文件 UserBean.java。

④ 输入并保存 UserBean 的代码。具体代码为：

```
package org.etspace.abc.bean;
public class UserBean {
    private String  username = null;
    private String  password = null;
    public UserBean(){
    }
    public void setUsername(String value){
        username = value;
    }
    public String getUsername(){
        return username;
    }
    public void setPassword(String value){
        password = value;
    }
    public String getPassword(){
        return password;
    }
}
```

解析：

(1) UserBean 是一个很典型的 JavaBean，共有两个 String 型的属性，即 username 与 password。

(2) setUsername(String value)方法用于设置属性 username 的值，getUsername()方法用于获取属性 username 的值。

(3) setPassword(String value)方法用于设置属性 password 的值，getPassword()方法用于获取属性 password 的值。

(4) 在 UserBean 外部，可通过相应的 setXxx()与 getXxx()方法对其属性进行操作。

5.4 JavaBean 的使用

在 JSP 中，提供了<jsp:useBean>、<jsp:setProperty>与<jsp:getProperty>动作标记，专门用于在 JSP 页面中实现对 JavaBean 的操作。

5.4.1 <jsp:useBean>动作标记

<jsp:useBean>动作标记用于在 JSP 页面中实例化一个 JavaBean 组件，即在 JSP 页面中定义一个具有唯一 id 与一定作用域的 JavaBean 的实例。JSP 页面通过指定的 id 来识别 JavaBean 或调用其中的方法。

<jsp:useBean>动作标记基本语法格式为：

```
<jsp:useBean id="beanName" scope="page|request|session|application"
class="packageName. className"/>
```

其中，各属性的作用如表 5.1 所示。

表 5.1　<jsp:useBean>动作标记的属性

属　性	说　明
id	用于指定 JavaBean 的实例名
scope	用于指定 JavaBean 的作用域，其取值为 page、request、session、application 之一，分别表示当前页面范围、当前用户请求范围、当前用户会话范围、当前 Web 应用范围
class	用于指定 JavaBean 的类名(包括所在包的名称)。

5.4.2　<jsp:setProperty>动作标记

<jsp:setProperty>动作标记用于设置 JavaBean 的属性值。JavaBean 属性值的设置也可通过调用其相应方法实现。

<jsp:setProperty>动作标记的语法格式共有 4 种，分别为：

(1) <jsp:setProperty name= "beanName " property= "*" />

(2) <jsp:setProperty name= "beanName " property= "propertyName " />

(3) <jsp:setProperty name= "beanName " property= "propertyName " param= "parameterName " />

(4) <jsp:setProperty name= "beanName " property= "propertyName " value= "propertyValue | <%= expression %> " />

其中，各属性的作用如表 5.2 所示。

表 5.2　<jsp:setProperty>动作标记的属性

属　性	说　明
name	用于指定 JavaBean 的实例名
property	用于指定 JavaBean 的属性名
param	用于指定 HTTP 表单(或请求)的参数名
value	用于指定属性值

使用格式 1，可根据表单参数设置 JavaBean 中所有同名属性的值。使用格式 2，可根据表单参数设置 JavaBean 中指定同名属性的值。使用格式 3，可根据指定的表单参数设置 JavaBean 中指定属性的值。使用格式 4，可用指定的值设置 JavaBean 中指定属性的值。

注意： 使用<jsp:setProperty>动作标记之前，必须使用<jsp:useBean>标记得到一个可操作的 JavaBean，而且该 JavaBean 中必须有相应的 setXxx()方法。

5.4.3　<jsp:getProperty>动作标记

<jsp:getProperty>动作标记用于获取 JavaBean 的属性值。JavaBean 属性值的获取也可通过调用其相应方法实现。

<jsp:getProperty>动作标记的语法格式为：

```
<jsp:getProperty name= "beanName" property= "propertyName" />
```

其中，各属性的作用如表 5.3 所示。

表 5.3　<jsp:getProperty>动作标记的属性

属　性	说　明
name	用于指定 JavaBean 的实例名
property	用于指定 JavaBean 的属性名

注意： 使用<jsp:getProperty>动作标记之前，必须使用<jsp:useBean>标记得到一个可操作的 JavaBean，而且该 JavaBean 中必须保证有相应的 getXxx()方法。

【实例 5-2】 JavaBean 使用示例：在 UserInfo.jsp 页面中，应用 UserBean 实现用户信息的设置与显示。

主要步骤如下。

在项目 web_05 的 WebRoot 文件夹中添加一个新的 JSP 页面 UserInfo.jsp，其代码为：

```
<%@ page language="java" import="java.util.*" pageEncoding="utf-8"%>
<jsp:useBean id="myUserBean" class="org.etspace.abc.bean.UserBean" scope
= "page" />
<html>
  <head>
    <title>用户信息</title>
  </head>
  <body>
     <jsp:setProperty name="myUserBean" property="username" value="admin" />
     <jsp:setProperty name="myUserBean" property="password" value="12345" />
     用户名: <jsp:getProperty name="myUserBean" property="username" /><br>
     密码: <jsp:getProperty name="myUserBean" property="password" /><br>
     <br>
<%
     myUserBean.setUsername("system");
     myUserBean.setPassword("54321");
%>
     用户名: <%=myUserBean.getUsername() %><br>
     密码: <%=myUserBean.getPassword() %><br>
  </body>
</html>
```

运行结果如图 5.3 所示。

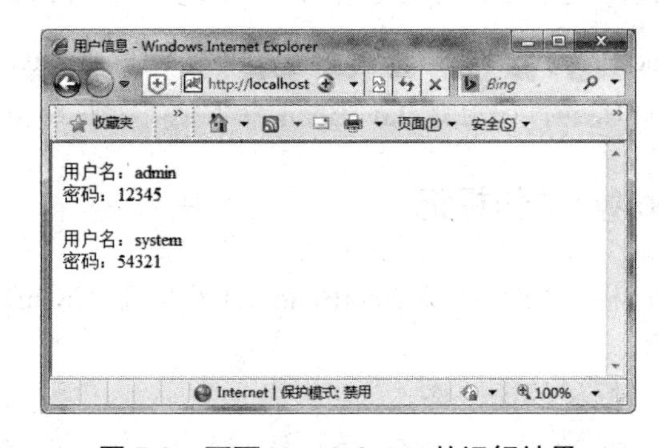

图 5.3　页面 UserInfo.jsp 的运行结果

【实例 5-3】用户登录。如图 5.4 所示为“用户登录”页面。在此页面中输入用户名与密码后，再单击“登录”按钮提交表单。若用户名与密码输入正确(在此假定正确的用户名与密码分别为 admin 与 12345)，则显示如图 5.5 所示的登录成功页面，否则显示如图 5.6 所示的登录失败页面。

图 5.4　“用户登录”页面

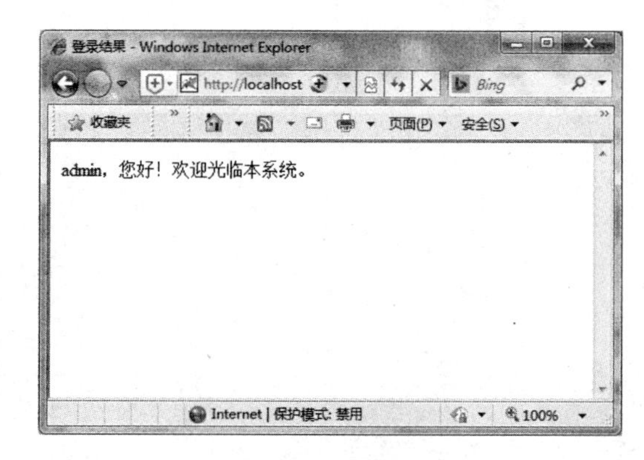

图 5.5　登录成功页面

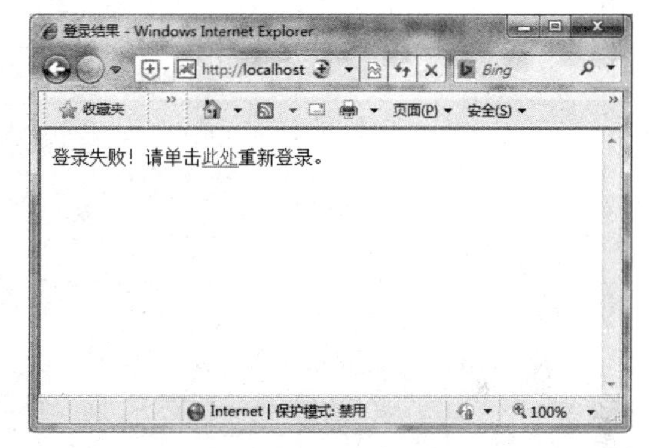

图 5.6　登录失败页面

主要步骤(在项目 web_05 中)如下

(1) 在项目中的 org.etspace.abc.bean 包中创建一个 JavaBean—UserCheckBean。其文件名为 UserCheckBean.java，代码如下：

```
package org.etspace.abc.bean;
public class UserCheckBean {
    private String  username = null;
    private String  password = null;
    public UserCheckBean(){
    }
    public void setUsername(String value){
        username = value;
    }
    public String getUsername(){
        return username;
    }
    public void setPassword(String value){
```

```
        password = value;
    }
    public String getPassword(){
        return password;
    }
    public boolean check(){
        if (username.equals("admin") && password.equals("12345")) {
            return true;
        }
        else {
            return false;
        }
    }
}
```

(2) 在项目的 WebRoot 文件夹中添加一个新的 JSP 页面 UserLogin.jsp。其代码如下：

```
<%@ page language="java" pageEncoding="utf-8" %>
<script language="JavaScript">
function check(theForm)
{
  if (theForm.username.value == "")
  {
    alert("请输入用户名！");
    theForm.username.focus();
    return (false);
  }
  if (theForm.password.value == "")
  {
    alert("请输入密码！");
    theForm.password.focus();
    return (false);
  }
  return (true);
}
</script>
<html>
    <head>
        <title>用户登录</title>
    </head>
    <body>
        <div align="center">
        <form action="UserLoginResult.jsp" method="post" onSubmit=
            "return check(this)">
        用户登录<br><br>
        <table>
        <tr><td align="right">用户名：</td><td><input type="text" name=
            "username"></td></tr>
        <tr><td align="right">密码：</td><td><input type="password" name=
            "password"></td></tr>
        </table>
```

```
        <br>
        <input type="submit" value="登录">
        </form>
        </div>
    </body>
</html>
```

(3) 在项目的 WebRoot 文件夹中添加一个新的 JSP 页面 UserLoginResult.jsp。其代码如下：

```
<%@ page language="java" import="java.util.*" pageEncoding="utf-8"%>
<% request.setCharacterEncoding("utf-8"); %>
<jsp:useBean id="myUserCheckBean"
class="org.etspace.abc.bean.UserCheckBean" scope = "page" />
<jsp:setProperty name="myUserCheckBean" property="*" />
<html>
  <head>
    <title>UserCheckBean</title>
  </head>
  <body>
<%
    if (myUserCheckBean.check()) {
%>
    <font color=blue><%=myUserCheckBean.getUsername()%></font>,
        您好！欢迎光临本系统。
<%
    } else {
%>
    登录失败！请单击<a href="javascript:history.back(-1);">此处</a>重新登录。
<%
    }
%>
  </body>
</html>
```

解析：

(1) 在本实例中，UserCheckBean 的属性值是通过 HTTP 表单的同名参数值来自动设置的。HTML 表单与 JavaBean 进行交互的方法由此可见一斑。

(2) 在本实例中，UserCheckBean 中的 check()方法用于检测所输入的用户名与密码是否正确。

5.5　JavaBean 的应用案例

5.5.1　系统登录

下面以 JSP+JDBC+JavaBean 模式实现 Web 应用系统中的系统登录功能，其运行结果与第 4 章 4.4.1 节的系统登录案例相同。

实现步骤(在项目 web_05 中)如下。

(1) 将 SQL Server 2005/2008 的 JDBC 驱动程序 sqljdbc4.jar 添加到项目的 WebRoot\WEB-INF\lib 文件夹中。

(2) 在项目的 src 文件夹中新建一个包 org.etspace.abc.jdbc。

(3) 在 org.etspace.abc.jdbc 包中新建一个 JavaBean—DbBean。其文件名为 DbBean.java，代码如下：

```
package org.etspace.abc.jdbc;
import java.sql.*;
public class DbBean {
    private Statement stmt=null;
    private Connection conn=null;
    ResultSet rs=null;
    //构造方法(函数)
    public DbBean(){}
    //打开连接
    public void openConnection() {
        try {
           Class.forName("com.microsoft.sqlserver.jdbc.SQLServerDriver").
            newInstance();
            String url="jdbc:sqlserver://localhost:1433;databaseName=rsgl";
            String user="sa";
            String password="abc123!";
            conn=DriverManager.getConnection(url, user, password);
        }
        catch(ClassNotFoundException e){
            System.err.println("openConn:"+e.getMessage());
        }
        catch(SQLException e) {
            System.err.println("openConn:"+e.getMessage());
        }
        catch(Exception e) {
            System.err.println("openConn:"+e.getMessage());
        }
    }
    //执行查询类的 SQL 语句
    public ResultSet executeQuery(String sql) {
        rs=null;
        try {
            stmt=conn.createStatement(ResultSet.TYPE_SCROLL_SENSITIVE,
                ResultSet.CONCUR_UPDATABLE);
            rs=stmt.executeQuery(sql);
        }
        catch(SQLException e) {
            System.err.println("executeQuery:"+e.getMessage());
        }
        return rs;
    }
    //执行更新类的 SQL 语句
    public int executeUpdate(String sql) {
        int n = 0;
```

```
        try {
            stmt=conn.createStatement();
            n=stmt.executeUpdate(sql);
        }catch(Exception e) {
            System.out.print(e.toString());
        }
        return n;
    }
    //关闭连接
    public void closeConnection() {
        try {
            if (rs!=null)
                rs.close();
        }
        catch(SQLException e) {
            System.err.println("closeRs:"+e.getMessage());
        }
        try {
            if (stmt!=null)
                stmt.close();
        }
        catch(SQLException e) {
            System.err.println("closeStmt:"+e.getMessage());
        }
        try {
            if (conn!=null)
                conn.close();
        }
        catch(SQLException e) {
            System.err.println("closeConn:"+e.getMessage());
        }
    }
}
```

在此，DbBean 封装了用于访问数据库的有关操作。

(4) 在项目的 WebRoot 文件夹中新建一个子文件夹 syslogin。

(5) 在子文件夹 syslogin 中添加一个新的 JSP 页面 login.jsp。其代码与第 4 章 4.4.1 节系统登录案例中的相同。

(6) 在子文件夹 syslogin 中添加一个新的 JSP 页面 validate.jsp。其代码如下：

```
<%@ page language="java" pageEncoding="utf-8" import="java.sql.*" %>
<jsp:useBean id="myDbBean" scope="page"
class="org.etspace.abc.jdbc.DbBean"></jsp:useBean>
<html>
    <head>
        <title>验证页面</title>
        <meta http-equiv="Content-Type" content="text/html;charset=utf-8">
    </head>
    <body>
        <%
        String username=request.getParameter("username");  //获取提交的姓名
```

```
        String password=request.getParameter("password");  //获取提交的密码
        boolean validated=false;  //验证标识
        //查询用户表中的记录
        String sql="select * from users";
        myDbBean.openConnection();
        ResultSet rs=myDbBean.executeQuery(sql);  //获取结果集
        while(rs.next())
        {
            if((rs.getString("username").trim().compareTo(username)==0)&&
                (rs.getString("password").trim().compareTo(password)==0))
            {
                validated=true;
            }
        }
        rs.close();
        myDbBean.closeConnection();
        if(validated)
        {
            //验证成功跳转到成功页面
        %>
            <jsp:forward page="welcome.jsp"></jsp:forward>
        <%
        }
        else
        {
            //验证失败跳转到失败页面
        %>
            <jsp:forward page="error.jsp"></jsp:forward>
        <%
        }
        %>
    </body>
</html>
```

(7) 在子文件夹 syslogin 中添加一个新的 JSP 页面 welcome.jsp。其代码与第 4 章 4.4.1 节系统登录案例中的相同。

(8) 在子文件夹 syslogin 中添加一个新的 JSP 页面 error.jsp。其代码与第 4 章 4.4.1 节系统登录案例中的相同。

5.5.2 数据添加

下面，以 JSP+JDBC+JavaBean 模式实现“职工增加”功能，其运行结果与第 4 章 4.4.2 节的职工增加案例相同。

主要步骤(在项目 web_05 中)如下。

(1) 在项目的 WebRoot 文件夹中添加一个新的 JSP 页面 ZgZj.jsp。其代码如下：

```
<%@ page contentType="text/html;charset=gb2312" language="java" %>
<%@ page import="java.sql.*"%>
```

```
<jsp:useBean id="myDbBean" scope="page"
class="org.etspace.abc.jdbc.DbBean"></jsp:useBean>
<%request.setCharacterEncoding("gb2312"); %>
<script language="JavaScript">
function check(theForm)
{
  if (theForm.bh.value.length != 7)
  {
    alert("职工编号必须为 7 位！");
    theForm.bh.focus();
    return (false);
  }
  if (theForm.xm.value == "")
  {
    alert("请输入姓名！");
    theForm.xm.focus();
    return (false);
  }
  if (theForm.csrq.value == "")
  {
    alert("请输入出生日期！");
    theForm.csrq.focus();
    return (false);
  }
  if (theForm.jbgz.value == "")
  {
    alert("请输入基本工资！");
    theForm.jbgz.focus();
    return (false);
  }
  if (theForm.gwjt.value == "")
  {
    alert("请输入岗位津贴！");
    theForm.gwjt.focus();
    return (false);
  }
  return (true);
}
</script>
<html>
<head><title>职工增加</title></head>
<body>
<div align="center">
  <P>职工增加</P>
<form id="form1" name="form1" method="post" action="ZgZj0.jsp"
onSubmit="return check(this)">
    <table border="1">
    <tr><td>编号</td><td><input name="bh" type="text" id="bh" /></td></tr>
    <tr><td>姓名</td><td><input name="xm" type="text" id="xm" /></td></tr>
    <tr><td>性别</td><td>
```

```
    <input type="radio" name="xb" value="男" checked="checked" />男
    <input type="radio" name="xb" value="女" />女
    </td></tr>
<%
        String sql = "select * from bmb order by bmbh";
        myDbBean.openConnection();
        ResultSet rs=myDbBean.executeQuery(sql);
%>
    <tr><td>部门</td>
    <td><select name="bm">
<%
       while(rs.next())
       {
        String bmbh=rs.getString("bmbh");
        String bmmc=rs.getString("bmmc");
%>
    <option value="<%=bmbh%>"><%=bmmc%></option>
<%
       }
       rs.close();
        myDbBean.closeConnection();
%>
    </select>
    </td></tr>
    <tr><td>出生日期</td><td><input name="csrq" type="text" id="csrq" /></td></tr>
    <tr><td>基本工资</td><td><input name="jbgz" type="text" id="jbgz" /></td></tr>
    <tr><td>岗位津贴</td><td><input name="gwjt" type="text" id="gwjt" /></td></tr>
    </table>
    <br>
    <input name="submit" type="submit"  value="确定" />
    <input name="reset" type="reset" value="重置" />
</form>
</div>
</body>
</html>
```

(2) 在项目的 WebRoot 文件夹中添加一个新的 JSP 页面 ZgZj0.jsp。其代码如下：

```
<%@ page contentType="text/html;charset=gb2312" language="java" %>
<%@ page import="java.sql.*"%>
<jsp:useBean id="myDbBean" scope="page"
class="org.etspace.abc.jdbc.DbBean"></jsp:useBean>
<%request.setCharacterEncoding("gb2312"); %>
<html>
<head><title></title></head>
<body>
<%
    String bh =  request.getParameter("bh");
    String xm =  request.getParameter("xm");
    String xb =  request.getParameter("xb");
    String bm =  request.getParameter("bm");
    String csrq =  request.getParameter("csrq");
```

```
    String jbgz =  request.getParameter("jbgz");
    String gwjt =  request.getParameter("gwjt");
    try {
        String sql = "insert into zgb(bh,xm,xb,bm,csrq,jbgz,gwjt)";
       sql=sql+"  values('"+bh+"','"+xm+"','"+xb+"','"+bm+"','"+csrq+"'";
        sql=sql+","+jbgz+","+gwjt+")";
        myDbBean.openConnection();
       int n = myDbBean.executeUpdate(sql);
       if (n>0){
            out.print("职工记录增加成功！");
        }
        else {
            out.print("职工记录增加失败！");
        }
        myDbBean.closeConnection();
    }
    catch (Exception e) {
        out.print(e.toString());
    }
%>
</body>
</html>
```

5.5.3　数据维护

与“职工增加”功能的实现类似，为避免编写过多的重复代码，“职工维护”功能也可采用 JSP+JDBC+JavaBean 的模式实现，并保证其运行结果与第 4 章 4.4.3 节的职工维护案例相同。限于篇幅，在此不作详述，请大家自行尝试。

说明： JSP+JDBC+JavaBean(通常又简称为 JSP+JavaBean)作为一种通用的程序结构(服务器端程序的组织结构)，是 Java EE 传统开发中的一种常用模式，即 Model1 模式，如图 5.7 所示。其实，最原始的 Web 应用程序是基于 Java Servlet 的。随着 JSP 与 JavaBean 技术的出现，将 Web 应用程序中的 html/xhtml 文档与 Java 业务逻辑代码有效分离成为可能。通常 JSP 负责动态生成 Web 页面，而业务逻辑则用可重用的 JavaBean 组件来实现。

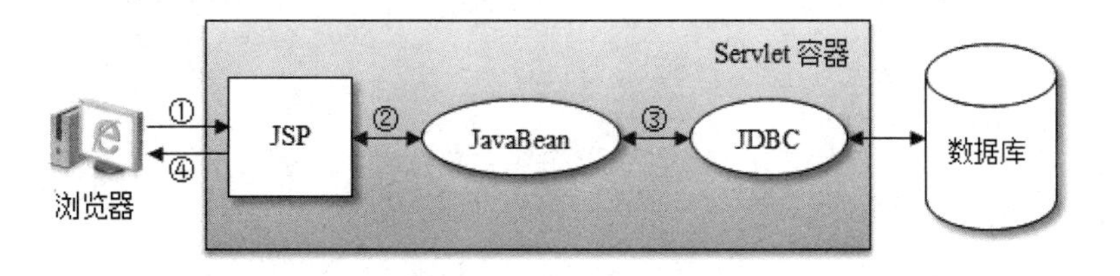

图 5.7　JSP+JDBC+JavaBean 模式(Model1 模式)

基于 Model1 模式的 Web 应用程序的工作流程如下。

① 浏览器发出请求。

② JSP 页面接收请求，并根据其需要与相应的 JavaBean 进行交互。

③ JavaBean 执行业务处理，并通过 JDBC 完成对数据库的操作。

④ JSP 将业务处理的结果信息动态生成相应的 Web 页面，并发送到浏览器。

在 Model1 模式中，JSP 集控制与显示于一体。由此可见，Model1 模式是一种以 JSP 为中心的开发模式。由于 Model1 模式的实现过程较为简单，能够快速开发出很多小型的 Web 项目，因此曾经应用得十分广泛。

本章小结

本章首先介绍了 JavaBean 的概念与规范，然后通过具体实例讲解了 JavaBean 的创建与使用方法，最后再通过具体案例说明了 JavaBean 的综合应用技术。通过本章的学习，应熟练掌握 JavaBean 的基本用法，并能使用 JSP+JDBC+JavaBean 模式(即 Model1 模式)开发相应的 Web 应用系统。

思考题

1. JavaBean 是什么？
2. 一个标准的 JavaBean 应遵循哪些规范？
3. 如何创建一个 JavaBean？
4. 在 JSP 页面中与 JavaBean 操作相关的动作标记有哪些？
5. <jsp:useBean>动作标记的作用是什么？其基本语法格式是什么？
6. <jsp:setProperty>动作标记的作用是什么？其基本语法格式是什么？
7. <jsp:getProperty>动作标记的作用是什么？其基本语法格式是什么？

第6章

Servlet 技术

Servlet 是一种在服务器端生成动态网页的技术，也是传统的 Java Web 应用开发的核心技术之一。

本章要点：

Servlet 简介；Servlet 的技术规范；Servlet 的创建、配置与基本应用；Servlet 过滤器与监听器；Servlet 应用案例。

学习目标：

了解 Servlet 的基本概念、生命周期与技术规范；掌握 Servlet 的创建与配置方法及其基本应用技术；掌握 Servlet 过滤器与监听器的应用技术；掌握 Web 应用系统开发的 JSP+JDBC+JavaBean+Servlet 模式(即 Model 2 模式)。

6.1 Servlet 简介

Servlet 即 Java Servlet，是一种用 Java 编写的与平台无关的服务器端组件。实例化了的 Servlet 对象运行在服务器端，可用于处理来自客户端的请求，并生成相应的动态网页。

Servlet 其实是一种在服务器端生成动态网页的技术(相当于用 Java 实现的 CGI 程序)，其主要功能包括读取客户端发送到服务器端的显式数据(如表单数据)或隐式数据(如请求报头)、从服务器端发送显式数据(如 HTML)或隐式数据(如状态代码与响应报头)到客户端。Servlet 的主要优点如下。

(1) 易开发。Servlet 支持系统的内置对象(如 request、response 等)，可轻松实现有关功能。

(2) 可移植，稳健性好。Servlet 用 Java 编写，具有 Java 应用程序的优势。

(3) 可节省内存与 CPU 资源。一个 Servlet 进程被客户端发送的第一个相关请求激活，直到 Web 应用程序停止或重启时才会被卸载。在此期间，该 Servlet 进程一直都在等待后续的请求。此外，每当一个相关请求到达时均生成一个新的线程，因此一个进程可同时为多个客户服务。

Servlet 不能独立运行，必须被部署到 Servlet 容器中，由容器进行实例化并调用其方法。Servlet 容器其实是 Web 服务器或 Java EE 应用服务器的一部分，负责在 Servlet 的生命周期内管理 Servlet。

Servlet 的生命周期定义了一个 Servlet 如何被加载和初始化，怎样接收请求、响应请求和提供服务以及如何被卸载。具体来说，一个 Servlet 的生命周期可分为以下 4 个阶段。

(1) 加载与实例化。Servlet 容器负责加载与实例化 Servlet。在默认情况下，第一次请求访问某个 Servlet 时，容器就会创建一个相应的 Servlet 实例(即进行实例化)。

(2) 初始化。在 Servlet 实例化之后，容器将调用 Servlet 的 init()方法初始化该实例。

(3) 处理请求。Servlet 容器调用 Servlet 实例的 service()方法对请求进行处理。在 service()方法中，Servlet 实例通过 ServletRequest 对象得到客户端的相关信息与请求信息。在对请求进行处理后，再调用 ServletResponse 对象的方法设置响应信息。

(4) 终止服务。当 Web 应用被终止，或 Web 应用重新启动，或 Servlet 容器终止运行，或 Servlet 容器重新装载 Servlet 的新实例时，容器就会调用实例的 destroy()方法，让该实例释放其所占用的资源，完成卸载过程。

Servlet 的运行过程与生命周期均由 Servlet 容器所控制。对于一个来自于浏览器的 Servlet 请求，通常按如下顺序进行响应，如图 6.1 所示。

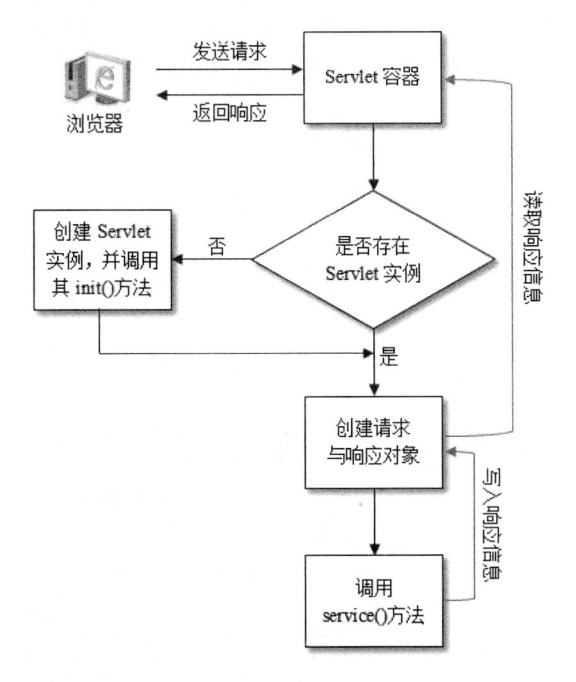

图 6.1　Servlet 请求的响应过程

(1) Servlet 容器检测是否已经装载并创建了该 Servlet 的实例对象。如果是，则直接执行(4)，否则，执行(2)。

(2) 装载并创建该 Servlet 的实例对象。

(3) 调用 Servlet 实例对象的 init()方法。

(4) 创建一个用于封装 HTTP 请求消息的 HttpServletRequest 对象与一个代表响应消息的 HttpServletResponse 对象，然后调用 Servlet 的 service()方法，并将上述请求与响应对象作为参数传递进去。

(5) Servlet 容器读取 service()方法执行过程中所写入的响应信息，并返回给客户端浏览器。

JSP 的本质就是 Servlet。Web 容器接收到 JSP 页面的访问请求时，会将其交给 JSP 引擎去处理(JSP 引擎就是一个负责解释与执行 JSP 页面的 Servlet 程序)。每个 JSP 页面在第一次被访问时，JSP 引擎会先将其转换成一个 Servlet 源程序(*.java)，接着再将该 Servlet 源程序编译成 Servlet 类文件(*.class)，最后再由 Web 容器加载并解释执行，并将响应结果返回给客户端浏览器。此后再次访问同样的 JSP 页面时，JSP 引擎会检查 JSP 文件是否有更新或被修改。如果是的话，就再次进行转换与编译，然后再执行重新生成的 Servlet 类文件；否则，就直接执行此前所生成的 Servlet 类文件。由此可见，JSP 页面在第一次被访问或修改后首次被访问时，响应速度会稍微慢一些。JSP 页面的执行过程如图 6.2 所示。

直接使用 Servlet 生成页面时，所有的 HTML 页面都要使用页面输出流完成，开发效率较低。另外，对于实现 Servlet 标准的 Java 类，须由 Java 程序员编写或修改，导致不了解 Java 编程技术的美工人员无法参与到页面的设计中。由于 Servlet 擅长流程处理，易于跟踪与排错，而 JSP 则能较为直观地生成动态页面，易于理解与使用，因此在标准的 MVC 模式中，视图(即表示层)通常使用 JSP 技术实现，而 Servlet 则仅作为控制器使用。这样，Servlet 与 JSP 均各得其所，并充分发挥了各自的优点。

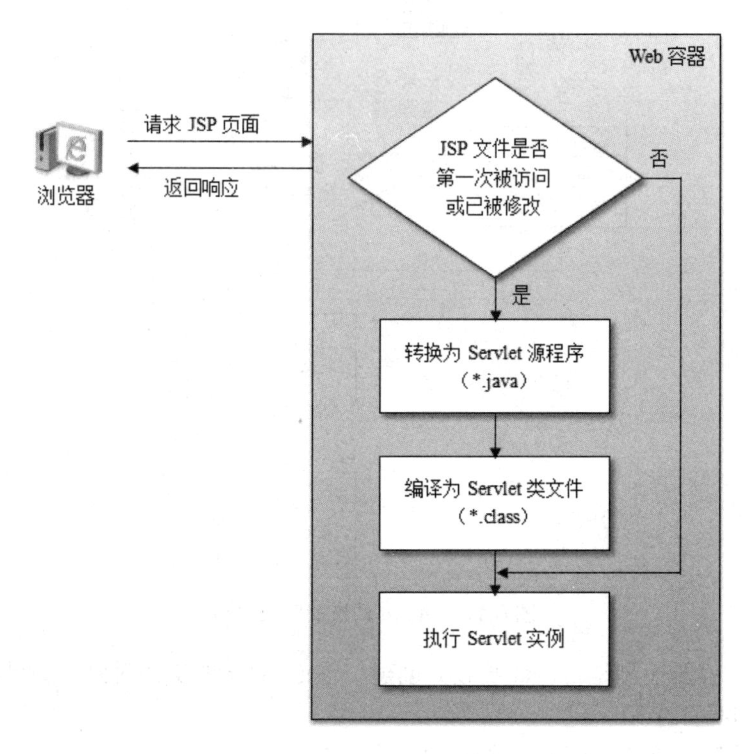

图 6.2　JSP 页面的执行过程

6.2　Servlet 的技术规范

Servlet API(Servlet Application Programming Interface，Servlet 应用编程接口)是 Servlet 规范所定义的一套专门用于开发 Servlet 程序的 Java 类、接口与异常，由 javax.servlet 与 javax.servlet.http 两个包组成。

javax.servlet 包所提供的主要接口、类与异常如下。

- 接口：Servlet、ServletRequest、ServletResponse、ServletConfig、ServletContext、RequestDispatcher、SingleThreadModel。
- 类：GenericServlet、 ServletInputStream。
- 异常：ServletException、UnavailableException。

javax.servlet.http 包所提供的主要接口与类如下。

- 接口：HttpServletRequest、HttpServletResponse、HttpSession、HttpSessionBinding-Listener。
- 类：Cookie、HttpServlet。

6.3 Servlet 的创建与配置

6.3.1 Servlet 的创建

Servlet 是按照 Servlet 规范(或标准)开发的类。创建 Servlet 的常用方法有 3 种，即直接实现 Servlet 接口、继承 GenericServlet 类与继承 HttpServlet 类。

1. 直接实现 Servlet 接口

任何一个 Servlet 类，都必须实现 javax.servlet.Servlet 接口。Servlet 接口定义了 5 个方法，各方法及其说明如表 6.1 所示。

表 6.1 Servlet 接口的方法

方 法	说 明
init()	在 Servlet 实例化之后，Servlet 容器会调用 init()方法来初始化该对象
service()	容器调用 service()方法来处理客户端的请求
destroy()	当容器检测到一个 Servlet 对象应该被移除时，就会调用该对象的 destroy()方法来释放其所占用的资源，并保存数据到持久存储设备中
getServletConfig()	返回容器调用 init()方法时传递给 Servlet 对象的 ServletConfig 对象。ServletConfig 对象包含 Servlet 的初始化参数
getServletInfo()	返回一个字符串，其中包括关于 Servlet 的信息，如作者、版本与版权

【实例 6-1】Servlet 示例——HelloWorld(HelloWorld.java)。

主要步骤如下。

(1) 新建一个 Web 项目 web_06。

(2) 在项目的 src 文件夹中新建一个包 org.etspace.abc.servlet。

(3) 在 org.etspace.abc.servlet 中新建一个 Servlet—HelloWorld。其文件名为 HelloWorld.java，代码如下：

```
package org.etspace.abc.servlet;
import java.io.IOException;
import javax.servlet.Servlet;
import javax.servlet.ServletConfig;
import javax.servlet.ServletException;
import javax.servlet.ServletRequest;
import javax.servlet.ServletResponse;
import java.io.PrintWriter;
public class HelloWorld implements Servlet {
    public void destroy() {
    }
    public ServletConfig getServletConfig() {
        return null;
    }
    public String getServletInfo() {
```

```
        return null;
    }
    public void init(ServletConfig con) throws ServletException {
    }
    public void service(ServletRequest req, ServletResponse res)
            throws ServletException, IOException {
        PrintWriter pw=res.getWriter();
        pw.println("<h1><font color='red'>Hello,World!</font></h1>");
    }
}
```

2. 继承 GenericServlet 类

为简化 Servlet 的编写，在 javax.servlet 包中提供了一个抽象的类 GenericServlet。GenericServlet 类实现了 Servlet 接口与 ServletConfig 接口，给出了 Servlet 接口中除 service()方法外的其他 4 个方法的简单实现。因此，通过继承 GenericServlet 类创建 Servlet，可有效减少代码的编写量。

【实例 6-2】Servlet 示例——HelloWorld1(HelloWorld1.java)。

主要步骤如下。

在项目 web_06 的 org.etspace.abc.servlet 包中新建一个 Servlet—HelloWorld1。其文件名为 HelloWorld1.java，代码如下：

```
package org.etspace.abc.servlet;
import java.io.IOException;
import javax.servlet.GenericServlet;
import javax.servlet.ServletException;
import javax.servlet.ServletRequest;
import javax.servlet.ServletResponse;
import java.io.PrintWriter;
public class HelloWorld1 extends GenericServlet {
    public void service(ServletRequest req, ServletResponse res)
            throws ServletException, IOException {
        PrintWriter pw=res.getWriter();
        pw.println("<h1><font color='green'>Hello,World!</font></h1>");
    }
}
```

3. 继承 HttpServlet 类

在 javax.servlet.http 包中提供了一个抽象类 HttpServlet(该类继承自 GenericServlet 类)，可用于快速开发应用于 HTTP 协议的 Servlet 类。

在 HttpServlet 类中，重载了 GenericServlet 的 service()方法。

- public void service(ServletRequest req, ServletResponse res) throws ServletException, java.io.IOException。
- protected void service(HttpServletRequest req, HttpServletResponse res) throws Servlet Exception, java.io.IOException。

根据不同的请求方法，HttpServlet 提供了 7 个处理方法。

- protected void doGet(HttpServletRequest req, HttpServletResponse res) throws Servlet Exception, java.io.IOException。
- protected void doPost(HttpServletRequest req, HttpServletResponse res) throws Servlet Exception, java.io.IOException。
- protected void doHead(HttpServletRequest req, HttpServletResponse res) throws Servlet Exception, java.io.IOException。
- protected void doPut(HttpServletRequest req, HttpServletResponse res) throws Servlet Exception, java.io.IOException。
- protected void doDelete(HttpServletRequest req, HttpServletResponse res) throws Servlet Exception, java.io.IOException。
- protected void doTrace(HttpServletRequest req, HttpServletResponse res) throws Servlet Exception, java.io.IOException。
- protected void doOptions(HttpServletRequest req, HttpServletResponse res) throws Servlet Exception, java.io.IOException。

当容器接收到一个针对 HttpServlet 对象的请求时，该对象就会调用 public 的 service()方法将参数的类型转换为 HttpServletRequest 与 HttpServletResponse，然后调用 protected 的 service()方法将参数传送进去，接着调用 HttpServletRequest 对象的 getMethod()方法获取请求方法名以调用相应的 doXxx()方法。

HttpServletRequest 与 HttpServletResponse 接口包含在 javax.servlet.http 包中，分别继承自 javax.servlet.ServletRequest 与 javax.servlet.ServletResponse。其中，HttpServletRequest 接口所提供的常用方法如表 6.2 所示。

表 6.2　HttpServletRequest 接口的常用方法

方　法	说　明
void setAttribute(String name,Object obj)	设置指定属性的值
Object getAttribute(String name)	获取指定属性的值。若指定属性并不存在，则返回 null
Enumeration getAttributeNames()	获取所有可用属性名的枚举
Cookie[]getCookies()	获取与请求有关的 Cookie 对象(Cookie 数组)
String getCharacterEncoding()	获取请求的字符编码方式
String getHeader(String name)	获取指定标头的信息
Enumeration getHeaders(String name)	获取指定标头的信息的枚举
Enumeration getHeaderNames()	获取所有标头名的枚举
ServletInputStream getInputStream()	获取请求的输入流
String getMethod()	获取客户端向服务器端传送数据的方法(如 GET、POST 等)
String getParameter(String name)	获取指定参数的值(字符串)
String[] getParameterValues(String name)	获取指定参数的所有值(字符串数组)
Enumeration getParameterNames()	获取所有参数名的枚举
String getRequestURI()	获取请求的 URL(不包括查询字符串)

续表

方 法	说 明
String getRemoteHost()	获取发送请求的客户端的主机名
String getRemoteAddr()	获取发送请求的客户端的 IP 地址
HttpSession getSession([Boolean create])	获取与当前客户端请求相关联的 HttpSession 对象。若参数 create 为 true，或不指定参数 create，且 session 对象已经存在，则直接将其返回之，否则就创建一个新的 session 对象并将其返回之；若参数 create 为 false，且 session 对象已经存在，则直接将其返回之，否则就返回 null(即不创建新的 session 对象)
String getServerName()	获取接受请求的服务器的主机名
int getServerPort()	获取服务器接受请求所用的端口号
String getServletPath()	获取客户端所请求的文件的路径
void removeAttribute(String name)	删除请求中的指定属性

当一个 Servlet 类继承 HttpServlet 时，无须覆盖其 service()方法，只需覆盖相应的 doXxx()方法即可。通常情况下，都是覆盖其 doGet()与 doPost()方法，然后在其中的一个方法中调用另一个方法，这样就可以做到合二为一了。

Servlet(HttpServlet)的生命周期或运行过程如下。

(1) 当 Servlet(HttpServlet)被装载到容器后，生命周期即刻开始。

(2) 首先调用 init()方法进行初始化，然后调用 service()方法，并根据请求的不同调用相应的 doXxx()方法进行处理，同时将处理结果封装到 HttpServletResponse 中返回给客户端。

(3) 当 Servlet 实例从容器中移除时调用其 destroy()方法释放资源，生命周期到此结束。

【实例 6-3】 Servlet 示例——HelloWorld2(HelloWorld2.java)。

主要步骤如下。

在项目 web_06 的 org.etspace.abc.servlet 包中新建一个 Servlet—HelloWorld2。其文件名为 HelloWorld2.java，代码如下：

```
package org.etspace.abc.servlet;
import javax.servlet.http.HttpServlet;
import java.io.IOException;
import javax.servlet.ServletException;
import javax.servlet.http.HttpServletRequest;
import javax.servlet.http.HttpServletResponse;
import java.io.PrintWriter;
public class HelloWorld2 extends HttpServlet {
   protected void doGet(HttpServletRequest req, HttpServletResponse res)
           throws ServletException, IOException {
        PrintWriter pw=res.getWriter();
        pw.println("<h1><font color='blue'>Hello,World!</font></h1>");
    }
    protected void doPost(HttpServletRequest req, HttpServletResponse res)
```

```
            throws ServletException, IOException {
        doGet(req,res);
    }
}
```

6.3.2　Servlet 的配置

一个 Servlet 只有在 Web 应用程序的配置文件 web.xml 中进行注册并映射其访问路径后，才能被 Servlet 容器加载以及被外界所访问。

在 web.xml 中配置一个 Servlet 需使用<servlet>与<servlet-mapping>元素，其基本格式为：

```
<?xml version="1.0" encoding="UTF-8"?>
<web-app version="2.5"
    xmlns="http://java.sun.com/xml/ns/javaee"
    xmlns:xsi="http://www.w3.org/2001/XMLSchema-instance"
    xsi:schemaLocation="http://java.sun.com/xml/ns/javaee
    http://java.sun.com/xml/ns/JavaEE/web-app_2_5.xsd">
    <servlet>
        <servlet-name>Servlet_Name</servlet-name>
        <servlet-class>Servlet_Class</servlet-class>
    </servlet>
    <servlet-mapping>
        <servlet-name> Servlet_Name </servlet-name>
        <url-pattern>/Servlet_URL </url-pattern>
    </servlet-mapping>
</web-app>
```

其中，<servlet>元素用于注册一个 Servlet，其<servlet-name>子元素用于指定 Servlet 的名称，<servlet-class>子元素用于指定 Servlet 的类名(包括其所在包的包名)；<servlet-mapping>元素用于映射一个已注册的 Servlet 的对外访问路径，其<servlet-name>子元素用于指定 Servlet 的名称，<url-pattern>子元素用于指定相应的访问路径。

【实例 6-4】Servlet 配置示例。完成 HelloWorld、HelloWorld1 与 HelloWorld2 三个 Servlet 的配置。

主要步骤如下。

打开 Web 项目的配置文件 web.xml，并在其中添加 HelloWorld、HelloWorld1 与 HelloWorld2 三个 Servlet 的配置代码。具体为：

```
    <servlet>
        <servlet-name>HelloWorld</servlet-name>
        <servlet-class>org.etspace.abc.servlet.HelloWorld</servlet-class>
    </servlet>
    <servlet-mapping>
        <servlet-name>HelloWorld</servlet-name>
        <url-pattern>/HelloWorld</url-pattern>
    </servlet-mapping>
    <servlet>
```

```
    <servlet-name>HelloWorld1</servlet-name>
    <servlet-class>org.etspace.abc.servlet.HelloWorld1</servlet-class>
</servlet>
<servlet-mapping>
    <servlet-name>HelloWorld1</servlet-name>
    <url-pattern>/HelloWorld1</url-pattern>
</servlet-mapping>
<servlet>
    <servlet-name>HelloWorld2</servlet-name>
    <servlet-class>org.etspace.abc.servlet.HelloWorld2</servlet-class>
</servlet>
<servlet-mapping>
    <servlet-name>HelloWorld2</servlet-name>
    <url-pattern>/HelloWorld2</url-pattern>
</servlet-mapping>
```

配置完毕后，再完成项目的部署，并启动 Tomcat 服务器，即可打开浏览器，并在其中实现对有关 Servlet 的访问。在此，HelloWorld、HelloWorld1 与 HelloWorld2 三个 Servlet 的访问结果分别如图 6.3～图 6.5 所示，相应的地址分别为：

```
http://localhost:8080/web_06/HelloWorld
http://localhost:8080/web_06/HelloWorld1
http://localhost:8080/web_06/HelloWorld2
```

图 6.3　HelloWorld(Servlet)的访问结果

图 6.4　HelloWorld1(Servlet)的访问结果

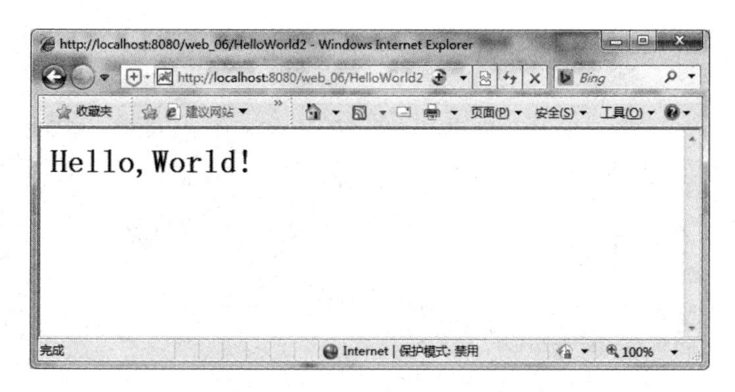

图 6.5　HelloWorld2(Servlet)的访问结果

6.4　Servlet 的基本应用

下面通过一些具体实例说明 Servlet 的基本应用技术。

【实例 6-5】获取并显示 HTML 表单的数据。如图 6.6 所示为“输入内容”页面。在此页面输入要显示的内容后，再单击“提交”按钮提交表单，即可在“显示内容”页面中显示此前所输入的内容，如图 6.7 所示。

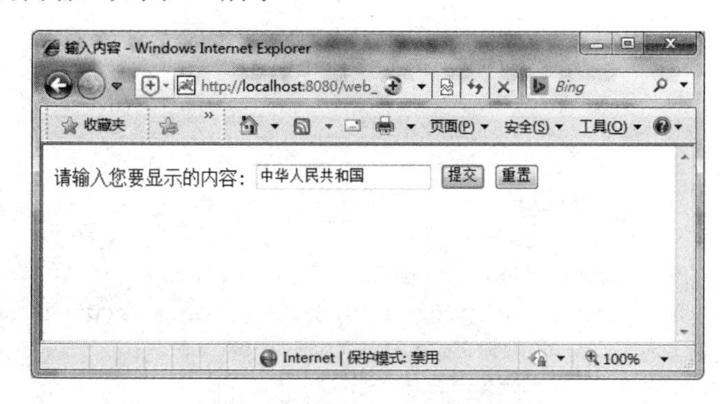

图 6.6　“输入内容”页面

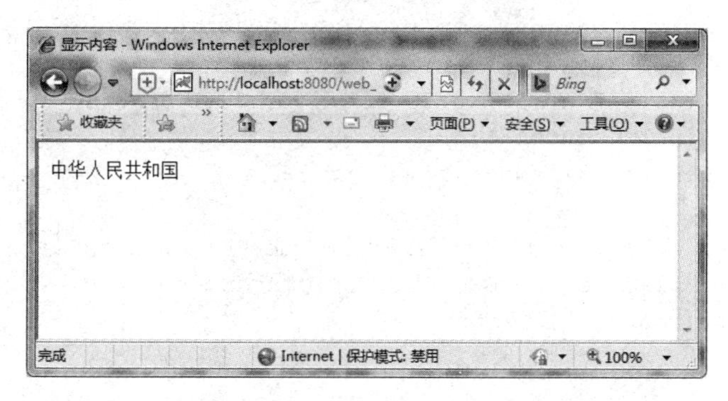

图 6.7　“显示内容”页面

主要步骤(在项目 web_06 中)如下。

(1) 在项目的 WebRoot 文件夹中添加一个新的 JSP 页面 InputContent.jsp。其代码如下：

```
<%@ page language="java" pageEncoding="gbk" %>
<html>
    <head>
        <title>输入内容</title>
    </head>
    <body>
        <div>
        <form action="DisplayContent" method="post">
            请输入您要显示的内容:
            <input type="text" name="content">
            <input type="submit" value="提交">
            <input type="reset" value="重置">
        </form>
        </div>
    </body>
</html>
```

(2) 在项目的 org.etspace.abc.servlet 包中新建一个 Servlet—DisplayContent。其文件名为 DisplayContent.java，代码如下：

```
package org.etspace.abc.servlet;
import javax.servlet.http.HttpServlet;
import java.io.IOException;
import javax.servlet.ServletException;
import javax.servlet.http.HttpServletRequest;
import javax.servlet.http.HttpServletResponse;
import java.io.PrintWriter;
public class DisplayContent extends HttpServlet {
   protected void doGet(HttpServletRequest req, HttpServletResponse res)
            throws ServletException, IOException {
        req.setCharacterEncoding("gbk");
        res.setCharacterEncoding("gbk");
        String content=req.getParameter("content");
        PrintWriter pw=res.getWriter();
        pw.println("<html><head><title>显示内容</title></head><body>");
        pw.println(content);
        pw.println("</body></html>");
    }
    protected void doPost(HttpServletRequest req, HttpServletResponse res)
            throws ServletException, IOException {
        doGet(req,res);
    }
}
```

(3) 在项目的配置文件 web.xml 中添加 DisplayContent(Servlet)的配置代码，具体为：

```
<servlet>
   <servlet-name>DisplayContent</servlet-name>
   <servlet-class>org.etspace.abc.servlet.DisplayContent</servlet-class>
```

```
</servlet>
<servlet-mapping>
   <servlet-name>DisplayContent</servlet-name>
   <url-pattern>/DisplayContent</url-pattern>
</servlet-mapping>
```

解析：

(1) 在本实例中，HTML 表单被提交后，将由 DisplayContent(Servlet)进行处理。

(2) 在 DisplayContent(Servlet)中，根据表单元素的名称读取其中所输入的内容，然后按一定的格式输出相应的 HTML 代码。

【实例 6-6】 Servlet 访问 Cookie 示例。设计一个 Servlet，其功能为记录并显示用户登录系统的次数，如图 6.8 所示。

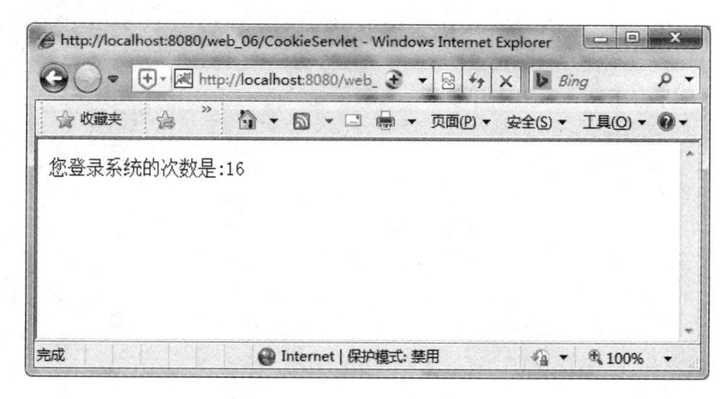

图 6.8　用户登录系统次数页面

主要步骤(在项目 web_06 中)如下。

(1) 在项目的 org.etspace.abc.servlet 包中新建一个 Servlet—CookieServlet。其文件名为 CookieServlet.java，代码如下：

```
package org.etspace.abc.servlet;
import java.io.*;
import javax.servlet.*;
import javax.servlet.http.*;
public class CookieServlet extends HttpServlet
{
   public void service(HttpServletRequest request,HttpServletResponse
       response)throws IOException
   {
       boolean myFound=false;
       Cookie myCookie=null;
       Cookie[] allCookie=request.getCookies();
       response.setContentType("text/html;charset=gbk");
       PrintWriter out=response.getWriter();
       if (allCookie!=null)
       {
           for (int i=0;i<allCookie.length;i++)
           {
```

```
                if (allCookie[i].getName().equals("logincount"))
                {
                    myFound=true;
                    myCookie=allCookie[i];
                }
            }
        }
        out.println("<html>");
        out.println("<body>");
        if (myFound)
        {
            int myLC=Integer.parseInt(myCookie.getValue());
            myLC++;
            out.println("您登录系统的次数是:"+String.valueOf(myLC));
            myCookie.setValue(String.valueOf(myLC));
            myCookie.setMaxAge(30*24*60*60);
            response.addCookie(myCookie);
        }
        else
        {
            out.println("这是您首次登录系统.");
            myCookie=new Cookie("logincount",String.valueOf(1));
            myCookie.setMaxAge(30*24*60*60);
            response.addCookie(myCookie);
        }
        out.println("</body>");
        out.println("</html>");
    }
}
```

(2) 在项目的配置文件 web.xml 中添加 CookieServlet(Servlet)的配置代码，具体为：

```
<servlet>
   <servlet-name>CookieServlet</servlet-name>
   <servlet-class>org.etspace.abc.servlet.CookieServlet</servlet-class>
</servlet>
<servlet-mapping>
   <servlet-name>CookieServlet</servlet-name>
   <url-pattern>/CookieServlet</url-pattern>
</servlet-mapping>
```

配置完毕后，再完成项目的部署，并启动 Tomcat 服务器，即可打开浏览器访问该 Servlet，地址为：

```
http://localhost:8080/web_06/CookieServlet
```

【实例 6-7】 Servlet 访问 Session 示例。设计一个 Servlet，其功能为记录并显示用户访问站点的次数，同时显示有关的请求信息与 Session 信息，如图 6.9 所示。

(a)

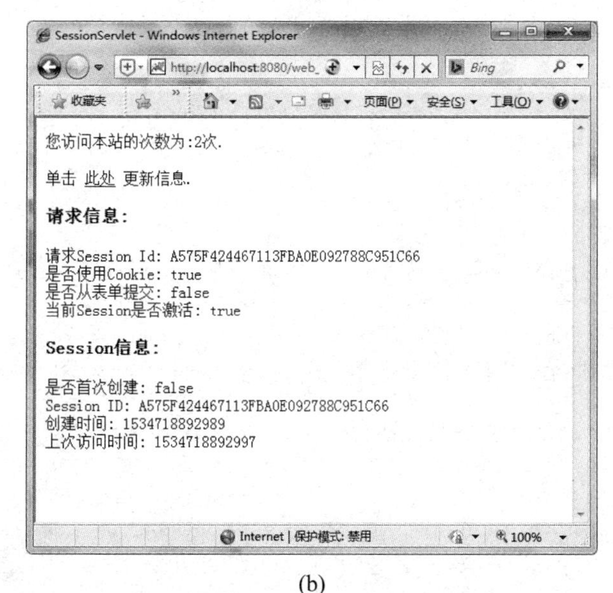

(b)

图 6.9　信息显示页面

主要步骤(在项目 web_06 中)如下。

(1) 在项目的 org.etspace.abc.servlet 包中新建一个 Servlet—SessionServlet。其文件名为 SessionServlet.java，代码如下：

```
package org.etspace.abc.servlet;
import java.io.*;
import java.util.Enumeration;
import javax.servlet.*;
import javax.servlet.http.*;
public class SessionServlet extends HttpServlet
{
```

```
//doGet 方法
public void doGet (HttpServletRequest request, HttpServletResponse response)
    throws ServletException, IOException
{
  // 获取会话对象(若该对象不存在，则新建之)
  HttpSession session = request.getSession(true);
     // 设置内容类型
  response.setContentType("text/html;charset=gbk");
  // 获取 PrintWriter 对象
  PrintWriter out = response.getWriter();
  out.println("<html>");
     out.println("<head><title>SessionServlet</title></head><body>");
  out.println("<p>");
     // 获取 Session 变量
  Integer myCounter = (Integer) session.getAttribute("counter");
     if (myCounter==null)
      myCounter = new Integer(1);
  else
      myCounter = new Integer(myCounter.intValue() + 1);
  //设置 Session 变量
  session.setAttribute("counter", myCounter);
     out.println("您访问本站的次数为:" + myCounter + "次.<p>");
  out.println("单击 <a href=" + response.encodeURL("SessionServlet")+">此处</a>");
  out.println(" 更新信息." );
      out.println("<p>");
  out.println("<h3>请求信息:</h3>");
  out.println("请求 Session Id: " +request.getRequestedSessionId());
  out.println("<br>是否使用 Cookie: " +request.isRequestedSessionIdFromCookie());
  out.println("<br>是否从表单提交: " +request.isRequestedSessionIdFromURL());
  out.println("<br>当前 Session 是否激活: " +request.isRequestedSessionIdValid());
  out.println("<h3>Session 信息:</h3>");
  out.println("是否首次创建: " + session.isNew());
  out.println("<br>Session ID: " + session.getId());
  out.println("<br>创建时间: " + session.getCreationTime());
  out.println("<br>上次访问时间: " +session.getLastAccessedTime());
     out.println("</body></html>");
}
 public void doPost(HttpServletRequest request, HttpServletResponse response)
        throws ServletException, IOException {
     doGet(request,response);
  }
}
```

(2) 在项目的配置文件 web.xml 中添加 SessionServlet(Servlet)的配置代码，具体为：

```
<servlet>
   <servlet-name>SessionServlet</servlet-name>
   <servlet-class>org.etspace.abc.servlet.SessionServlet</servlet-class>
</servlet>
<servlet-mapping>
   <servlet-name>SessionServlet</servlet-name>
```

```
    <url-pattern>/SessionServlet</url-pattern>
</servlet-mapping>
```

配置完毕后，再完成项目的部署，并启动 Tomcat 服务器，即可打开浏览器访问该 Servlet，地址为：

```
http://localhost:8080/web_06/SessionServlet
```

【实例 6-8】验证码示例。如图 6.10 所示为验证码输入页面。若系统所生成的验证码图片看不清楚，可单击“看不清,换一个...”链接进行更换。输入正确的验证码，再单击“确定”按钮，可打开如图 6.11 所示的验证码显示页面。若未输入验证码就单击“确定”按钮，则会显示如图 6.12 所示的“验证码不能为空!”对话框。若输入的验证码不正确，则单击“确定”按钮会显示如图 6.13 所示的“验证码输入错误!”对话框。

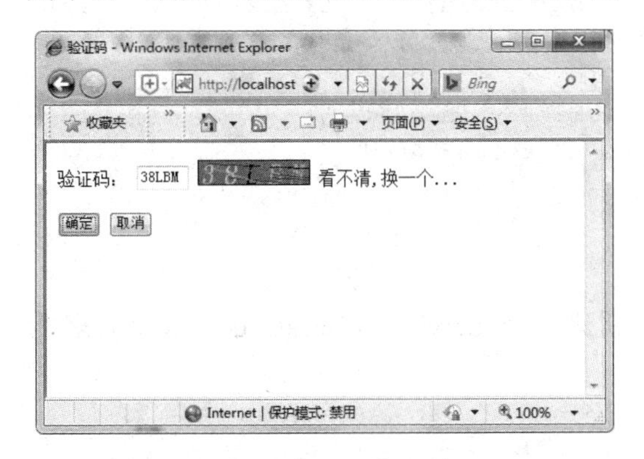

图 6.10　验证码输入页面

图 6.11　验证码显示页面

图 6.12　“验证码不能为空!”对话框

图 6.13　“验证码输入错误!”对话框

主要步骤(在项目 web_06 中)如下。

(1) 在项目的 WebRoot 文件夹中添加一个新的 JSP 页面 InputCheckCode.jsp。其代码如下：

```
<%@ page language="java" pageEncoding="gbk" %>
<html>
    <head>
        <title>验证码</title>
        <script type="text/javascript">
        function check(){
            var checkCode = document.all('checkCode').value;
            if(checkCode.length<1){
                alert("验证码不能为空!");
```

```
                return false;
            }
        }
        function myReload(){
            document.getElementById("myCheckCode").src = document.getElementById
            ("myCheckCode").src + "?nocache=" + new Date().getTime();
        }
        </script>
    </head>
    <body>
        <form method="post" action="DisplayCheckCode" onsubmit="return check()">
         验证码:
       <input type="text" name="checkCode" id="checkCode" size="5" maxlength="5">
       <img src="CheckCode" name="myCheckCode" id="myCheckCode" border="1">
       <a style="cursor:hand;" onClick="myReload()">看不清,换一个...</a>
       <br><br>
        <input type="submit" name="submit" value="确定">
        <input type="reset" name="reset" value="取消">
        </form>
    </body>
</html>
```

(2) 在项目的 org.etspace.abc.servlet 包中新建一个 Servlet—CheckCode。其文件名为 CheckCode.java，代码如下：

```
package org.etspace.abc.servlet;
import java.io.IOException;
import javax.servlet.ServletException;
import javax.servlet.http.HttpServlet;
import javax.servlet.http.HttpServletRequest;
import javax.servlet.http.HttpServletResponse;
import javax.servlet.http.HttpSession;
import java.util.Random;
import javax.imageio.ImageIO;
import java.awt.*;
import java.awt.image.BufferedImage;
public class CheckCode extends HttpServlet {
    public static final int CHECKCODE_LENGTH1 = 2;  //验证码长度 1
    public static final int CHECKCODE_LENGTH2 = 3;  //验证码长度 2
    public static final int SINGLECODE_WIDTH = 16;  //单个验证码宽度
    public static final int SINGLECODE_HEIGHT = 20;  //单个验证码高度
    public static final int SINGLECODE_GAP = 4;  //单个验证码之间间隔
    public static final int LINE_NUMBER = 15;  //干扰线的数量
    //验证码图片宽度
    public static final int IMAGE_WIDTH = (CHECKCODE_LENGTH1 +
        CHECKCODE_LENGTH2) * (SINGLECODE_WIDTH + SINGLECODE_GAP);
    //验证码图片高度
    public static final int IMAGE_HEIGHT = SINGLECODE_HEIGHT;
    //获取随机颜色的方法
    public static Color getColor() {
        Random random = new Random();
```

```
        int r = random.nextInt(255);
        int g = random.nextInt(255);
        int b = random.nextInt(255);
        return new Color(r, g, b);
    }
    //获取随机验证码的方法
    public static String getCheckCode() {
        String checkCode = "";
        Random random=new Random();
        for(int i = 0; i < CHECKCODE_LENGTH1; i++) {
            checkCode += random.nextInt(10);  //随机生成 0~9 的字符
        }
        for(int i = 0; i < CHECKCODE_LENGTH2; i++) {
        //随机生成 A~Z 的字符
            checkCode += (char)(random.nextInt(26) + 65);
        }
        return checkCode;
    }
    //获取验证码图片的方法
    public static BufferedImage getCheckCodeImage(String checkCode) {
        BufferedImage image = new BufferedImage(IMAGE_WIDTH, IMAGE_HEIGHT,
            BufferedImage.TYPE_INT_RGB);
        Graphics g = image.getGraphics();
        g.setColor(getColor());
        g.fillRect(0, 0, IMAGE_WIDTH, IMAGE_HEIGHT);
        g.setFont(new Font("宋体", Font.ITALIC, SINGLECODE_HEIGHT+5));
        char c;
        for(int i = 0; i < checkCode.toCharArray().length; i++) {
            c = checkCode.charAt(i);
            g.setColor(getColor());
            g.drawString(String.valueOf(c), i * (SINGLECODE_WIDTH +
                SINGLECODE_GAP)+ SINGLECODE_GAP / 2, IMAGE_HEIGHT);
        }
        Random random = new Random();
        //干扰线
        for(int i = 0; i < LINE_NUMBER; i++) {
            int x = random.nextInt(IMAGE_WIDTH);
            int y = random.nextInt(IMAGE_HEIGHT);
            int x2 = random.nextInt(IMAGE_WIDTH);
            int y2 = random.nextInt(IMAGE_HEIGHT);
            g.setColor(getColor());
            g.drawLine(x, y, x + x2, y + y2);
        }
        g.dispose();
        return image;
    }
    protected void doGet(HttpServletRequest request, HttpServletResponse response)
            throws ServletException, IOException {
        //禁止缓存
        response.setHeader("Pragma", "No-cache");
```

```
        response.setHeader("Cache-Control", "No-cache");
        response.setDateHeader("Expires", 0);
        response.setContentType("image/jpeg");  //响应为图片
        String checkCode = getCheckCode();
        HttpSession session = request.getSession(true);
        //将验证码保存到 session 中，以便于进行验证
        session.setAttribute("checkCode", checkCode);
        try {
            //发送图片
            ImageIO.write(getCheckCodeImage(checkCode), "JPEG",
                response.getOutputStream());
        } catch (IOException e){
            e.printStackTrace();
        }
    }
    protected void doPost(HttpServletRequest req, HttpServletResponse res)
            throws ServletException, IOException {
        doGet(req,res);
    }
}
```

(3) 在项目的配置文件 web.xml 中添加 CheckCode(Servlet)的配置代码，具体为：

```
<servlet>
  <servlet-name>CheckCode</servlet-name>
  <servlet-class>org.etspace.abc.servlet.CheckCode</servlet-class>
</servlet>
<servlet-mapping>
  <servlet-name>CheckCode</servlet-name>
  <url-pattern>/CheckCode</url-pattern>
</servlet-mapping>
```

(4) 在项目的 org.etspace.abc.servlet 包中新建一个 Servlet—DisplayCheckCode。其文件名为 DisplayCheckCode.java，代码如下：

```
package org.etspace.abc.servlet;
import javax.servlet.http.HttpServlet;
import java.io.IOException;
import javax.servlet.ServletException;
import javax.servlet.http.HttpServletRequest;
import javax.servlet.http.HttpServletResponse;
import javax.servlet.http.HttpSession;
import java.io.PrintWriter;
public class DisplayCheckCode extends HttpServlet
{
    public void doPost(HttpServletRequest request, HttpServletResponse
        response) throws ServletException,IOException
    {
        request.setCharacterEncoding("gbk");
        response.setCharacterEncoding("gbk");
        response.setContentType("text/html;charset=gbk");
        String checkCode=request.getParameter("checkCode");
```

```
        PrintWriter out = response.getWriter();
        HttpSession session = request.getSession(true);
        if(checkCode.equals(session.getAttribute("checkCode"))) {
            out.println("<html>");
            out.println("<head><title>验证码</title></head>");
            out.println("<body>");
            out.println("验证码: " + checkCode);
            out.println("</body></html>");
        }else{
            out.print("<script Language='JavaScript'>window.alert('验证码
                输入错误!')</script>");
            out.print("<script Language='JavaScript'>window.location =
                'InputCheckCode.jsp'</script>");
        }

    }
}
```

(5) 在项目的配置文件 web.xml 中添加 DisplayCheckCode(Servlet)的配置代码，具体为：

```
<servlet>
  <servlet-name>DisplayCheckCode</servlet-name>
  <servlet-class>org.etspace.abc.servlet.DisplayCheckCode</servlet-class>
</servlet>
<servlet-mapping>
  <servlet-name>DisplayCheckCode</servlet-name>
  <url-pattern>/DisplayCheckCode</url-pattern>
</servlet-mapping>
```

解析：

(1) InputCheckCode.jsp 页面是一个表单页面。单击“确定”按钮后，先调用 check()函数检查是否已输入了验证码，若已输入则将表单提交至 DisplayCheckCode(Servlet)进行处理。在该表单页面中，验证码图片是由 CheckCode(Servlet)生成并通过<img>标记显示的。单击“看不清,换一个...”链接后，将调用 myReload()函数更换(或刷新)验证码图片。

(2) CheckCode(Servlet)的功能是随机生成一个由 2 个数字与 3 个大写字母组成的验证码，并将其保存到 session 中，同时生成相应的带干扰线的验证码图片。

(3) DisplayCheckCode(Servlet)的功能是获取通过表单输入的验证码，并将其与保存在 session 中的验证码进行比较，然后显示相应的结果。

6.5　Servlet 的特殊应用

除了常规的一些基本应用以外，Servlet 还有两项较为特殊的常见应用，即过滤器与监听器。

6.5.1　过滤器

过滤器(Filter)是 Servlet 2.3 后的新增功能，主要用于在对有关的请求进行具体处理前先行执行某些必要的操作，如登录状态的检查、操作权限的检验、字符编码的转换、相关资源的处置等。事实上，使用过滤器可实现系统所需要的某些通用或共用功能，从而有效地避免编写过多的重复代码。

所有的过滤器都必须直接或间接地实现 java.Serlvet.Filter 接口。该接口包含 3 个过滤器实现类必须实现的方法——init()、doFilter()与 destroy()，如表 6.3 所示。其中，init()方法的参数为 FilterConfig 接口类型，主要用于获取过滤器中的配置信息，其有关方法如表 6.4 所示。

表 6.3　Filter 接口的方法

方　法	说　明
void init(FilterConfig filterConfig)	Servlet 过滤器的初始化方法。该方法在 Servlet 容器创建 Servlet 过滤器实例后被调用
void doFilter(ServletRequest request, ServletResponse response, FilterChain chain)	Servlet 过滤器的过滤方法，用于完成实际的过滤操作。在请求与过滤器关联的 URL 时，Servlet 容器将调用过滤器的 doFilter()方法
void destroy()	Servlet 过滤器的销毁方法(主要用于释放 Servlet 过滤器所占用的资源)。该方法在 Servlet 容器销毁过滤器实例前被调用

表 6.4　FilterConfig 接口的方法

方　法	说　明
String getFilterName()	获取过滤器的名称
ServletContext getServletContext()	获取 Servlet 上下文
String getInitParameter(String name)	获取过滤器指定初始化参数的值
Enumeration getInitParameterNames()	获取过滤器所有初始化参数名称的枚举(Enumeration)

必要时，可将多个过滤器构成一个过滤器链。这样，当请求过滤器所关联的 URL 时，过滤器链中的各个过滤器就会逐一起作用。在 Filter 接口的 doFilter()方法中，有一个 FilterChain 接口类型的参数 chain，其作用就是调用 doFilter()方法将请求传递给下一个过滤器(若当前过滤已是最后一个过滤器，则将请求传递给目标资源)。FilterChain 接口的 doFilter()方法的声明如下：

```
public void doFilter (ServletRequest request, ServletResponse response )
throws IOException, ServletException
```

编写好过滤器的实现类后，还要在项目的配置文件 web.xml 中对其进行相应的配置。其中，定义过滤器的基本格式如下：

```
<filter>
    <!--自定义的过滤器名称-->
    <filter-name>过滤器名</filter-name>
    <!--自定义的过滤器实现类(若类在包中，则要加完整的包名)-->
    <filter-class>过滤器实现类</filter-class>
    <init-param>
```

```
        <!—初始化参数名-->
        <param-name>参数名</param-name>
        <!--对应的参数值-->
        <param-value>参数值</param-value>
    </init-param>
    ...
</filter>
```

过滤器必须与特定的 URL 关联后才能发挥作用。具体来说，关联方式主要有以下 3 种。

(1) 与一个或多个 URL 资源关联。其配置的基本格式如下：

```
<filter-mapping>
    <filter-name>过滤器名</filter-name>
    <url-pattern>URL 地址 1</url-pattern>
</filter-mapping>
<filter-mapping>
    <filter-name>过滤器名</filter-name>
    <url-pattern>URL 地址 2</url-pattern>
</filter-mapping>
```

(2) 与一个或多个 URL 目录下的所有资源关联。其配置的基本格式如下：

```
<filter-mapping>
    <filter-name>过滤器名</filter-name>
    <url-pattern>/*</url-pattern>
</filter-mapping>
```

或者：

```
<filter-mapping>
    <filter-name>过滤器名</filter-name>
    <url-pattern>/路径 1/*</url-pattern>
</filter-mapping>
<filter-mapping>
    <filter-name>过滤器名</filter-name>
    <url-pattern>/路径 2/*</url-pattern>
</filter-mapping>
```

(3) 与一个或多个 Servlet 关联。其配置的基本格式如下：

```
<filter-mapping>
    <filter-name>过滤器名</filter-name>
    <url-pattern>Servlet 名称 1</url-pattern>
</filter-mapping>
<filter-mapping>
    <filter-name>过滤器名</filter-name>
    <url-pattern>Servlet 名称 2</url-pattern>
</filter-mapping>
```

【实例 6-9】编码过滤器应用示例。如图 6.14 所示为学生信息输入页面。输入相应的学生信息后，再单击“确定”按钮，即可打开如图 6.15 所示的学生信息显示页面。

图 6.14 学生信息输入页面

图 6.15 学生信息显示页面

主要步骤(在项目 web_06 中)如下。

(1) 在项目的 WebRoot 文件夹中新建一个子文件夹 student。

(2) 在子文件夹 student 中添加一个新的 JSP 页面 studentForm.jsp。其代码如下：

```
<%@ page language="java" pageEncoding="utf-8" %>
<html>
    <head>
    <title>学生信息</title>
    </head>
    <body>
        <div align="center">
        <form action="studentResult.jsp" method="post">
            学生信息<br><br>
            <table>
            <tr><td align="right">学号：</td><td><input type="text"
                name="xh"></td></tr>
            <tr><td align="right">姓名：</td><td><input type="text"
                name="xm"></td></tr>
            <tr><td align="right">性别：</td>
            <td><input type="radio" name="xb" value="男"
                checked="checked">男
            <input type="radio" name="xb" value="女">女</td></tr>
            </table>
            <br>
            <input type="submit" name="submit" value="确定">
            <input type="reset" name="reset" value="取消">
        </form>
        </div>
    </body>
</html>
```

(3) 在子文件夹 student 中添加一个新的 JSP 页面 studentResult.jsp。其代码如下：

```
<%@ page language="java" pageEncoding="utf-8" %>
<html>
    <head>
    <title>学生信息</title>
```

```
    </head>
    <body>
        <div align="center">
        学生信息<br><br>
        <table>
        <tr><td align="right">学号：</td><td><%=request.getParameter
            ("xh")%></td></tr>
        <tr><td align="right">姓名：</td><td><%=request.getParameter
            ("xm")%></td></tr>
        <tr><td align="right">性别：</td><td><%=request.getParameter
            ("xb")%></td></tr>
        </table>
        </div>
    </body>
</html>
```

(4) 在项目的 src 文件夹中新建一个包 org.etspace.abc.filter。

(5) 在 org.etspace.abc.filter 包中新建一个编码过滤器 EncodingFilter。其文件名为 EncodingFilter.java，代码如下：

```
package org.etspace.abc.filter;
import java.io.IOException;
import java.io.PrintWriter;
import javax.servlet.Filter;
import javax.servlet.FilterChain;
import javax.servlet.FilterConfig;
import javax.servlet.ServletException;
import javax.servlet.ServletRequest;
import javax.servlet.ServletResponse;
import javax.servlet.http.HttpServletRequest;
import javax.servlet.http.HttpSession;
public class EncodingFilter implements Filter {
    private String encoding;
    public void init(FilterConfig config) throws ServletException {
        encoding=config.getInitParameter("encoding");
    }
    public void destroy() {
    }
    public void doFilter(ServletRequest request, ServletResponse response,
            FilterChain chain) throws IOException, ServletException {
        request.setCharacterEncoding(encoding);
        response.setCharacterEncoding(encoding);
        chain.doFilter(request, response);
    }
}
```

(6) 在项目的配置文件 web.xml 中添加编码过滤器 EncodingFilter 的配置代码，具体为：

```
    <filter>
        <filter-name>EncodingFilter</filter-name>
        <filter-class>org.etspace.abc.filter.EncodingFilter</filter-class>
```

```
        <init-param>
            <param-name>encoding</param-name>
            <param-value>utf-8</param-value>
        </init-param>
    </filter>
    <filter-mapping>
        <filter-name>EncodingFilter</filter-name>
        <url-pattern>/student/*</url-pattern>
    </filter-mapping>
```

解析：

(1) EncodingFilter 是一个通用灵活的编码过滤器，其编码类型由配置文件 web.xml 中所定义的过滤器初始化参数 encoding 指定，在此为 utf-8。显然，要使用另外的编码类型，只需在 web.xml 中对参数 encoding 的值进行相应的修改即可。

(2) 由配置代码可知，EncodingFilter 过滤器的过滤模式为/student/*，即关联到 Web 站点 student 子目录下的所有文件。因此，在访问该 student 子目录下的页面时，EncodingFilter 过滤器将自动起作用。

说明： 若在 web.xml 文件中删除编码过滤器 EncodingFilter 的配置代码(或将其注释掉)，则该过滤器将不再起作用。在这种情况下，学生信息显示页面中将出现中文乱码，如图 6.16 所示。

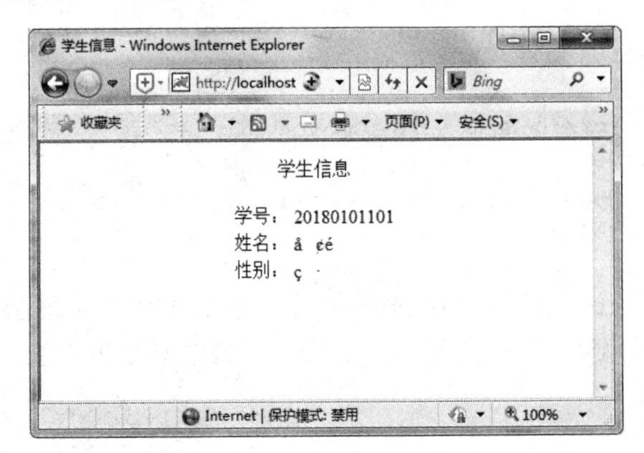

图 6.16　学生信息显示页面

提示： 在开发基于 JSP 的 Web 应用时，可使用相应的编码过滤器统一解决中文显示出现乱码的问题。

6.5.2　监听器

Servlet 监听器主要用于对 Web 容器的有关事件进行监听，以便在相关事件被触发后能及时进行相应的处理。例如，通过对 HttpSession 对象的属性添加与删除的监听，可即时获知某个用户的登录与退出系统操作，并生成相应的访问日志。可见，通过使用 Servlet 监听器，可极大地增强系统的 Web 事件处理能力。

在 Servlet 规范中，已为各类监听器定义了若干个接口。通过实现相应的接口，即可完

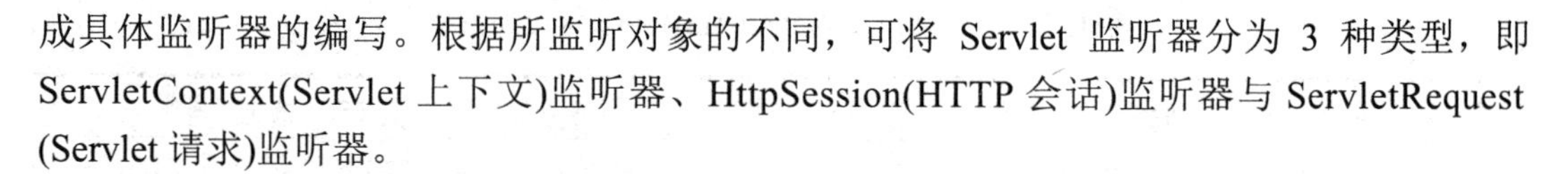

成具体监听器的编写。根据所监听对象的不同，可将 Servlet 监听器分为 3 种类型，即 ServletContext(Servlet 上下文)监听器、HttpSession(HTTP 会话)监听器与 ServletRequest (Servlet 请求)监听器。

1. ServletContext 监听器

ServletContext 监听器用于监听 ServletContext 对象的有关事件，与其相关的接口包括 ServletContextListener 与 ServletAttributeListener。

ServletContextListener 接口定义了两个方法，如表 6.5 所示。实现该接口的监听器用于监听 ServletContext 对象的创建与销毁事件。

表 6.5　ServletContextListener 接口的方法

方　法	说　明
contextInitialized(ServletContextEvent event)	ServletContext 对象已创建，表示应用程序已经被加载及初始化
contextDestroyed(ServletContextEvent event)	ServletContext 对象已销毁，表示应用程序已经被卸载(即关闭)

ServletAttributeListener 接口定义了 3 个方法，如表 6.6 所示。实现该接口的监听器用于监听 ServletContext 对象的属性添加、修改与删除事件。

表 6.6　ServletAttributeListener 接口的方法

方　法	说　明
attributeAdded(ServletContextAttributeEvent event)	有属性添加到 application 范围
attributeReplaced(ServletContextAttributeEvent event)	在 application 范围内有属性被修改
attributeRemoved(ServletContextAttributeEvent event)	在 application 范围内有属性被删除

2. HttpSession 监听器

HttpSession 监听器用于监听 HttpSession 对象的有关事件，与其相关的接口包括 HttpSessionListener、HttpSessionAttributeListener、HttpSessionBindingListener 与 HttpSession-ActivationListener。

HttpSessionListener 接口定义了两个方法，如表 6.7 所示。实现该接口的监听器用于监听 HttpSession 对象的创建与销毁事件。

表 6.7　HttpSessionListener 接口的方法

方　法	说　明
sessionCreated(HttpSessionEvent event)	HttpSession 对象已创建
sessionDestroyed(HttpSessionEvent event)	HttpSession 对象已销毁

HttpSessionAttributeListener 接口定义了 3 个方法，如表 6.8 所示。实现该接口的监听器用于监听 HttpSession 对象的属性添加、修改与删除事件。

表 6.8 HttpSessionAttributeListener 接口的方法

方 法	说 明
attributeAdded(HttpSessionBindingEvent event)	有属性添加到 session 范围
attributeReplaced(HttpSessionBindingEvent event)	在 session 范围内有属性被修改
attributeRemoved(HttpSessionBindingEvent event)	在 session 范围内有属性被删除

HttpSessionBindingListener 接口定义了两个方法，如表 6.9 所示。实现该接口的监听器用于监听 HttpSession 对象的绑定与解绑事件。

表 6.9 HttpSessionBindingListener 接口的方法

方 法	说 明
valueBound(HttpSessionBindingEvent event)	有对象绑定到 session 范围
valueUnBound (HttpSessionBindingEvent event)	在 session 范围内有对象被解绑

HttpSessionActivationListener 接口定义了两个方法，如表 6.10 所示。实现该接口的监听器用于监听 HttpSession 对象的状态改变事件。

表 6.10 HttpSessionActivationListener 接口的方法

方 法	说 明
sessionDidActivate(HttpSessionEvent event)	session 已经变为有效状态(active)
sessionWillPassivate (HttpSessionEvent event)	session 已经变为无效状态(passivate)

3. ServletRequest 监听器

ServletRequest 监听器用于监听 ServletRequest 对象的有关事件，与其相关的接口包括 ServletRequestListener 与 ServletRequestAttributeListener。

ServletRequestListener 接口定义了两个方法，如表 6.11 所示。实现该接口的监听器用于监听 ServletRequest 对象的创建与销毁事件。

表 6.11 ServletRequestListener 接口的方法

方 法	说 明
requestInitialized(ServletRequestEvent event)	ServletRequest 对象已创建
requestDestroyed(ServletRequestEvent event)	ServletRequest 对象已销毁

ServletRequestAttributeListener 接口定义了 3 个方法，如表 6.12 所示。实现该接口的监听器用于监听 ServletRequest 对象的属性添加、修改与删除事件。

编写好监听器的实现类后，还要在项目的配置文件 web.xml 中对其进行相应的配置(或注册)。配置监听器的基本格式如下：

```
    <listener>
        < !-- 指定监听器的实现类(若类在包中，则要加完整的包名) -->
        <listener-class>监听器实现类</listener-class>
</listener>
```

表 6.12 ServletRequestAttributeListener 接口的方法

方 法	说 明
attributeAdded(ServletRequestAttributeEvent event)	有属性添加到 request 范围
attributeReplaced(ServletRequestAttributeEvent event)	在 request 范围内有属性被修改
attributeRemoved(ServletRequestAttributeEvent event)	在 request 范围内有属性被删除

对于已配置好的监听器，Web 容器会根据其所实现的接口，将其注册到被监听的对象上。在系统运行过程中，一旦触发了被监听的事件，Web 容器就会调用监听器的相应方法进行处理。由此可见，监听器所具体实现的方法，其实就是相应事件的处理程序。

说明： 根据所监听事件的不同，也可将 Servlet 监听器分为以下 3 种类型。

① 域对象事件监听器：用于监听 ServletContext、HttpSession 与 ServletRequest 对象的创建与销毁事件，通过使用 ServletContextListener、HttpSessionListener 与 ServletRequestListener 接口实现。

② 属性事件监听器：用于监听 ServletContext、HttpSession 与 ServletRequest 对象的属性添加、替换与删除事件，通过使用 ServletContextAttributeListener、HttpSessionAttributeListener、ServletRequestAttributeListener 接口实现。

③ 状态事件监听器：用于监听 HttpSession 对象及其绑定对象的状态改变事件，通过使用 HttpSessionActivationListener 与 HttpSessionBindingListener 接口实现。

【实例 6-10】 账号监听器应用示例。如图 6.17 所示为 Login 页面。输入用户名与密码后，再单击“登录”按钮，即可完成登录过程，并打开如图 6.18 所示的 Main 页面。在此页面中，若单击“注销”链接，即可完成注销过程，并打开如图 6.19 所示的 Logout 页面。在此过程中，系统将自动显示用户登录与注销的日志信息(如图 6.20 所示)。

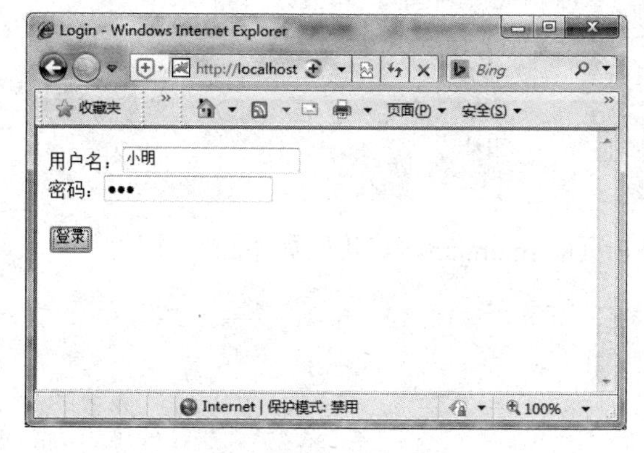

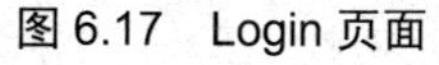
图 6.17 Login 页面

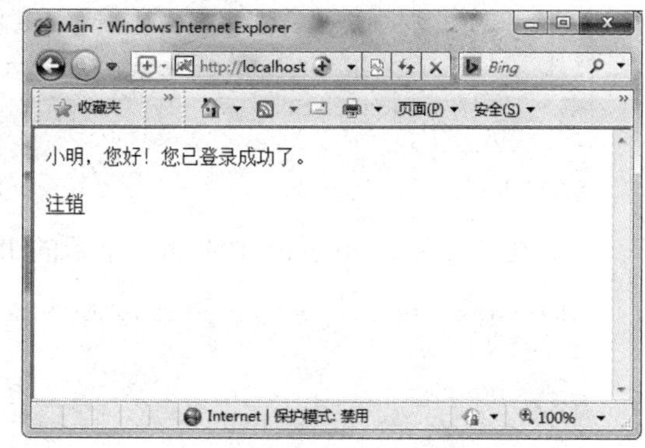

图 6.18 Main 页面

主要步骤(在项目 web_06 中)如下。

(1) 在项目的 WebRoot 文件夹中新建一个子文件夹 account。

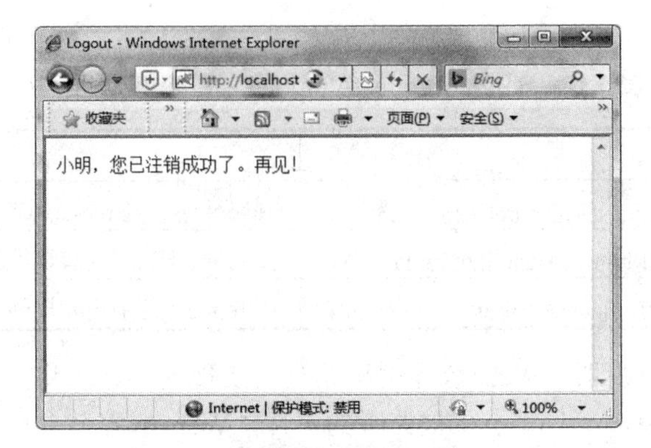

图 6.19　Logout 页面

```
Problems  Tasks  Web Browser  Console  Servers
tomcat7Server [Remote Java Application] C:\Program Files (x86)\Java\jre7\bin\javaw.exe (2018-8-28 下午5:08:03)
信息: JSF1048：有 PostConstruct/PreDestroy 注释。标有这些注释的 ManagedBeans 方法将表示注释已处理。
八月 28, 2018 5:08:06 下午 org.apache.coyote.AbstractProtocol start
信息: Starting ProtocolHandler ["http-bio-8080"]
八月 28, 2018 5:08:06 下午 org.apache.coyote.AbstractProtocol start
信息: Starting ProtocolHandler ["ajp-bio-8009"]
八月 28, 2018 5:08:06 下午 org.apache.catalina.startup.Catalina start
信息: Server startup in 2672 ms
日志信息：[2018-8-28 17:08:17]小明登录!
日志信息：[2018-8-28 17:08:33]小明注销!
```

图 6.20　日志信息

(2) 在子文件夹 account 中添加一个新的 JSP 页面 login.jsp。其代码如下：

```
<%@ page language="java" pageEncoding="utf-8" %>
<html>
    <head>
    <title>Login</title>
    </head>
    <body>
        <form action="main.jsp" method="post">
            用户名：<input type="text" name="username"><br>
            密码：<input type="password" name="password"><br><br>
            <input type="submit" value="登录">
        </form>
    </body>
</html>
```

(3) 在子文件夹 student 中添加一个新的 JSP 页面 main.jsp。其代码如下：

```
<%@ page language="java" pageEncoding="utf-8" %>
<html>
    <head>
    <title>Main</title>
    </head>
    <body>
    <%
    request.setCharacterEncoding("utf-8");
    response.setCharacterEncoding("utf-8");
    String username = request.getParameter("username");
```

```
    String password = request.getParameter("password");
    session.setAttribute("account", username);
    %>
    <%=username%>，您好！您已登录成功了。
    <br><br>
    <a href="logout.jsp">注销</a>
    </body>
</html>
```

(4) 在子文件夹 student 中添加一个新的 JSP 页面 logout.jsp。其代码如下：

```
<%@ page language="java" pageEncoding="utf-8" %>
<html>
    <head>
    <title>Logout</title>
    </head>
    <body>
    <%
    request.setCharacterEncoding("utf-8");
    response.setCharacterEncoding("utf-8");
    String username = (String)session.getAttribute("account");
    session.removeAttribute("account");
    %>
    <%=username%>，您已注销成功了。再见！
    </body>
</html>
```

(5) 在项目的 src 文件夹中新建一个包 org.etspace.abc.listener。

(6) 在 org.etspace.abc.listener 包中新建一个账号监听器 AccountListener。其文件名为 AccountListener.java，代码如下：

```
package org.etspace.abc.listener;
import javax.servlet.http.HttpSessionAttributeListener;
import javax.servlet.http.HttpSessionBindingEvent;
import java.util.Date;
public class AccountListener implements HttpSessionAttributeListener {
    public void attributeAdded(HttpSessionBindingEvent event) {
        if (event.getName().equals("account")) {
            System.out.println("日志信息：["+(new
                Date()).toLocaleString()+"]"+event.getValue()+"登录！");
        }
    }
    public void attributeRemoved(HttpSessionBindingEvent event) {
        if (event.getName().equals("account")) {
            System.out.println("日志信息：["+(new
                Date()).toLocaleString()+"]"+event.getValue()+"注销！");
        }
    }
    public void attributeReplaced(HttpSessionBindingEvent event) {
    }
}
```

(7) 在项目的配置文件 web.xml 中添加账号监听器 AccountListener 的配置代码，具体为：

```
<listener>
    <listener-class>org.etspace.abc.listener.AccountListener</listener-class>
</listener>
```

解析：

(1) 在本实例中，登录后将在 session 对象中创建一个属性 account，并将其值设置为用户名。反之，在注销时，则删除 session 对象的属性 account。

(2) 账号监听器 AccountListener 所实现的接口为 HttpSessionAttributeListener，并具体实现了 attributeAdded()与 attributeRemoved()方法，因此可监听 session 对象的属性添加与删除事件。在方法 attributeAdded()中，通过调用参数 event 的 getName()方法，可获知所添加属性的名称。若该属性为 account，则说明有用户登录系统，从而输出相应的日志信息。同样，在方法 attributeRemoved()中，通过调用参数 event 的 getName()方法，可获知所删除属性的名称。若该属性为 account，则说明有用户退出系统，从而输出相应的日志信息。

(3) 监听器的配置(或注册)较为简单，只需在 web.xml 中添加<listener>元素，并通过其子元素<listener-class>指定监听器的实现类(含所在包的名称)即可。

6.6 Servlet 的应用案例

6.6.1 系统登录

下面，以 JSP+JDBC+JavaBean+Servlet 模式实现 Web 应用系统中的系统登录功能，其运行结果与第 5 章 5.5.1 节的系统登录案例相同。

实现步骤(在项目 web_06 中)如下。

(1) 将 SQL Server 2005/2008 的 JDBC 驱动程序 sqljdbc4.jar 添加到项目的 WebRoot\WEB-INF\lib 文件夹中。

(2) 在项目的 src 文件夹中新建一个包 org.etspace.abc.jdbc。

(3) 在 org.etspace.abc.jdbc 包中新建一个 JavaBean — DbBean。其文件名为 DbBean.java，代码与第 5 章 5.5.1 节系统登录案例中的相同。

(4) 在项目的 WebRoot 文件夹中新建一个子文件夹 syslogin。

(5) 在子文件夹 syslogin 中添加一个新的 JSP 页面 login.jsp。其代码与第 5 章 5.5.1 节系统登录案例中的类似，只需将其中<form>标记的 action 属性设置为 LoginServletByDB 即可，具体为：

```
<form action="LoginServletByDB" method="post">
```

(6) 在项目的 org.etspace.abc.servlet 包中新建一个 Servlet—LoginServletByDB。其文件名为 LoginServletByDB.java，代码如下：

```
package org.etspace.abc.servlet;
import java.io.*;
import java.io.IOException;
```

```
import java.io.PrintWriter;
import javax.servlet.RequestDispatcher;
import javax.servlet.ServletException;
import javax.servlet.http.HttpServlet;
import javax.servlet.http.HttpServletRequest;
import javax.servlet.http.HttpServletResponse;
import javax.servlet.http.HttpSession;
import java.sql.*;
import org.etspace.abc.jdbc.DbBean;
public class LoginServletByDB extends HttpServlet {
    public void doGet(HttpServletRequest request, HttpServletResponse response)
            throws ServletException, IOException {
        doPost(request,response);
    }
    public void doPost(HttpServletRequest request, HttpServletResponse response)
            throws ServletException, IOException {
        request.setCharacterEncoding("gbk");
        response.setCharacterEncoding("gbk");
        response.setContentType("text/html;charset=gbk");
        PrintWriter out = response.getWriter();
        try {
            String username = null ;
            String password = null ;
            HttpSession session = null ;
            session = request.getSession(true);
            username = request.getParameter("username");
            password = request.getParameter("password");
            String sql="select * from users where UserName='"+username+"'
                and password='"+password+ "'";
            DbBean myDbBean=new DbBean();
            myDbBean.openConnection();
            ResultSet rs= myDbBean.executeQuery(sql);
            if(rs.next()){
                session.setAttribute("userName", username);
                response.sendRedirect("welcome.jsp");
            }else{
                response.sendRedirect("error.jsp");
            }
            rs.close();
            myDbBean.closeConnection();
        }
        catch(SQLException e)
        {
            out.println(e.getMessage());
        }
    }
}
```

(7) 在项目的配置文件 web.xml 中添加 LoginServletByDB(Servlet)的配置代码，具体为：

```
<servlet>
    <servlet-name>LoginServletByDB</servlet-name>
    <servlet-class>org.etspace.abc.servlet.LoginServletByDB</servlet-class>
</servlet>
<servlet-mapping>
    <servlet-name>LoginServletByDB</servlet-name>
    <url-pattern>/syslogin/LoginServletByDB</url-pattern>
</servlet-mapping>
```

(8) 在子文件夹 syslogin 中添加一个新的 JSP 页面 welcome.jsp。其代码如下：

```
<%@ page language="java" pageEncoding="utf-8" %>
<%request.setCharacterEncoding("utf-8"); %>
<html>
    <head>
        <title>登录成功</title>
    </head>
    <body>
        <%=session.getAttribute("userName") %>，您好！欢迎光临本系统。
    </body>
</html>
```

(9) 在子文件夹 syslogin 中添加一个新的 JSP 页面 error.jsp。其代码与第 5 章 5.5.1 节系统登录案例中的相同。

说明： 在 LoginServletByDB(Servlet)中，可将以下两条语句

```
session.setAttribute("userName", username);
response.sendRedirect("welcome.jsp");
```

修改为:

```
RequestDispatcher  dispatcher=request.getRequestDispatcher("welcome.jsp");
dispatcher.forward(request, response);
```

与此同时，应将 welcome.jsp 页面中的语句

```
<%=session.getAttribute("userName") %>
```

修改为:

```
<%out.print(request.getParameter("username")); %>
```

提示： Servlet 中的跳转可分为两种，即客户端跳转与服务器端跳转。

要实现客户端跳转，只需使用 HttpServletResponse 接口的 sendRedirect()方法即可。不过，这种方式的跳转只能传递 session 与 application 范围的属性，而无法传递 request 范围的属性。

要想实现服务器端跳转，需借助 RequestDispatcher 接口。为实现页面的跳转与包含，该接口分别提供了 forward()与 include()方法，声明如下:

```
public void forward(ServletRequest request, ServletResponse response )
throws ServletException, IOException
public void include(ServletRequest request, ServletResponse response )
throws ServletException, IOException
```

为获取 RequestDispatcher 接口的实例，需以页面的 URL 为参数调用 HttpServletRequest 接口的 getRequestDispatcher()方法。

6.6.2　数据添加

下面，以 JSP+JDBC+JavaBean+Servlet 模式实现“职工增加”功能，其运行结果与第 5 章 5.5.2 节的职工增加案例相同。

主要步骤(在项目 web_06 中)如下。

(1) 在项目的 WebRoot 文件夹中添加一个新的 JSP 页面 ZgZj.jsp。其代码与第 5 章 5.5.2 节职工增加案例中的类似，只需将其中<form>标记的 action 属性设置为 zgzjServlet 即可，具体为：

```
<form id="form1" name="form1" method="post" action="zgzjServlet"
onSubmit="return check(this)">
```

(2) 在项目的 org.etspace.abc.servlet 包中新建一个 Servlet—zgzjServlet。其文件名为 zgzjServlet.java，代码如下：

```
package org.etspace.abc.servlet;
import java.io.*;
import java.io.IOException;
import java.io.PrintWriter;
import javax.servlet.RequestDispatcher;
import javax.servlet.ServletException;
import javax.servlet.http.HttpServlet;
import javax.servlet.http.HttpServletRequest;
import javax.servlet.http.HttpServletResponse;
import javax.servlet.http.HttpSession;
import java.sql.*;
import org.etspace.abc.jdbc.DbBean;
public class zgzjServlet extends HttpServlet {
    public void doGet(HttpServletRequest request, HttpServletResponse response)
            throws ServletException, IOException {
        doPost(request,response);
    }
    public void doPost(HttpServletRequest request, HttpServletResponse response)
        throws ServletException, IOException {
        request.setCharacterEncoding("gb2312");
        response.setCharacterEncoding("gb2312");
        response.setContentType("text/html;charset=gb2312");
        PrintWriter out = response.getWriter();
        try {
            String bh = request.getParameter("bh");
            String xm = request.getParameter("xm");
```

```
            String xb = request.getParameter("xb");
            String bm = request.getParameter("bm");
            String csrq = request.getParameter("csrq");
            String jbgz = request.getParameter("jbgz");
            String gwjt = request.getParameter("gwjt");
            String sql = "insert into zgb(bh,xm,xb,bm,csrq,jbgz,gwjt)";
            sql=sql + " values('" + bh + "','" + xm + "','" + xb + "','"
                + bm + "','" + csrq + "'," + jbgz + "," + gwjt + ")";
            DbBean myDbBean=new DbBean();
            myDbBean.openConnection();
           int n = myDbBean.executeUpdate(sql);
           if (n>0){
                out.print("职工记录增加成功！");
           }
            else {
                out.print("职工记录增加失败！");
            }
            myDbBean.closeConnection();
        }
        catch (Exception e) {
            out.print(e.toString());
        }
    }
}
```

(3) 在项目的配置文件 web.xml 中添加 zgzjServlet(Servlet)的配置代码，具体为：

```
<servlet>
<servlet-name>zgzjServlet</servlet-name>
<servlet-class>org.etspace.abc.servlet.zgzjServlet</servlet-class>
</servlet>
<servlet-mapping>
<servlet-name>zgzjServlet</servlet-name>
<url-pattern>/zgzjServlet</url-pattern>
</servlet-mapping>
```

说明： JSP+JDBC+JavaBean+Servlet(通常又简称为 JSP+Servlet+JavaBean)模式即 Model2 模式(见图 6.21)，是对 Model1 模式进行改造后发展出来的一种新的模式。Model2 模式从根本上克服了 Model1 模式的缺陷，其工作流程则可分为以下 5 个步骤。

① Servlet 接收浏览器发出的请求。

② Servlet 根据不同的请求调用相应的 JavaBean 进行处理。

③ JavaBean 按自己的业务逻辑通过 JDBC 操作数据库。

④ Servlet 将处理结果传递给 JSP 视图。

⑤ JSP 动态生成相应的 Web 页面，并发送到浏览器加以呈现。

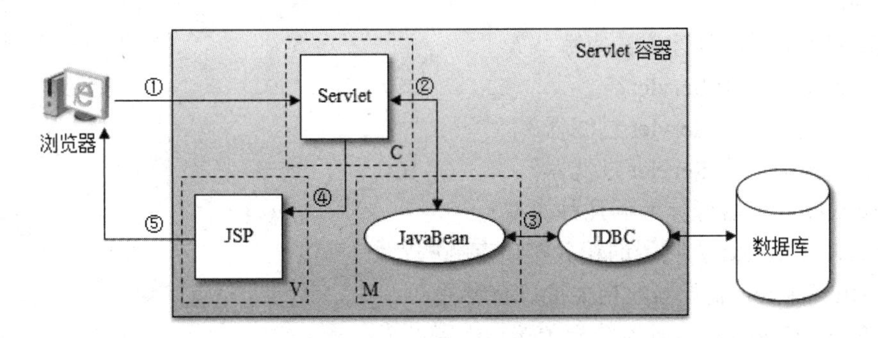

图 6.21 JSP+JDBC+JavaBean+Servlet 模式(Model2 模式)

与 Model1 模式相比较，Model2 引入了 Servlet 组件，并将控制功能交由 Servlet 实现，而 JSP 只负责显示功能，从而实现了控制逻辑与显示逻辑的分离，提高了程序的可维护性。

Model2 其实就是 JSP 中的 MVC 模式。其中，模型(M)、视图(V)与控制器(C)的具体实现如下:

- 模型(Model): 一个或多个 JavaBean 对象，用于存储数据，提供简单的 setXxx()方法与 getXxx()方法。
- 视图(View): 一个或多个 JSP 页面，为模型提供数据显示。JSP 页面主要使用 HTML/XHTML 标记和 JavaBean 的相关标记来显示数据。
- 控制器(Controller): 一个或多个 Servlet 对象，根据视图提交的请求进行数据处理操作，并将有关的结果存储到 JavaBean 中，然后使用重定向方式请求视图中的某个 JSP 页面更新显示。

不过，Model2 模式虽然成功地克服了 Model1 的缺陷，但却是以重新引入原始的 Servlet 编程为代价的，而暴露 Servlet API 必然会导致编程难度的增加。在此背景下，为屏蔽 Servlet API 的复杂性，减少用 Model2 模式开发系统的工作量，Struts 等框架便应运而生了。

本 章 小 结

本章首先介绍了 Servlet 的基本概念、生命周期与技术规范，然后通过具体实例讲解了 Servlet 的创建、配置与应用方法及其在过滤器与监听器方面的应用技术，最后再通过具体案例说明了 Servlet 的综合应用技术。通过本章的学习，应熟练掌握 Servlet 的基本应用方法及其在过滤器与监听器方面的应用技术，并能使用 JSP+JDBC+JavaBean+Servlet 模式(即 Model2 模式)开发相应的 Web 应用系统。

思 考 题

1. Servlet 是什么？
2. Servlet 的生命周期可分为哪几个阶段？
3. 简述 Servlet 请求的响应过程。

4. Servlet 的常用创建方法有哪些？
5. 如何配置一个 Servlet？
6. 如何创建一个 Servlet 过滤器？
7. 如何配置一个 Servlet 过滤器？
8. Servlet 监听器可分为哪几种类型？
9. ServletContext 监听器的相关接口有哪些？
10. HttpSession 监听器的相关接口有哪些？
11. ServletRequest 监听器的相关接口有哪些？
12. 如何实现一个 Servlet 监听器？
13. 如何配置一个 Servlet 监听器？

第 7 章

EL 应用技术

EL 是一种表达式语言(Expression Language)。在 Java Web 应用的开发中，使用 EL 可轻松实现对有关数据的访问，从而简化 JSP 页面的编写，并使其变得更加简洁。

本章要点：

EL 简介；EL 应用基础；EL 数据访问。

学习目标：

了解 EL 的基本概念；熟悉 EL 的基本用法；掌握 EL 的数据访问技术；掌握 Web 应用系统开发的 JSP+JDBC+JavaBean+Servlet+EL 模式。

7.1　EL 简介

EL 即表达式语言(Expression Language)，其灵感来自于标准化脚本语言 ECMAScript 与 XPath，主要目的是为了使 JSP 页面的编写更加简单。

在 EL 出现以前，开发 Java Web 应用时通常要将大量的 Java 代码嵌入 JSP 页面中，从而导致页面的复杂性增加而可读性变低。例如，要输出保存在 session 中的 username 属性的值，则相应 Java 程序段的代码如下：

```
<%
if(session.getAttribute("username")!==null){
out.print(session.getAtribute("username").toString());
}
%>
```

若使用 EL 表达式，则以上代码可改写为：

```
${username}
```

由此可见，使用 EL 可以使 JSP 页面变得更加简洁。正因为如此，EL 在 Java Web 应用的开发中是较为常用的。

EL 的语法较为简单，使用也很方便，并具有颇为强大的功能，可执行算术、逻辑、关系、条件等多种运算，并能实现对属性、集合、cookie、JavaBean 等各种数据以及内置对象的访问，还可以与 JSTL(JSP Standard Tag Library，JSP 标准标签库)及 JavaScript 结合使用。

7.2　EL 应用基础

7.2.1　基本语法

EL 表达式的基本语法十分简单，具体为以${开头，以}结束，二者之间则为合法的表达式。其语法格式为：

```
${表达式}
```

例如：

```
${sessionScope.user.name}
```

在 JSP 页面中，该 EL 表达式的功能为从 session 中获取并输出 user 的 name，相当于以下 Java 程序段：

```
<%
User user=(User)session.getAttribute("user");
String name=user.getName();
out.print(name);
%>
```

说明： 必要时，可禁用 EL。为此，可采用以下常用方法之一。

① 使用反斜杠\，即在 EL 表达式前加上\。如：

```
\${uname}
```

② 使用 page 指令，即将 page 指令中的 isELIgnored 设置为 true。如：

```
<%@ page isELIgnored="true"%>
```

③ 在 web.xml 文件中配置<el-ignored>元素。如：

```
<jsp-config>
    <jsp-property-group>
        <url-pattern>*.jsp</url-pattern>
        <el-ignored>true</el-ignored>
    </jsp-property-group>
</jsp-config>
```

该配置实例禁止在所有的 JSP 页面中使用 EL。

7.2.2 保留字

保留字是系统预留的具有特定用途的字符序列。EL 中的保留字包括 and、div、empty、eq、false、ge、gt、instanceof、le、lt、mod、no、ne、null、or 与 true。

保留字不能用于命名变量，也不能作为其他标识符使用。

7.2.3 变量

变量就是在运行过程中其值可以改变的量。每个变量都具有相应的名称，即变量名。

在 EL 中，访问变量就是根据变量名在某一范围内取出相应的变量值。未指定范围时，则默认从 page 范围内找。若未找到，则再按照 request、session、application 的范围依次查找。在此期间，若找到相应的变量，则返回其值，并停止查找。若均未找到，则返回 null(空值)。例如：

```
${username}
```

必要时，可指定变量的查找范围。为此，应使用 EL 的有关内置对象，包括 pageScope、requestScope、sessionScope 与 applicationScope(分别表示 page、request、session 与 application 范围)。例如：

```
${pageScope.username}
${requestScope.username}
${sessionScope.username}
${applicationScope.username}
```

7.2.4 常量

常量就是在运行过程中其值保持不变的量。EL 中的常量主要包括：

(1) Null 常量。其值为 null，表示空值。

(2) 整型常量。其取值范围为 Java 中 long 型值的范围，即 -2^{63}~$2^{63}-1$，如：-100、123。

(3) 浮点数常量。其取值范围为 Java 中 Double 型值的范围，绝对值介于 4.9E-324~1.8E308 之间，如：-1.58、2.69、1.2e3、1.6e-3、-2.6e5、-3.8e-5。

(4) 布尔常量。通常又称为逻辑常量，其取值只有两个，即 true 与 false。

(5) 字符串常量。表示一连串字符，需用单引号或双引号括起来，如：'123'、"abc123"。若字符串本身包含有单引号、双引号、反斜杠等特殊字符，则需用相应的转义字符表示。其中，单引号用“\'”表示，双引号用“\"”表示，反斜杠用“\\”表示。如："C:\\abc\\123"、'I\'m a student'。

7.2.5 运算符

EL 提供了一系列的运算符，可方便地实现对有关数据的访问，或完成相应的运算。下面分别进行简要介绍。

1. 访问运算符

在 EL 中，访问运算符用于实现对有关数据的访问，共有两个，即“.”与[]。这两个运算符其实是等价的，通常可以互相替换。例如，以下两个 EL 表达式是等价的：

```
${sessionScope.user.name}
${sessionScope.user["name"]}
```

在某些情况下，“.”和[]也可混合使用。例如：

```
${sessionScope.goods[0].price}
```

说明： 对于以下两种情况，“.”和[]是不能互换的。

① 当要访问的数据的名称中包含非字母或数字的特殊字符时，只能使用[]运算符。例如，${sessionScope.user.[“user-name”]}是正确的，而${sessionScope.user.user-name}则是错误的。

② 要动态改变需访问的数据对象时，只能使用[]运算符。例如：

```
${sessionScope.user.[param]}
```

在此，param 为变量，其值可以是 user 对象的 name、sex、age 等属性名。

2. 算术运算符

算术运算符用于实现算术运算，其运算结果为数值。EL 中的算术运算符分为两类，即一元算术运算符与二元算术运算符。其中，一元算术运算符包括+(正)、-(负)，二元算术运算符包括+(加)、-(减)、*(乘)、/或 div(除)、%或 mod(取模，即求余数)。

【实例 7-1】算术运算示例。

主要步骤如下。

(1) 新建一个 Web 项目 web_07。

(2) 在项目的 WebRoot 文件夹中添加一个新的 JSP 页面 Operation01.jsp。其代码如下：

```
<%@ page contentType="text/html" pageEncoding="GBK"%>
<html>
<head>
<title>EL 算术运算示例</title>
</head>
<body>
<%
    pageContext.setAttribute("num1",2);
    pageContext.setAttribute("num2",8);
%>
数 1：${num1}<br>
数 2：${num2}<br>
加法：${num1 + num2}<br>
减法：${num1 - num2}<br>
乘法：${num1 * num2}<br>
除法：${num1 / num2}<br>
取模：${num1 % num2}<br>
</body>
</html>
```

运行结果如图 7.1 所示。

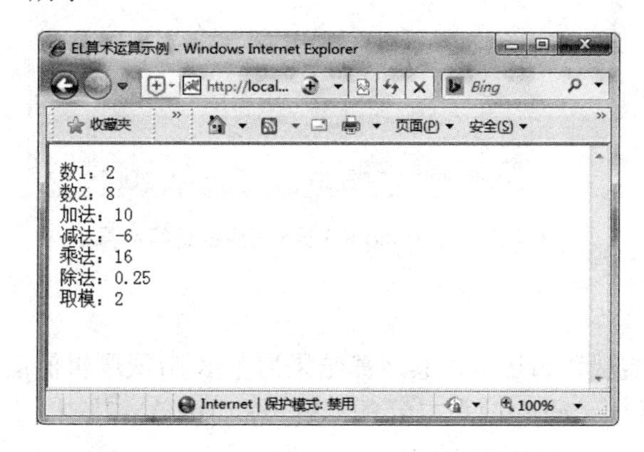

图 7.1　Operation01.jsp 页面的运行结果

3. 关系运算符

关系运算符用于实现关系运算(即对两个数据进行比较)，其运算结果为布尔值(或逻辑值)，即 true 或 false。EL 中的关系运算符包括==或 eq(等于)、!=或 ne(不等于)、<或 lt(小于)、>或 gt(大于)、<=或 le(小于等于)、>=或 ge(大于等于)。

【实例 7-2】关系运算示例。

主要步骤(在项目 web_07 中)如下。

在项目的 WebRoot 文件夹中添加一个新的 JSP 页面 Operation02.jsp。其代码如下：

```
<%@ page contentType="text/html" pageEncoding="GBK"%>
<html>
<head>
<title>EL 关系运算示例</title>
</head>
<body>
<%
    pageContext.setAttribute("num1",2);
    pageContext.setAttribute("num2",8);
%>
\${num1}: ${num1}<br>
\${num2}: ${num2}<br>
\${num1 == num2}: ${num1 == num2}<br>
\${num1 != num2}: ${num1 != num2}<br>
\${num1 >= num2}: ${num1 >= num2}<br>
\${num1 <= num2}: ${num1 <= num2}<br>
</body>
</html>
```

运行结果如图 7.2 所示。

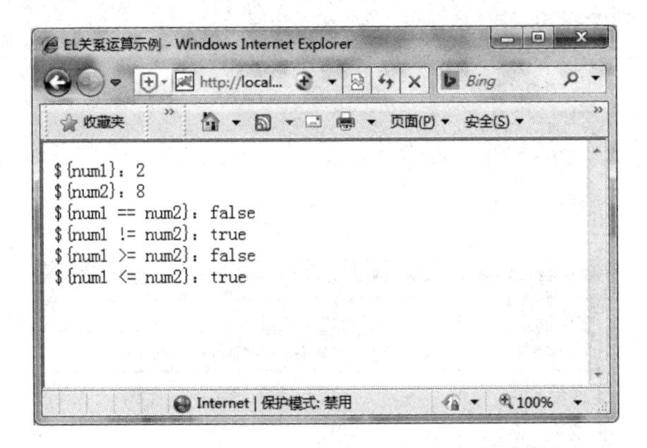

图 7.2　Operation01.jsp 页面的运行结果

4. 逻辑运算符

逻辑运算符用于实现逻辑运算，其运算结果为布尔值(或逻辑值)，即 true 或 false。EL 中的逻辑运算符包括一元的!(非)与二元的&&(与)、||(或)。其中，!、&&、||也可分别用 not、and、or 表示。

【实例 7-3】逻辑运算符示例。

主要步骤(在项目 web_07 中)如下。

在项目的 WebRoot 文件夹中添加一个新的 JSP 页面 Operation03.jsp。其代码如下：

```
<%@ page contentType="text/html" pageEncoding="GBK"%>
<html>
<head>
<title>EL 逻辑运算示例</title>
</head>
<body>
<%
    pageContext.setAttribute("num1",2);
    pageContext.setAttribute("num2",8);
%>
\${num1}: ${num1}<br>
\${num2}: ${num2}<br>
\${num1 == num2}: ${num1 == num2}<br>
\${!(num1 == num2)}: ${!(num1 == num2)}<br>
\${num1>0 || num2<0}: ${num1>0 || num2<0}<br>
\${num1>0 && num2<0}: ${num1>0 && num2<0}<br>
</body>
</html>
```

运行结果如图 7.3 所示。

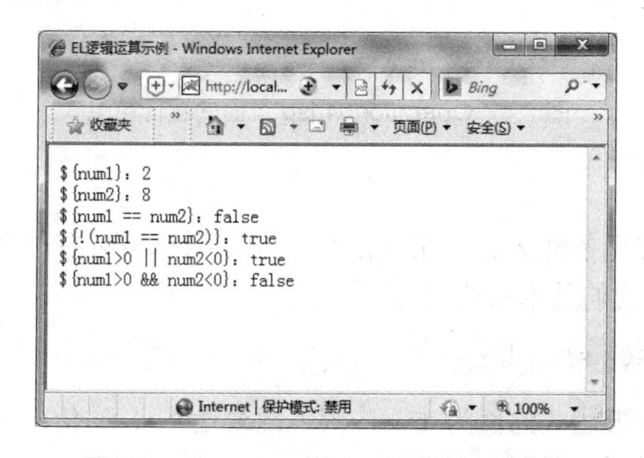

图 7.3　Operation03.jsp 页面的运行结果

5. 判空运算符

在 EL 中，判空运算符只有一个，即 empty，用于判断一个对象或者变量是否为空。若为空(或其值为 null、空字符串、空数组等)，则返回 true，否则返回 false。

【实例 7-4】判空运算示例。

主要步骤(在项目 web_07 中)如下。

在项目的 WebRoot 文件夹中添加一个新的 JSP 页面 Operation04.jsp。其代码如下：

```
<%@ page contentType="text/html" pageEncoding="GBK"%>
<html>
<head>
<title>EL 判空运算示例</title>
</head>
<body>
<%
    pageContext.setAttribute("num1",2);
```

```
    pageContext.setAttribute("num2",8);
%>
\${num1}: ${num1}<br>
\${num2}: ${num2}<br>
\${empty num1}: ${empty num1}<br>
\${empty num2}: ${empty num2}<br>
\${empty num3}: ${empty num3}<br>
</body>
</html>
```

运行结果如图 7.4 所示。

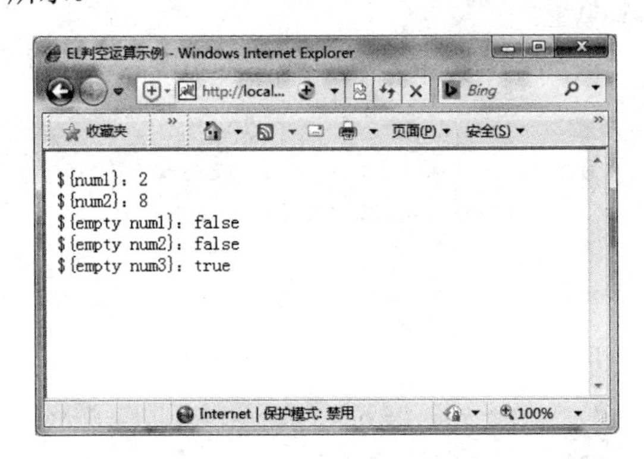

图 7.4　Operation04.jsp 页面的运行结果

6. 条件运算符

条件运算符用于实现条件运算。在 EL 中，条件运算符只有一个，属于三元运算符，由?与:组成。条件表达式的基本格式为：

```
${判定表达式?表达式 1:表达式 2}
```

其功能为：若判定表达式的值为 true，则返回表达式 1 的值；反之，若判定表达式的值为 false，则返回表达式 2 的值。

【实例 7-5】条件运算示例。

主要步骤(在项目 web_07 中)如下。

在项目的 WebRoot 文件夹中添加一个新的 JSP 页面 Operation05.jsp。其代码如下：

```
<%@ page contentType="text/html" pageEncoding="GBK"%>
<html>
<head>
<title>EL 条件运算示例</title>
</head>
<body>
<%
    pageContext.setAttribute("num1",2);
    pageContext.setAttribute("num2",8);
%>
\${num1}: ${num1}<br>
\${num2}: ${num2}<br>
\${(num1>=num2)?num1:num2}: ${(num1>num2)?num1:num2}<br>
```

```
\${(num1<=num2)?num1:num2}: ${(num1<num2)?num1:num2}<br>
</body>
</html>
```

运行结果如图 7.5 所示。

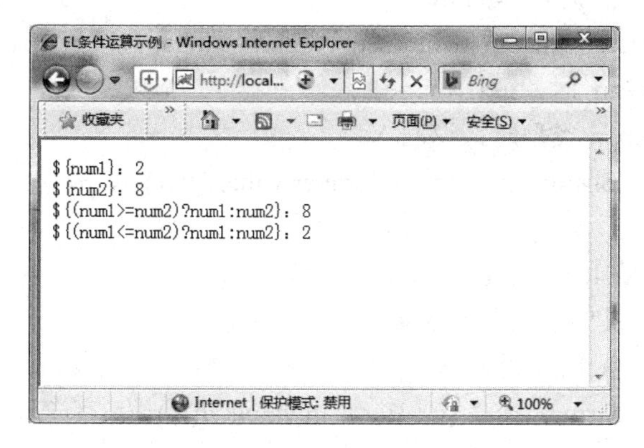

图 7.5　Operation05.jsp 页面的运行结果

7. 运算符的优先级

在 EL 中，各种运算符的优先级如下(从高到低，由左至右)：

- []、.
- ()
- -(负)、not、!、empty
- *、/、div、%、mod
- +、-(减)
- <、>、<=、>=、lt、gt、le、ge
- = =、!=、eq、ne
- &&、and
- ||、or
- ${ A ? B : C}

7.2.6　类型转换

EL 支持类型的自动转换。例如：

```
${ abc + 10}
```

在此，若变量 abc 的值为字符串"1010"，则该 EL 表达式的结果为整数 1020。显然，在执行此加法运算时，EL 会自动将字符串"1010"转换为整数 1010。

在 EL 中，类型转换的基本规则主要如下(假设 X 为某种类型的一个变量，Number 为某种数值类型)：

(1) 将 X 转为 String 类型。

① 当 X 为 String 时，返回 X；

② 当 X 为 null 时，返回""；

③ 当 X.toString( )产生异常时，返回错误；

④ 其他情况则返回 X.toString( )。

(2) 将 X 转为 Number 类型。

① 当X为 null 或""时，返回0；

② 当X为 Character 时，返回 new Short((short)x.charValue( ));

③ 当X 为 Boolean 时，返回错误；

④ 当 X为 Number 类型时，返回 X；

⑤ 当 X 为 String ，且 Number.valueOf(X) 没有产生异常时，返回 Number.valueOf(X)。

(3) 将 X 转为 Boolean 类型。

① 当X 为 null 或""时，返回 false；

② 当X为 Boolean 时，返回 X；

③ 当 X 为 String ，且 Boolean.valueOf(X) 没有产生异常时，返回 Boolean.valueOf(X)。

(4) 将 X 转为 Character 类型。

① 当X 为 null 或""时，返回(char)0；

② 当X 为 Character 时，返回 X；

③ 当X 为 Boolean 时，返回错误；

④ 当X 为 Number 时，返回(char)((short)X)。

⑤ 当X 为 String 时，返回 X.charAt(0)。

7.3 EL数据访问

EL 的主要功能是进行数据的访问与内容的显示。借助于 EL 所提供的内置对象(通常又称之为隐含对象或隐式对象)，可方便地实现对各种数据的访问。此外，通过 EL 表达式，也可实现对 JavaBean 与各种集合的直接访问。

EL 所支持的内置对象包括 pageScope、requestScope、sessionScope、applicationScope、param、paramValues、header、headerValues、initParam、cookie 与 pageContext。其中，pageContext 表示当前 JSP 页面的上下文对象，可用于访问 JSP 的内置对象，如请求对象、响应对象与会话对象等。

7.3.1 访问范围的指定

在 EL 中访问属性或变量时，若未指定访问范围，则默认按照 page、request、session、application 的范围依次进行查找。一旦在某个范围内找到相应的属性或变量，则返回其值，并停止查找；若最终均未找到，则返回 null(空值)。

为提高数据的访问速度，可明确限定其查找范围。为此，应使用 EL 的访问范围内置对象 pageScope、requestScope、sessionScope 与 applicationScope。其中，pageScope 表示 page 范围，requestScope 表示 request 范围，sessionScope 表示 session 范围，

applicationScope 表示 application 范围。例如，${sessionScope.username}用于访问 session 对象的 username 属性，而${application.online}则用于访问 application 对象的 online 属性。

【实例 7-6】访问范围示例。

主要步骤(在项目 web_07 中)如下。

在项目的 WebRoot 文件夹中添加一个新的 JSP 页面 scope.jsp。其代码如下：

```
<%@ page contentType="text/html" pageEncoding="GBK"%>
<html>
<head><title>属性访问</title></head>
<body>
<%
    pageContext.setAttribute("info","page 范围") ;
    request.setAttribute("info","request 范围") ;
    session.setAttribute("info","session 范围") ;
    application.setAttribute("info","application 范围") ;
%>
info 的内容:${info}<br>
page 范围内 info 的内容：${pageScope.info}<br>
request 范围内 info 的内容：${requestScope.info}<br>
session 范围内 info 的内容：${sessionScope.info}<br>
application 范围内 info 的内容：${applicationScope.info}
</body>
</html>
```

运行结果如图 7.6 所示。

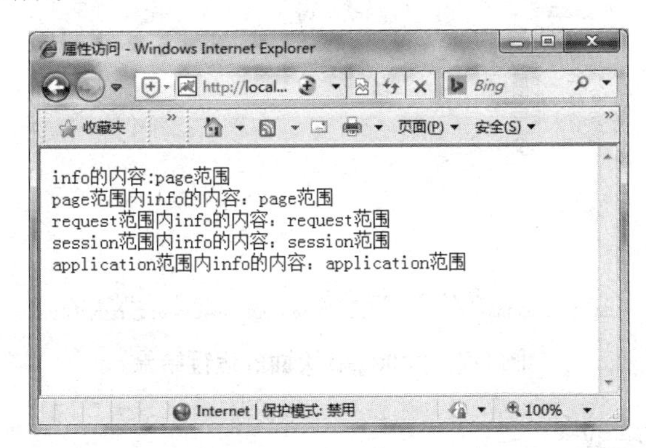

图 7.6　scope.jsp 页面的运行结果

【实例 7-7】访问范围示例。

主要步骤(在项目 web_07 中)如下。

在项目的 WebRoot 文件夹中添加一个新的 JSP 页面 hello.jsp。其代码如下：

```
<%@ page contentType="text/html" pageEncoding="GBK"%>
<html>
   <head>
      <title>Hello</title>
   </head>
   <%
```

```
    String color="Red";
    pageContext.setAttribute("color",color);
    %>
    <body>
        <font color="${color}">
            您好，中国!
        </font><br/>
        <font color="${pageScope.color}">
            您好，中国!
        </font><br/>
        <font color="${requestScope.color}">
            您好，中国!
        </font><br/>
        <font color="${sessionScope.color}">
            您好，中国!
        </font><br/>
        <font color="${applicationScope.color}">
            您好，中国!
        </font><br/>
    </body>
</html>
```

运行结果如图 7.7 所示。

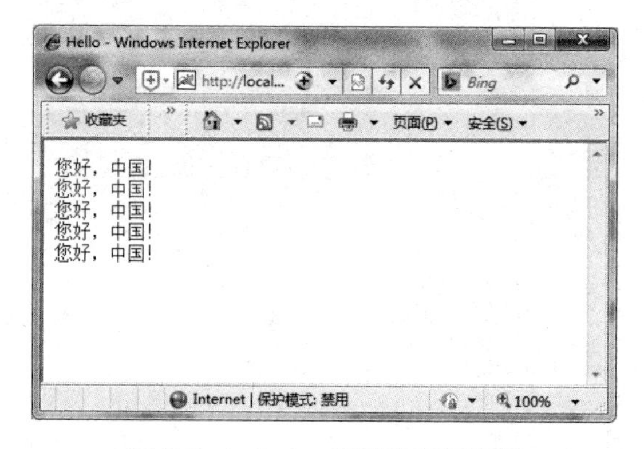

图 7.7　hello.jsp 页面的运行结果

7.3.2　请求参数的获取

在 EL 中，为获取请求参数的值，可使用 param 与 paramValues 内置对象。

param 对象的功能与 request.getParameter()方法相同，用于获取某个请求参数的值(若指定参数不存在，则返回空字符串)。其基本用法为：

```
${param.参数名}
```

paramValues 对象的功能与 request.getParameterValues()方法相同，用于获取某个请求参数的所有值(数组)。其基本用法为：

```
${paramValues.参数名}
```

【实例 7-8】param 示例。

主要步骤(在项目 web_07 中)如下。

(1) 在项目的 WebRoot 文件夹中添加一个新的 JSP 页面 param.jsp。其代码如下：

```
<%@ page contentType="text/html; charset=GBK"%>
<html>
    <head><title>请求参数(发送)</title></head>
    <body>
        <a href="param0.jsp?username=abc&password=123" />
        OK
        </a>
    </body>
</html>
```

(2) 在项目的 WebRoot 文件夹中添加一个新的 JSP 页面 param0.jsp。其代码如下：

```
<%@ page contentType="text/html; charset=GBK"%>
<html>
    <head><title>请求参数(获取)</title></head>
    <body>
        username: ${param.username }<br>
        password: ${param.password }
    </body>
</html>
```

运行结果：先打开 param.jsp 页面(见图 7.8)，再单击其中的 OK 链接，即可打开 param0.jsp 页面显示相应的参数值，如图 7.9 所示。

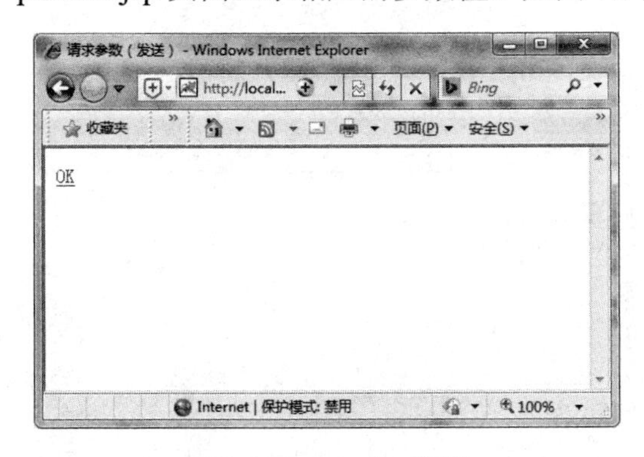

图 7.8　param.jsp 页面

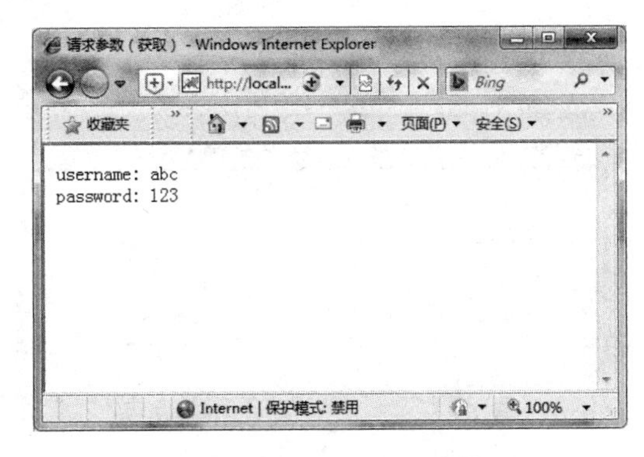

图 7.9　param0.jsp 页面

【实例 7-9】param 示例。

主要步骤(在项目 web_07 中)如下。

在项目的 WebRoot 文件夹中添加一个新的 JSP 页面 paramAbc.jsp。其代码如下：

```
<%@ page contentType="text/html" pageEncoding="GB2312"%>
<html>
  <head>
   <title>请示参数(Abc)</title>
  </head>
  <body>
```

```
    \${param.Abc}: ${param.Abc}<br>
    \${empty param.Abc}: ${empty param.Abc}<br>
    \${param.Abc==null}: ${param.Abc==null}
  </body>
</html>
```

运行结果如下。

(1) 按地址 http://localhost:8080/web_07/paramAbc.jsp?Abc=1234567890 进行访问，结果如图 7.10(a)所示。在这种情况下，参数 Abc 的值为"1234567890"，是非空的，也不是空值(null)。

(2) 按地址 http://localhost:8080/web_07/paramAbc.jsp?Abc=进行访问，结果如图 7.10(b)所示。在这种情况下，参数 Abc 的值为""(空字符串)，是空的，但不是空值(null)。

(3) 按地址“http://localhost:8080/web_07/paramAbc.jsp”进行访问，结果如图 7.10(c)所示。在这种情况下，参数 Abc 的值是空值(null)，也是空的。

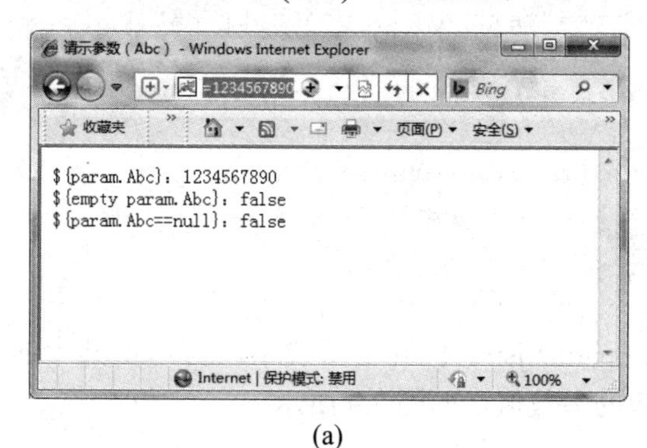

(a)

(b)

(c)

图 7.10　paramAbc.jsp 页面的访问结果

【实例 7-10】paramValues 示例。

主要步骤(在项目 web_07 中)如下。

在项目的 WebRoot 文件夹中添加一个新的 JSP 页面 paramValues.jsp。其代码如下：

```
<%@ page contentType="text/html; charset=GBK"%>
<html>
    <head><title>请求参数</title></head>
    <body style="text-align: center;">
    <form action="" method="post">
```

```
        num1:<input type="text" name="num"><br>
        num2:<input type="text" name="num"><br>
        <input type="submit" name="submit" value="提交">
        <input type="reset" name="reset" value="重置">
    </form>
    <hr>
    ${paramValues.num[0]}<br>
    ${paramValues.num[1]}
</body>
</html>
```

运行结果：如图 7.11(a)所示，打开 paramValues.jsp 页面并在其中的表单中输入两个值，然后再单击“提交”按钮，即可在其下方显示所输入的值，如图 7.11(b)所示。

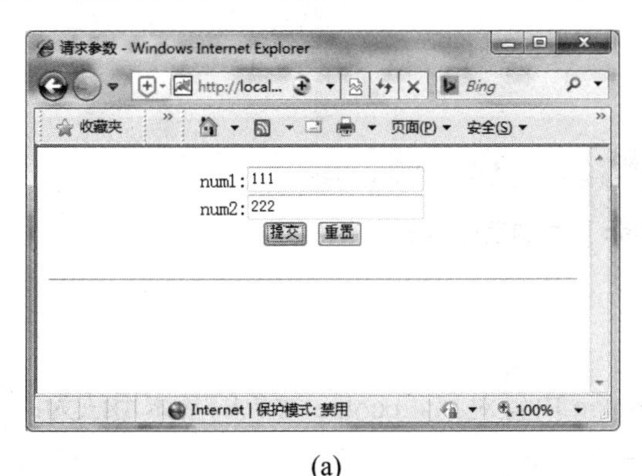

(a)

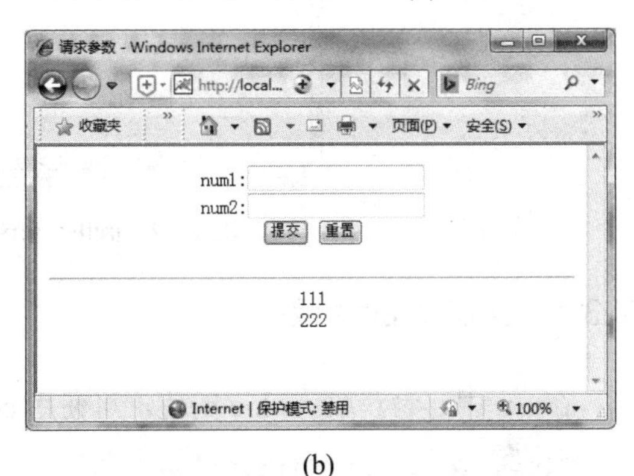

(b)

图 7.11　paramValues.jsp 页面的访问结果

7.3.3　初始化参数的获取

在 EL 中，为获取 web.xml 配置文件中有关初始化参数的值，可使用 initParam 内置对象。initParam 对象的基本用法为：

```
${initParam.参数名}
```

【实例 7-11】 initParam 示例。

主要步骤(在项目 web_07 中)如下。

(1) 在项目的 web.xml 配置文件中添加一个初始化参数 encoding，其值为 UTF-8。具体代码如下：

```
<context-param>
    <param-name>encoding</param-name>
    <param-value>UTF-8</param-value>
</context-param>
```

(2) 在项目的 WebRoot 文件夹中添加一个新的 JSP 页面 initParam.jsp。其代码如下：

```
<%@ page contentType="text/html; charset=GBK"%>
<html>
    <head><title>初始化参数</title></head>
```

```
    <body>
        encoding: ${initParam.encoding }
    </body>
</html>
```

运行结果如图 7.12 所示。

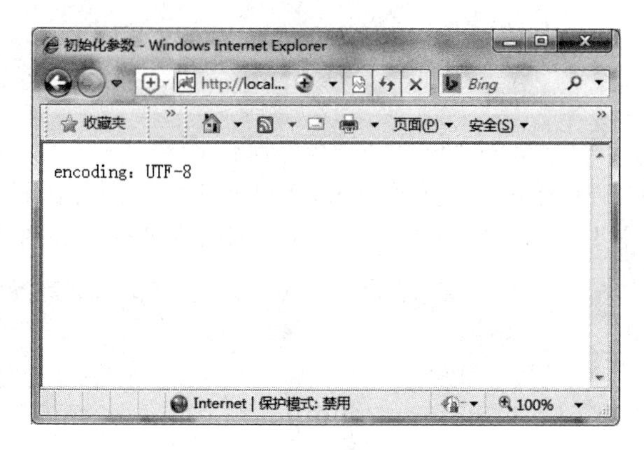

图 7.12　initParam.jsp 页面的运行结果

7.3.4　cookie 的读取

在 EL 中，为获取 cookie 的值，可使用 cookie 内置对象。cookie 对象的基本用法为：

```
${cookie.CookieName.value}
```

其中，CookieName 为欲读取其值的 cookie 的名称。

【实例 7-12】cookie 示例。

主要步骤(在项目 web_07 中)如下。

(1) 在项目的 WebRoot 文件夹中添加一个新的 JSP 页面 cookie.jsp。其代码如下：

```
<%@ page contentType="text/html; charset=GBK"%>
<html>
    <head><title>Cookie</title></head>
    <body>
        <%
            response.addCookie(new Cookie("username", "abc"));
            response.addCookie(new Cookie("password", "123"));
        %>
        <a href="cookie0.jsp" />OK</a>
    </body>
</html>
```

(2) 在项目的 WebRoot 文件夹中添加一个新的 JSP 页面 cookie0.jsp。其代码如下：

```
<%@ page contentType="text/html; charset=GBK"%>
<html>
    <head><title>Cookie</title></head>
    <body>
        username:${cookie.username.value }<br>
```

```
        password:${cookie.password.value }
    </body>
</html>
```

运行结果：先打开 cookie.jsp 页面(见图 7.13)，再单击其中的 OK 链接，即可打开 cookie0.jsp 页面显示相应的 cookie 值，如图 7.14 所示。

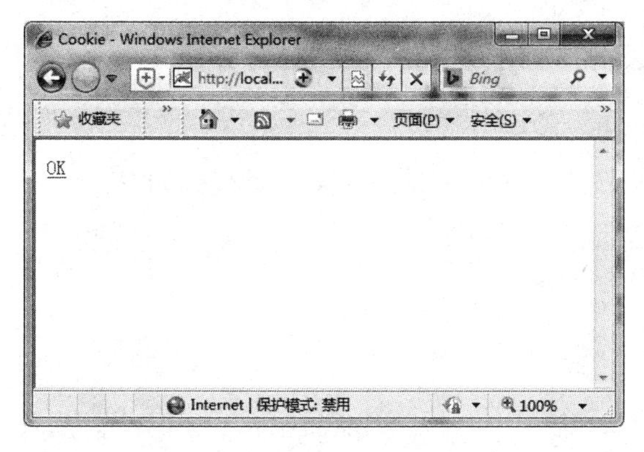

图 7.13　cookie.jsp 页面

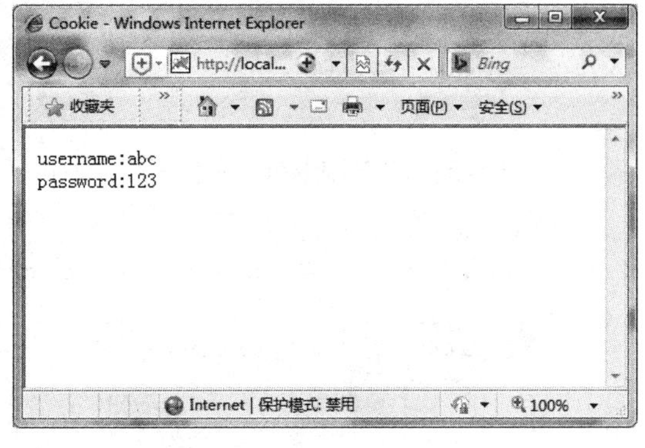

图 7.14　cookie0.jsp 页面

7.3.5　JavaBean 的访问

借助于 EL，可在 JSP 页面中以极其简洁的方式实现对 JavaBean 各属性的访问。其基本格式为：

```
${bean.property}
```

其中，bean 为 JavaBean 实例的名称，property 则为 JavaBean 某个属性的名称。

【实例 7-13】JavaBean 的访问示例。

主要步骤(在项目 web_07 中)如下。

(1) 在项目中创建一个包 org.etspace.abc.vo。

(2) 在 org.etspace.abc.vo 包中创建一个 JavaBean—Person，其文件名为 Person.java，代码如下：

```
package  org.etspace.abc.vo;
public class Person {
    private String id;
    private String name;
    private String sex;
    public String getId() {
        return id;
    }
    public void setId(String id) {
        this.id = id;
    }
    public String getName() {
        return name;
    }
```

```
    public void setName(String name) {
        this.name = name;
    }
    public String getSex() {
        return sex;
    }
    public void setSex(String sex) {
        this.sex = sex;
    }
}
```

(3) 在项目的 WebRoot 文件夹中添加一个新的 JSP 页面 person.jsp。其代码如下：

```
<%@ page contentType="text/html; charset=GBK"%>
<%@page import="org.etspace.abc.vo.Person"%>
<html>
    <head><title>Person(JavaBean)</title></head>
    <body>
        <%
        Person myPerson = new Person();
        myPerson.setId("2018001");
        myPerson.setName("赵军");
        myPerson.setSex("男");
        session.setAttribute("myPerson", myPerson);
        %>
        编号：${sessionScope.myPerson.id}<br>
        姓名：${myPerson.name}<br>
        性别：${myPerson.sex}
    </body>
</html>
```

运行结果如图 7.15 所示。

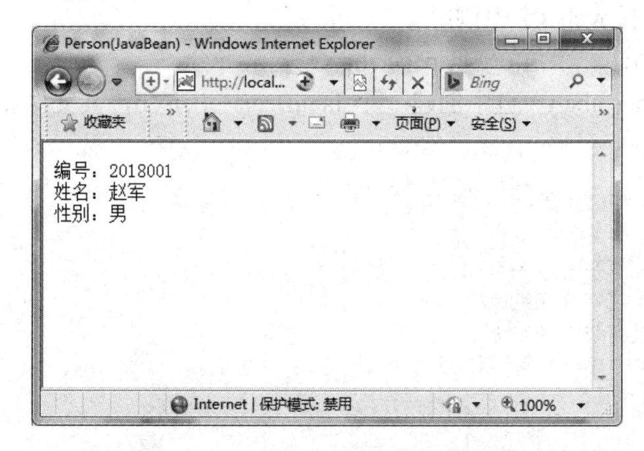

图 7.15　person.jsp 页面的运行结果

【实例 7-14】用户注册。如图 7.16 所示为用户注册页面。在此页面中填写用户信息后，单击“确定”按钮即可提交至用户信息页面以显示注册用户的有关信息，如图 7.17 所示。

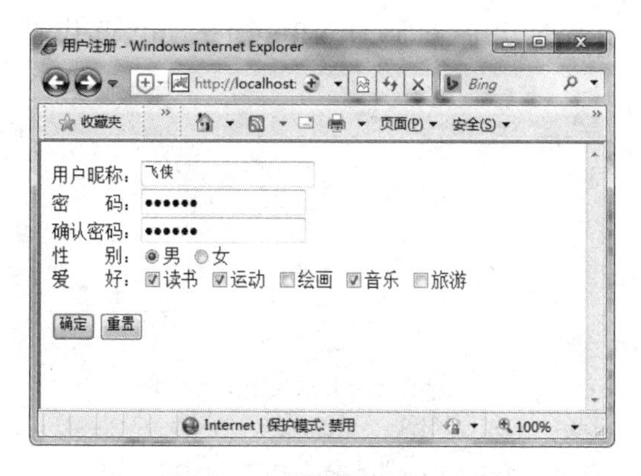

图 7.16　“用户注册”页面

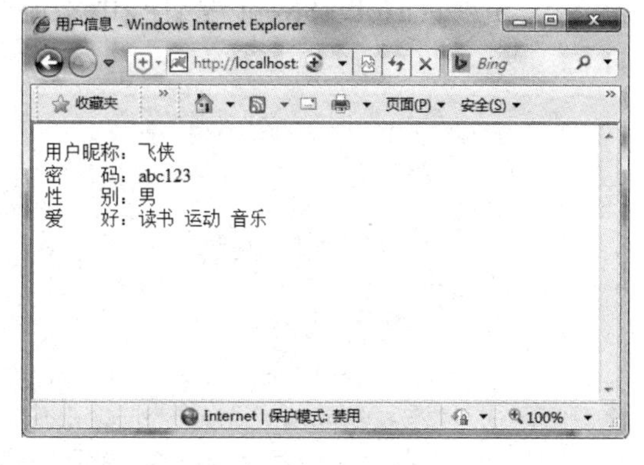

图 7.17　“用户信息”页面

主要步骤(在项目 web_07 中)如下。

(1) 在 org.etspace.abc.vo 包中创建一个 JavaBean—User，其文件名为 User.java，代码如下：

```
package org.etspace.abc.vo;
public class User {
    private String nickname="";  //昵称
    private String password="";  //密码
    private String sex="";  //性别
    private String[] hobbies=null;  //爱好
    public String getNickname() {
        return nickname;
    }
    public void setNickname(String nickname) {
        this.nickname = nickname;
    }
    public String getPassword() {
        return password;
    }
    public void setPassword(String password) {
        this.password = password;
    }
    public String getSex() {
        return sex;
    }
    public void setSex(String sex) {
        this.sex = sex;
    }
    public String[] getHobbies() {
        return hobbies;
    }
    public void setHobbies(String[] hobbies) {
        this.hobbies = hobbies;
    }
}
```

(2) 在项目的 WebRoot 文件夹中添加一个新的 JSP 页面 UserRegister.jsp。其代码如下：

```
<%@ page language="java" pageEncoding="utf-8" %>
<html>
<head>
    <title>用户注册</title>
</head>
<body>
    <form name="form"action="UserInformation.jsp" method="post" >
    用户昵称：<input name="nickname" type="text" id="nickname"><br>
    密    码：<input name="password" type="password" id="password"><br>
    确认密码：<input name="repwd" type="password" id="repwd"><br>
    性    别：<input name="sex" type="radio" value="男" checked="checked">男
         <input name="sex" type="radio" value="女">女<br>
    爱    好：<input name="hobbies" type="checkbox" id="hobbies" value="读书">读书
         <input name="hobbies" type="checkbox" id="affect" value="运动">运动
         <input name="hobbies" type="checkbox" id="affect" value="绘画">绘画
         <input name="hobbies" type="checkbox" id="affect" value="音乐">音乐
         <input name="hobbies" type="checkbox" id="affect" value="旅游">旅游
<br><br>
    <input name="submit" type="submit" value="确定">
    <input name="reset" type="reset" value="重置">
    </form>
</body>
</html>
```

(3) 在项目的 WebRoot 文件夹中添加一个新的 JSP 页面 UserInformation.jsp。其代码如下：

```
<%@ page language="java" pageEncoding="utf-8" %>
<%request.setCharacterEncoding("utf-8");%>
<jsp:useBean id="user" class="org.etspace.abc.vo.User" scope="page"/>
<jsp:setProperty name="user" property="*"/>
<html>
<head>
    <title>用户信息</title>
</head>
<body>
    用户昵称：${user.nickname}<br>
    密    码：${user.password}<br>
    性    别：${user.sex}<br>
    爱    好：${user.hobbies[0]} ${user.hobbies[1]} ${user.hobbies[2]}
${user.hobbies[3]} ${user.hobbies[4]}
</body>
</html>
```

解析：

(1) “用户注册”页面 UserRegister.jsp 是一个表单页面，提交后将由“用户信息”页面 UserInformation.jsp 进行处理。

(2) 在 UserInformation.jsp 页面中，先创建 User (JavaBean)的实例 user，然后将用户的有关信息保存到 user 中，最后再通过 EL 读取并显示 user 中各属性的值。

7.3.6　集合的访问

在 EL 中，可方便地实现对各种集合的访问，包括数组、List、Map 等。

对于数组、List 等集合，访问其元素的基本格式为：

```
${collection[index]}
```

其中，collection 为集合名，index 则为元素的索引号(从 0 开始)。

对于 Map 类的集合，访问其元素的基本格式为：

```
${collection.key}
```

其中，collection 为集合名，key 则为元素的键名。

【实例 7-15】集合的访问示例。

主要步骤(在项目 web_07 中)如下。

在项目的 WebRoot 文件夹中添加一个新的 JSP 页面 collection.jsp。其代码如下：

```
<%@ page contentType="text/html; charset=GBK"%>
<%@ page import="java.util.*"%>
<html>
    <head><title>集合访问</title></head>
    <body>
        <%
        List courses = new ArrayList();
        courses.add("程序设计");
        courses.add("高等数学");
        courses.add("大学英语");
        session.setAttribute("courses", courses);
        HashMap teacher = new HashMap();
        teacher.put("id","2017001");
        teacher.put("name","张军");
        teacher.put("sex","男");
        session.setAttribute("teacher", teacher);
        %>
        课程：${courses[0]},${courses[1]},${courses[2]}<br>
        教师：${teacher.id},${teacher.name},${teacher.sex}
    </body>
</html>
```

运行结果如图 7.18 所示。

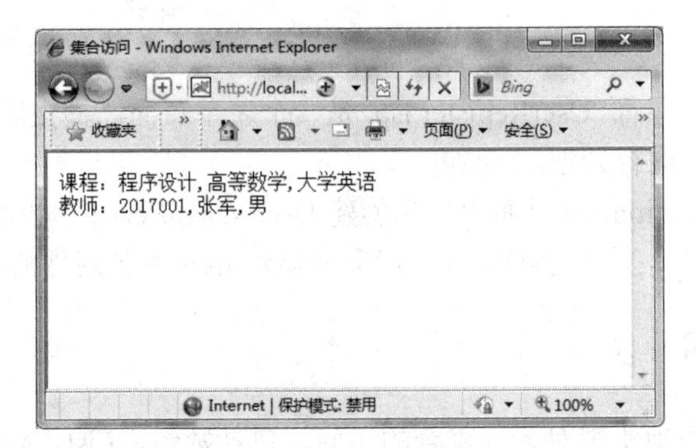

图 7.18　collection.jsp 页面的运行结果

7.3.7　内置对象的访问

在 EL 中，借助于 pageContext，可实现对 JSP 各个内置对象的访问，如获取内置对象的有关属性、调用内置对象的有关方法。其基本格式为：

```
${pageContext.内置对象.属性或方法}
```

【实例 7-16】JSP 内置对象的访问示例。

主要步骤(在项目 web_07 中)如下。

在项目的 WebRoot 文件夹中添加一个新的 JSP 页面 builtinobject.jsp。其代码如下：

```
<%@ page contentType="text/html" pageEncoding="GBK"%>
<html>
<head><title>内置对象(JSP)</title></head>
<body>
    SessionID: ${pageContext.session.id}<br>
    ContextPath: ${pageContext.request.contextPath}<br>
    ServletPath: ${pageContext.request.servletPath}<br>
    RequestURL: ${pageContext.request.requestURL}<br>
</body>
</html>
```

运行结果如图 7.19 所示。

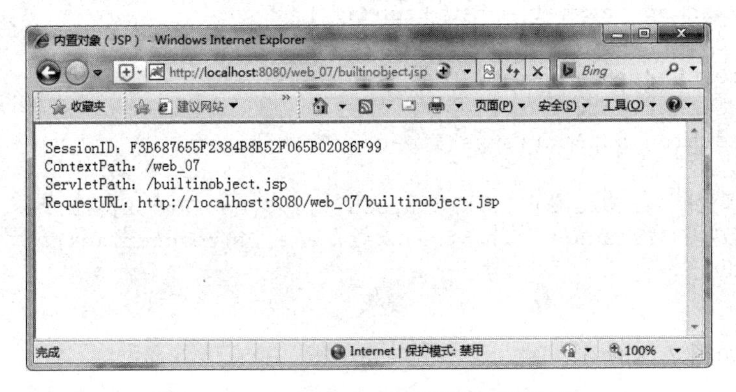

图 7.19　builtinobject.jsp 页面的运行结果

7.4　EL 应用案例

下面，以 JSP+JDBC+JavaBean+Servlet+EL 模式实现 Web 应用系统中的系统登录功能，其运行结果与第 6 章 6.6.1 节的系统登录案例相同。

实现步骤(在项目 web_07 中)如下。

(1) 将 SQL Server 2005/2008 的 JDBC 驱动程序 sqljdbc4.jar 添加到项目的 WebRoot\WEB-INF\lib 文件夹中。

(2) 在项目的 src 文件夹中新建一个包 org.etspace.abc.jdbc。

(3) 在 org.etspace.abc.jdbc 包中新建一个 JavaBean—DbBean，其文件名为 DbBean.java，代码与第 6 章 6.6.1 节系统登录案例中的相同。

(4) 在项目的 WebRoot 文件夹中新建一个子文件夹 syslogin。

(5) 在子文件夹 syslogin 中添加一个新的 JSP 页面 login.jsp。其代码与第 6 章 6.6.1 节系统登录案例中的相同。

(6) 在项目的 org.etspace.abc.servlet 包中新建一个 Servlet—LoginServletByDB，其文件名为 LoginServletByDB.java，代码与第 6 章 6.6.1 节系统登录案例中的相同。

(7) 在项目的配置文件 web.xml 中添加 LoginServletByDB(Servlet)的配置代码(与第 6 章 6.6.1 节系统登录案例中的相同)。

(8) 在子文件夹 syslogin 中添加一个新的 JSP 页面 welcome.jsp。其代码如下：

```
<%@ page language="java" pageEncoding="utf-8" %>
<%request.setCharacterEncoding("utf-8"); %>
<html>
    <head>
        <title>登录成功</title>
    </head>
    <body>
        ${sessionScope.userName}，您好！欢迎光临本系统。
    </body>
</html>
```

说明： 在 welcome.jsp 页面中，通过 EL 表达式显示存放在 session 对象 userName 属性中的用户名。

(9) 在子文件夹 syslogin 中添加一个新的 JSP 页面 error.jsp。其代码与第 6 章 6.6.1 节系统登录案例中的相同。

本 章 小 结

本章首先介绍了 EL 的基本概念，然后通过具体实例讲解了 EL 的基本用法与各种的数据访问技术，最后通过具体案例说明了 EL 的综合应用技术。通过本章的学习，应熟练掌握 EL 的相关应用技术，能使用 JSP+JDBC+JavaBean+Servlet+EL 模式开发相应的 Web 应用系统。

思　考　题

1. EL 是什么？有何主要作用？
2. 简述 EL 表达式的基本语法。
3. 禁用 EL 的常用方法有哪些？
4. EL 的常量可分为哪几种类型？
5. EL 的运算符可分为哪几种类型？
6. EL 的内置对象有哪些？
7. 在 EL 中，如何指定变量的访问范围？
8. 在 EL 中，如何获取请求参数的值？
9. 在 EL 中，如何获取初始化参数的值？
10. 在 EL 中，如何获取 cookie 的值？
11. 在 EL 中，如何访问 JavaBean 的属性？
12. 在 EL 中，如何访问集合的元素？
13. 在 EL 中，如何访问 JSP 的内置对象？

第8章

Ajax 应用技术

Ajax 是一种用于创建交互更强、性能更优的 Web 应用的开发技术，目前已得到极其广泛的应用。在基于 JSP 的 Web 应用开发中，可适当应用相应的 Ajax 技术来实现有关的功能，以改善系统的性能与用户的体验。

本章要点：

Ajax 简介；Ajax 应用基础；Ajax 应用技术。

学习目标：

了解 Ajax 的基本概念、相关技术与应用场景；掌握 XMLHttpRequest 对象的基本用法与 Ajax 的基本应用技术；掌握 Web 应用系统开发的 JSP+JDBC+JavaBean+Servlet+EL+Ajax 模式。

8.1 Ajax 简介

8.1.1 Ajax 的基本概念

Ajax 是 Asynchronous JavaScript and XML(异步 JavaScript 和 XML)的缩写，由 Jesse James Garrett 所创造，指的是一种创建交互式网页应用的开发技术。Ajax 经 Google 公司大力推广后已成为一种炙手可热的流行技术，而 Google 公司所发布的 Gmail、Google Suggest 等应用也最终让人们体验了 Ajax 的独特魅力。

Ajax 的核心理念是使用 XMLHttpRequest 对象发送异步请求。最初为 XMLHttpRequest 对象提供浏览器支持的是微软公司。1998 年，微软公司在开发 Web 版的 Outlook 时，即以 ActiveX 控件的方式为 XMLHttpRequest 对象提供了相应的支持。

实际上，Ajax 并非一种全新的技术，而是多种技术的相互融合。Ajax 所包含的各种技术均有其独到之处，相互融合在一起便成为一种功能强大的新技术。

Ajax 的主要相关技术如下。

- HTML/XHTML：实现页面内容的表示。
- CSS：格式化页面内容。
- DOM(Document Object Model，文档对象模型)：对页面内容进行动态更新。
- XML：实现数据交换与格式转换。
- XMLHttpRequest 对象：实现与服务器的异步通信。
- JavaScript：实现各种技术的融合。

8.1.2 Ajax 的应用场景

众所周知，浏览器默认使用同步方式发送请求并等待响应。在 Web 应用中，请求的发送是通过浏览器进行的。在同步方式下，用户通过浏览器发出请求后，就只能等待服务器的响应。而在服务器返回响应之前，用户将无法执行任何进一步的操作，只能空等。反之，如果将请求与响应改为异步方式(即非同步方式)，那么在发送请求后，浏览器就无须空等服务器的响应，而是让用户继续对其中的 Web 应用程序进行其他操作。当服务器处理请求并返回响应时，再告知浏览器按程序所设定的方式进行相应的处理。可见，与同步方式相比，异步方式的运行效率更高，而且用户的体验也更佳。

Ajax 技术的出现为异步请求的发送带来了福音，并有效降低了相关应用的开发难度。Ajax 具有异步交互的特点，可实现 Web 页面的动态更新，因此特别适用于交互较多、数据读取较为频繁的 Web 应用。下面仅列举几个典型的 Ajax 应用场景。

1. 验证表单数据

对于表单中所输入的数据，通常需要对其有效性进行验证。例如，在注册新用户时，对于所输入的用户名，往往要验证其唯一性。传统的验证方式是先提交表单，然后再对数据进行验证。这种验证方式需将整个表单页面提交到服务器端，不仅验证时间长，而且会给服务器造成不必要的负担。另外一种稍加改进的验证方式是让用户单击专门提供的验证按钮以启动验证过程，然后再通过相应的浏览器窗口查看验证结果。由于这种方式需要设计专门的验证页面，同时还需要另外打开浏览器窗口，不仅增加了工作量，而且会使系统显示更加臃肿，在运行时也会耗费更多的系统资源。

若应用 Ajax 技术，则可有效解决此类问题。此时，可由 XMLHttpRequest 对象发出验证请求，并根据返回的 HTTP 响应判断验证是否成功。在此期间，无须将整个页面提交到服务器，也不用打开新的窗口以显示验证结果，既可快速完成验证过程，也不会加重服务器的负担。

2. 按需获取数据

在 Web 应用系统中，分类树(或树形结构)的使用较为普遍，主要用于分类显示有关的数据。在传统模式下，对于分类树的每一次操作，若采用调用后台以获取相关数据的方式，则必然会引起整个页面的刷新，而用户也必须为此等待一段时间。为解决此方法所带来的响应速度慢、需刷新整个页面的问题，并避免频繁向服务器发送请求，可采取另外一种方式，即一次性获取分类结构中的所有数据，并将其存入数组，然后再根据用户的操作需求，使用 JavaScript 脚本来控制有关节点的呈现。不过，在这种情况下，如果用户不对分类树进行操作，或者只是对分类树中的部分数据进行操作，那么获取的所有数据或剩余数据就会成为垃圾资源。如果分类结构较为复杂，而且各类数据量均较为庞大，那么这种方式的弊端将会更加明显。

Ajax 技术的出现为分类树的实现提供了一种全新的机制。在初始化页面时，只需获取并显示分类树的一级分类数据。当用户单击分类树的某个一级分类节点时，则通过 Ajax 向服务器请求当前一级分类所属的二级分类数据并加以显示；若继续单击已呈现的某个二级分类节点，则再次通过 Ajax 向服务器请求当前二级分类所属的三级分类数据并加以显示；以此类推。这样，当前页面只需根据用户的操作向服务器请求所需要的数据，从而有效地减少了数据的加载量。另一方面，在更新当前页面时，也无须刷新整个页面，而只需刷新页面中需要更新其内容的那部分区域即可。其实，这就是所谓的页面的局部刷新。

3. 自动更新页面

在 Web 应用中，有些数据的变化是较为频繁的，如股市数据、天气预报等。在传统方式下，为及时了解有关数据的变化，用户必须不断地手动刷新页面，或者让页面本身具有定时刷新功能。这种做法虽然可以达到目的，但也具有明显缺陷。例如，若某段时间数据并无变化，但用户并不知道，而仍然不断地刷新页面，从而做了过多的无用操作。又如，若某段时间数据变化较为频繁，但用户并没有及时刷新页面，从而错失获取数据变化的机会。

对于此类问题，可应用 Ajax 技术妥善解决。页面加载以后，通过 Ajax 引擎在后台定时向服务器发送请求，查看是否有最新的消息。如果有，则加载新的数据，并且在页面上进行局部的动态更新，然后通过一定的方式通知用户。这样，既避免了用户不断手动刷新页面的不便，也不会在页面定时重复刷新时造成资源浪费。

8.2 Ajax 应用基础

Ajax 应用程序必须是由客户端与服务器一同合作的应用程序。JavaScript 是编写 Ajax 应用程序的客户端语言，而 XML 则是请求或响应时建议使用的信息交换的格式。

8.2.1 XMLHttpRequest 对象简介

Ajax 的核心为 XMLHttpRequest 组件。该组件在 Firefox、NetScape、Safari、Opera 中称为 XMLHttpRequest，在 IE(Internet Explorer) 中则为 Microsoft XMLHTTP 或 Msxml2.XMLHTTP 的 ActiveX 组件(但在 IE7 中已更名为 XMLHttpRequest)。

XMLHttpRequest 组件的对象(或实例)可通过 JavaScript 创建。XMLHttpRequest 对象提供客户端与 HTTP 服务器进行异步通信的协议。通过该协议，Ajax 可以使页面像桌面应用程序一样，只同服务器进行数据层的交换，而不用每次都刷新界面，也不用每次都将数据处理工作提交给服务器来完成。这样，既减轻了服务器的负担，又加快了响应的速度、缩短了用户等候的时间。

在 Ajax 应用程序中，若使用的浏览器为 Mozilla、Firefox 或 Safari，则可通过 XMLHttpRequest 对象来发送非同步请求；若使用的浏览器是 IE6 或之前的版本，则应使用 ActiveXObject 对象来发送非同步请求。因此，为兼容各种不同的浏览器，必须先进行测试，以正确创建 XMLHttpRequest 对象(即获取 XMLHttpRequest 或 ActiveXObject 对象)。

例如：

```
var xmlHttp;
if(window.ActiveXObject){
    xmlHttp = new ActiveXObject("Microsoft.XMLHTTP");
}
else if(window.XMLHttpRequest){
    xmlHttp = new XMLHttpRequest();
}
```

创建了 XMLHttpRequest 对象后，为实现相应的 Ajax 的功能，可在 JavaScript 脚本中调用 XMLHttpRequest 对象的有关方法(见表 8.1)，或访问 XMLHttpRequest 对象的有关属性，如表 8.2 所示。

表 8.1　XMLHttpRequest 对象的方法

方　法	说　明
void open("method", "url" [,asyncFlag [,"userName" [, "password"]]])	创建请求。method 参数可以是 GET 或 POST，url 参数可以是相对或绝对 URL，可选参数 asyncFlag、Username、password 分别为是否非同步标记、用户名、密码
void send(content)	向服务器发送请求
void setRequestHeader("header","value")	设置指定标头的值(在调用该方法之前必须先调用 open 方法)
void abort()	停止当前请求
string getAllResponseHeaders()	获取响应的所有标头(键/值对)
string getResponseHeader("header")	获取响应中指定的标头

表 8.2　XMLHttpRequest 对象的属性

属　性	说　明
onreadystatechange	状态改变事件触发器(每个状态的改变都会触发该事件触发器)，通常为一个 JavaScript 函数
readyState	请求状态，包括：0 = 未初始化；1 = 正在加载；2 = 已加载；3 = 交互中；4 = 已完成
responseText	服务器的响应(字符串)
responseXML	服务器的响应(XML)。该对象可以解析为一个 DOM 对象
status	服务器返回的 HTTP 状态码。如：200 表示 OK(成功)，404 表示 Not Found(未找到)
statusText	HTTP 状态码的相应文本(如 OK 或 Not Found 等)

8.2.2　Ajax 的请求与响应过程

Ajax 利用浏览器中网页的 JavaScript 脚本程序来完成数据的提交或请求，并将 Web 服务器响应后返回的数据由 JavaScript 脚本程序处理后呈现到页面上。Ajax 的请求与响应过程如图 8.1 所示，可大致分为 5 个基本步骤：

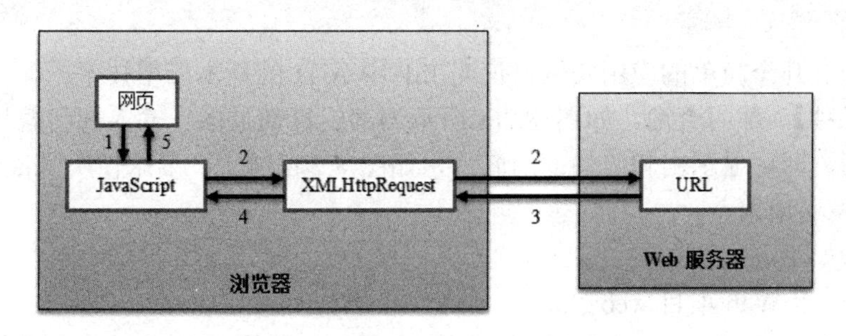

图 8.1　Ajax 的请求与响应过程

(1) 网页调用 JavaScript 脚本程序。

(2) JavaScript 利用浏览器提供的 XMLHttpRequest 对象向 Web 服务器发送请求。

(3) Web 服务器接受请求并由指定的 URL 处理后返回相应的结果给浏览器的 XMLHttpRequest 对象。

(4) XMLHttpRequest 对象调用指定的 JavaScript 处理方法。

(5) 被调用的 JavaScript 处理方法解析返回的数据并更新当前页面。

8.2.3 Ajax 的基本应用

在 JSP 中，借助于所创建的 XMLHttpRequest 对象，即可实现与 HTTP 服务器的异步通信。与表单的提交方式 GET 与 POST 相对应，Ajax 请求的提交方式也分为 GET 与 POST 两种。

1. GET 方式

使用 GET 方式发送 Ajax 请求时，如果需要传递参数，那么在 open()方法的参数 url 所指定的 URL 中要包含相应的查询字符串，而 send()方法的参数 content 则应设置为 null。URL 的格式如下：

```
xxx?参数 1=值 1&参数 2=值 2&…
```

其中，xxx 为用于处理请求的程序，可以是某个 JSP 页面或 Servlet 等。请求发送后，服务器端将在 xxx 中进行数据处理，然后将处理结果返回到当前页面中。在整个过程中，浏览器中的页面一直是当前页面，且页面并没有刷新，而是根据需要进行局部更新。

2. POST 方式

使用 POST 方式发送 Ajax 请求时，如果需要传递参数，那么相应的查询字符串并不包含在 open()方法的参数 url 所指定的 URL 中，而是由 send()方法的参数 content 来指定。查询字符串的格式如下：

```
参数 1=值 1&参数 2=值 2&…
```

当然，要发送 POST 请求或上传文件，必须先调用 XMLHttpRequest 对象的 setRequestHeader()方法设置好 HTTP 标头 Content-Type。例如：

```
xmlHttp.setRequestHeader("Content-Type","application/x-www-form-
urlencoded")
```

下面，通过几个简单的应用实例，说明 JSP 中 Ajax 的基本应用技术。

【实例 8-1】 部门查询。如图 8.2(a)所示为部门查询页面。输入部门编号后，再单击“查询”按钮，即可显示出相应的部门名称，如图 8.2(b)所示。要求使用 Ajax 技术，并且以 GET 方式发送请求。

主要步骤如下。

(1) 新建一个 Web 项目 web_08。

(2) 将 SQL Server 2005/2008 的 JDBC 驱动程序 sqljdbc4.jar 添加到项目的 WebRoot\WEB-INF\lib 文件夹中。

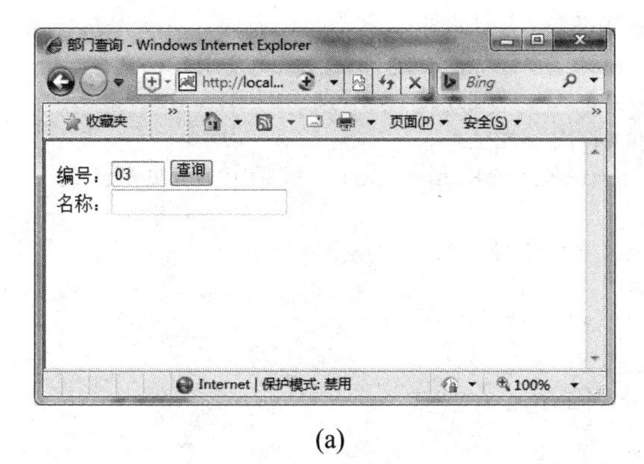

(a)

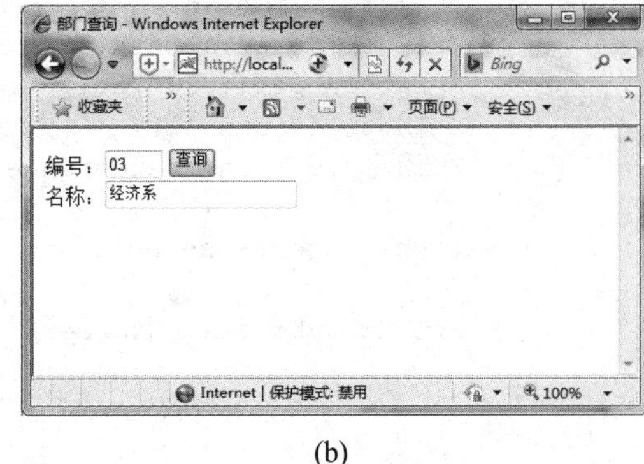

(b)

图 8.2　部门查询

(3) 在项目的 WebRoot 文件夹中添加一个新的 JSP 页面 bmcx.jsp。其代码如下：

```
<%@ page language="java" import="java.util.*" pageEncoding="utf-8"%>
<html>
  <head>
    <title>部门查询</title>
    <meta http-equiv="pragma" content="no-cache">
    <meta http-equiv="cache-control" content="no-cache">
    <meta http-equiv="expires" content="0">
    <script>
    //Ajax 初始化函数(创建一个 XMLHttpRequest 对象)
    function GetXmlHttpObject()
    {
        var XMLHttp=null;
        try
        {
            XMLHttp=new XMLHttpRequest();
        }
        catch (e)
        {
            try
            {
                XMLHttp=new ActiveXObject("Msxml2.XMLHTTP");
            }
            catch (e)
            {
                XMLHttp=new ActiveXObject("Microsoft.XMLHTTP");
            }
        }
        return XMLHttp;
    }
    function BmQuery()
    {
        XMLHttp=GetXmlHttpObject();  //创建一个 XMLHttpRequest 对象
        var bmbh=document.getElementById("bmbh").value;  //获取部门编号
        var url="bmcx_process.jsp";  //URL 地址(服务器端处理程序)
```

```
        url=url+"?bmbh="+bmbh;  //添加参数(部门编号)
        url=url+"&sid="+Math.random();  //添加一个随机数，以防使用缓存文件
        XMLHttp.open("GET",url, true);  //建立连接(GET 方式)
        XMLHttp.send(null);  //发送请求(内容为空)
        XMLHttp.onreadystatechange = processResponse;  //指定响应处理函数
    }
    function processResponse()  //定义响应处理函数
    {
        if (XMLHttp.readyState==4){
            if (XMLHttp.status==200){
                //若响应信息已成功返回，则显示之

    document.getElementById("bmmc").value=XMLHttp.responseText;
            }
        }
    }
  </script>
  </head>
  <body>
    <form action="">
    编号：<input type="text" name="bmbh" size="2">
    <input type="button" value="查询" onClick="BmQuery();"><br>
    名称：<input type="text" name="bmmc" size="20">
    </form>
  </body>
</html>
```

(4) 在项目的 WebRoot 文件夹中添加一个新的 JSP 页面 bmcx_process.jsp。其代码如下：

```
<%@ page language="java" import="java.util.*" pageEncoding="utf-8"%>
<%@ page import="java.sql.*"%>
<%
    request.setCharacterEncoding("utf-8");
    String bmbh=request.getParameter("bmbh");  //获取部门编号
    String sql = "select * from bmb where bmbh='"+bmbh+"'";
    try {
        Class.forName("com.microsoft.sqlserver.jdbc.SQLServerDriver");
        String url="jdbc:sqlserver://localhost:1433;DatabaseName=rsgl";
        String user="sa";
        String password="abc123!";
        Connection conn=DriverManager.getConnection(url,user,password);
        Statement stmt=conn.createStatement();
        ResultSet rs = stmt.executeQuery(sql);
        if (rs.next()) {
        String bmmc=rs.getString("bmmc");
        out.print(bmmc);
        }
        else
        out.print("无此部门");
        rs.close();
```

```
        stmt.close();
        conn.close();
    }
    catch (Exception e) {
        out.print(e.toString());
    }
%>
```

【实例 8-2】职工查询。如图 8.3(a)所示为职工查询页面。在部门下拉列表框中选择相应的部门，即可显示出该部门所有职工的编号与姓名，如图 8.3(b)所示。要求使用 Ajax 技术，并且以 GET 方式发送请求。

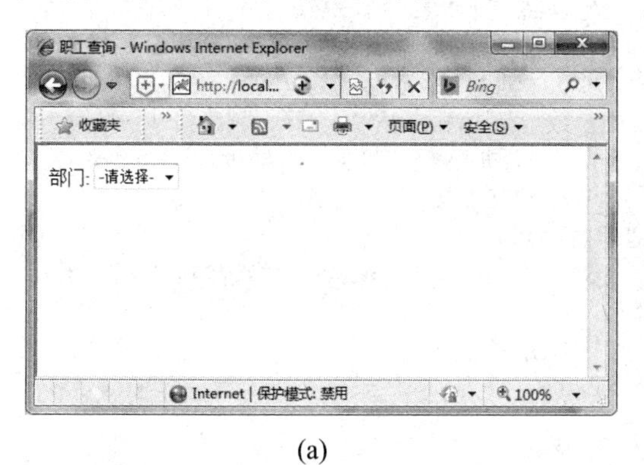

(a)

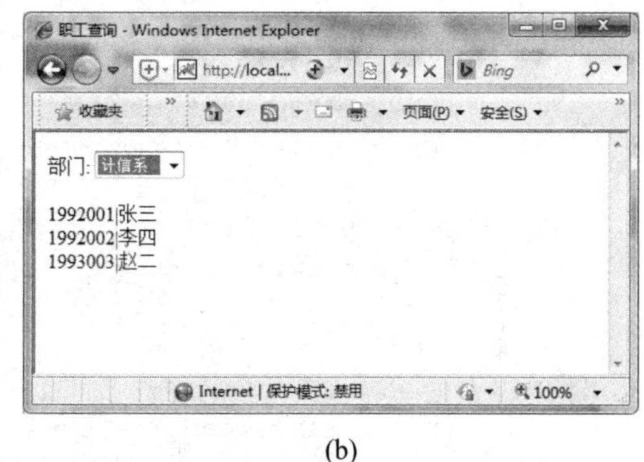

(b)

图 8.3　职工查询

主要步骤(在项目 web_08 中)如下。

(1) 在项目的 WebRoot 文件夹中添加一个新的 JSP 页面 zgcx.jsp。其代码如下：

```
<%@ page language="java" import="java.util.*" pageEncoding="utf-8"%>
<%@ page import="java.sql.*"%>
<html>
  <head>
    <title>职工查询</title>
    <meta http-equiv="pragma" content="no-cache">
    <meta http-equiv="cache-control" content="no-cache">
    <meta http-equiv="expires" content="0">
    <script>
    //Ajax 初始化函数(创建一个 XMLHttpRequest 对象)
    function GetXmlHttpObject()
    {
        var XMLHttp=null;
        try
        {
            XMLHttp=new XMLHttpRequest();
        }
        catch (e)
        {
            try
            {
```

```
                XMLHttp=new ActiveXObject("Msxml2.XMLHTTP");
            }
            catch (e)
            {
                XMLHttp=new ActiveXObject("Microsoft.XMLHTTP");
            }
        }
        return XMLHttp;
    }
    function ZgQuery()
    {
        XMLHttp=GetXmlHttpObject();  //创建一个 XMLHttpRequest 对象
        var bmbh=document.getElementById("bmbh").value;  //获取部门编号
        var url="zgcx_process.jsp";  //URL 地址(服务器端处理程序)
        url=url+"?bmbh="+bmbh;  //添加参数(部门编号)
        url=url+"&sid="+Math.random();  //添加一个随机数，以防使用缓存文件
        XMLHttp.open("GET",url,true);  //建立连接(GET 方式)
        XMLHttp.send(null);  //发送请求(内容为空)
        XMLHttp.onreadystatechange = processResponse;  //指定响应处理函数
    }
    function processResponse()  //定义响应处理函数
    {
        if (XMLHttp.readyState==4){
            if (XMLHttp.status==200){
                //若响应信息已成功返回，则显示之

    document.getElementById("result").innerHTML=XMLHttp.responseText;
            }
        }
    }
</script>
</head>
<body>
    <form>
    部门:
    <select name="bmbh" onChange="ZgQuery()">
        <option selected>-请选择-</option>
        <%
        try {
            Class.forName("com.microsoft.sqlserver.jdbc.SQLServerDriver");
            String url="jdbc:sqlserver://localhost:1433;DatabaseName=rsgl";
            String user="sa";
            String password="abc123!";
            Connection conn=DriverManager.getConnection(url,user,password);
            String sql = "select * from bmb order by bmbh";
           Statement stmt=conn.createStatement();
           ResultSet rs = stmt.executeQuery(sql);
           while(rs.next())
           {
            String bmbh=rs.getString("bmbh");
```

```
            String bmmc=rs.getString("bmmc");
        %>
        <option value="<%=bmbh%>"><%=bmmc%></option>
        <%
           }
           rs.close();
           stmt.close();
            conn.close();
        }
        catch (Exception e) {
            out.print(e.toString());
        }
        %>
    </select>
    </form>
    <!-- 设置 id 为"result"的 div 标记，用于显示返回的结果 -->
    <div id="result"></div>
  </body>
</html>
```

(2) 在项目的 WebRoot 文件夹中添加一个新的 JSP 页面 zgcx_process.jsp。其代码如下：

```
<%@ page language="java" import="java.util.*" pageEncoding="utf-8"%>
<%@ page import="java.sql.*"%>
<%
    request.setCharacterEncoding("utf-8");
    String bmbh=request.getParameter("bmbh");  //获取部门编号
    String sql="select bh,xm from zgb where bm='"+bmbh+"' order by bh";
    try {
        Class.forName("com.microsoft.sqlserver.jdbc.SQLServerDriver");
        String url="jdbc:sqlserver://localhost:1433;DatabaseName=rsgl";
        String user="sa";
        String password="abc123!";
        Connection conn=DriverManager.getConnection(url,user,password);
        Statement stmt=conn.createStatement();
        ResultSet rs = stmt.executeQuery(sql);
        //输出选定部门的所有职工
        while (rs.next()) {
        String bh=rs.getString("bh");
        String xm=rs.getString("xm");
        out.print(bh+"|"+xm+"<br>");
        }
        rs.close();
        stmt.close();
        conn.close();
    }
    catch (Exception e) {
        out.print(e.toString());
    }
%>
```

【实例 8-3】部门增加(编号检测)。如图 8.4 所示为部门增加页面。在此页面中，可对所输入的部门编号的唯一性进行相应的检测。要求使用 Ajax 技术，并且以 POST 方式发送请求。

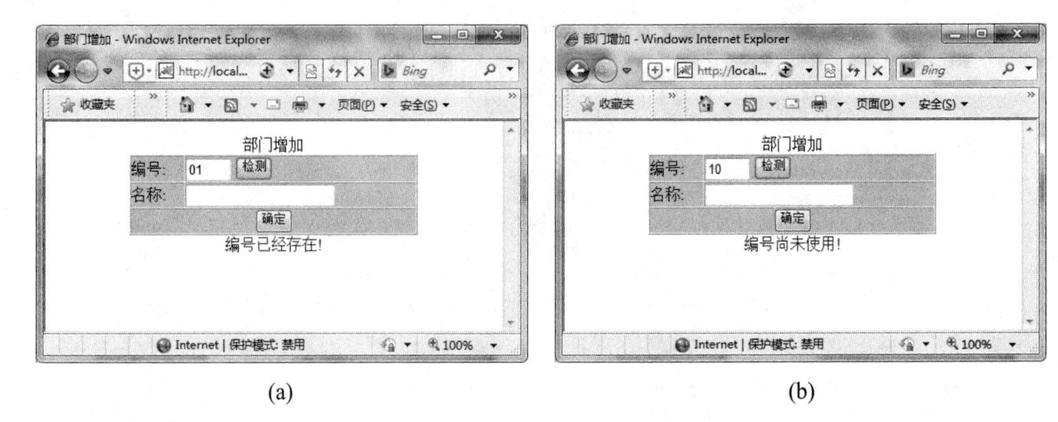

(a)　　　　(b)

图 8.4　部门增加(编号检测)

主要步骤(在项目 web_08 中)如下。

(1) 在项目的 WebRoot 文件夹中添加一个新的 JSP 页面 bmzj.jsp。其代码如下：

```
<%@ page language="java" import="java.util.*" pageEncoding="utf-8"%>
<html>
  <head>
    <title>部门增加</title>
     <meta http-equiv="pragma" content="no-cache">
     <meta http-equiv="cache-control" content="no-cache">
     <meta http-equiv="expires" content="0">
     <script>
     //Ajax 初始化函数(创建一个 XMLHttpRequest 对象)
     function GetXmlHttpObject()
     {
         var XMLHttp=null;
         try
         {
             XMLHttp=new XMLHttpRequest();
         }
         catch (e)
         {
             try
             {
                 XMLHttp=new ActiveXObject("Msxml2.XMLHTTP");
             }
             catch (e)
             {
                 XMLHttp=new ActiveXObject("Microsoft.XMLHTTP");
             }
         }
         return XMLHttp;
     }
```

```
    function BmQuery()
    {
        XMLHttp=GetXmlHttpObject();  //创建一个 XMLHttpRequest 对象
        var bmbh=document.getElementById("bmbh").value;  //获取部门编号
        if(bmbh=="")
            window.alert("请输入编号!");
        else{
            var url="bmzj_process.jsp";  //URL 地址(服务器端处理程序)
            //查询字符串，用于指定参数(在此为部门编号)
            var querystring="bmbh="+bmbh;
            //添加一个随机数，以防使用缓存文件
            querystring=querystring+"&sid="+Math.random();
            XMLHttp.open("POST",url,true);  //建立连接(POST 方式)
            //设置标头信息
            XMLHttp.setRequestHeader("Content-Type","application/x-www-
                form-urlencoded");
            XMLHttp.send(querystring);  //发送请求(内容为查询字符串)
            XMLHttp.onreadystatechange = processResponse;  //指定响应处理函数
        }
    }
    function processResponse()  //定义响应处理函数
    {
        if (XMLHttp.readyState==4){
            if (XMLHttp.status==200){
                var resstr=XMLHttp.responseText;
                //若返回的字符串中包含"TRUE"，则表示编号已存在
                if(resstr.indexOf("TRUE")>=0){
                    document.getElementById("msg").innerHTML="编号已经存在!";
                }
                //若返回的字符串中包含"FALSE"，则表示编号不存在
                else if(resstr.indexOf("FALSE")>=0){
                    document.getElementById("msg").innerHTML="编号尚未使用!";
                }
            }
        }
    }
</script>
</head>
<body>
    <div align="center">部门增加</div>
    <table bgcolor="#CCCCCC" width="300" border="1" align="center"
        cellpadding="0" cellspacing="0">
    <tr>
        <td>编号:</td>
        <td>
            <input type="text" name="bmbh" size="2">
            <input type="button" value="检测" onClick="BmQuery();">
        </td>
    </tr>
    <tr>
        <td>名称:</td>
        <td><input type="text" name="bmmc" size="20"></td>
```

```
    </tr>
    <tr>
        <td align="center" colspan="2">
            <input type="submit" name="OK" value="确定">
        </td>
    </tr>
    </table>
    </form>
    <!-- 设置 id 为"msg"的 div 标记，用于显示相应的提示信息 -->
    <font color="red"><div id="msg" align="center"></div></font>
  </body>
</html>
```

(2) 在项目的 WebRoot 文件夹中添加一个新的 JSP 页面 bmzj_process。其代码如下：

```
<%@ page language="java" import="java.util.*" pageEncoding="utf-8"%>
<%@ page import="java.sql.*"%>
<%
    request.setCharacterEncoding("utf-8");
    String bmbh=request.getParameter("bmbh");  //获取部门编号
    String sql = "select * from bmb where bmbh='"+bmbh+"'";
    try {
        Class.forName("com.microsoft.sqlserver.jdbc.SQLServerDriver");
        String url="jdbc:sqlserver://localhost:1433;DatabaseName=rsgl";
        String user="sa";
        String password="abc123!";
        Connection conn=DriverManager.getConnection(url,user,password);
        Statement stmt=conn.createStatement();
        ResultSet rs = stmt.executeQuery(sql);
        if (rs.next()) {
        out.print("TRUE");
        }
        else
        out.print("FALSE");
        rs.close();
        stmt.close();
        conn.close();
    }
    catch (Exception e) {
        out.print(e.toString());
    }
%>
```

8.3 Ajax 应用案例

在目前的各类 Web 应用系统中，Ajax 技术的使用是相当广泛的。下面，以 JSP+JDBC+JavaBean+Servlet+EL+Ajax 模式实现 Web 应用系统中的用户注册功能。

如图 8.5 所示为“用户注册”页面。在“用户名”文本框中输入用户名并让其失去焦点时，可即时验证所输入的用户名的唯一性。若该用户名已被注册过，则显示“该用户名已被使用！”的信息(见图 8.6)，否则显示“该用户名可以使用！”的信息，如图 8.7 所示。在表单中单击“注册”按钮后，若能成功注册，则显示如图 8.8 所示的“注册成功”页面，否则显示如图 8.9 所示的“注册失败”页面。

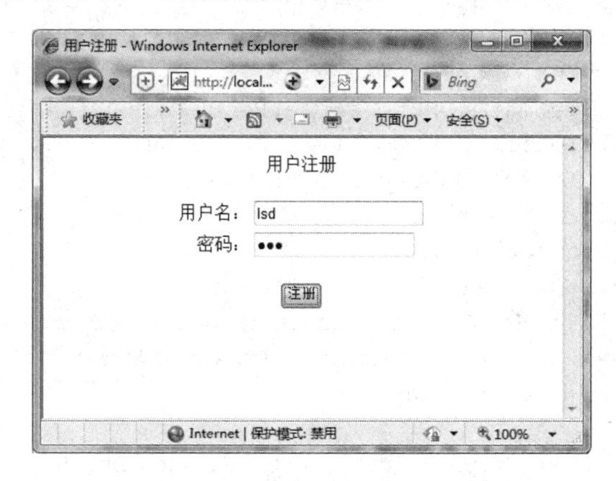

图 8.5　“用户注册”页面

图 8.6　“该用户名已被使用”对话框

图 8.7　“该用户名可以使用”对话框

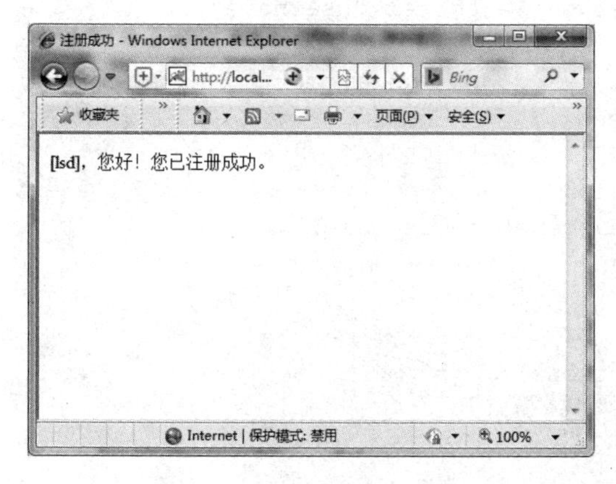

图 8.8　“注册成功”页面

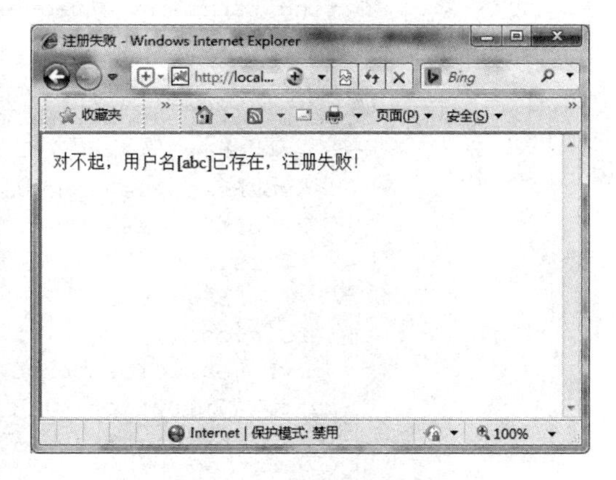

图 8.9　“注册失败”页面

主要步骤(在项目 web_08 中)如下。

(1) 在项目的 src 文件夹中新建一个包 org.etspace.abc.jdbc。

(2) 在 org.etspace.abc.jdbc 包中新建一个 JavaBean—DbBean。其文件名为 DbBean.java，代码与第 7 章 7.4 节系统登录案例中的相同。

(3) 在项目的 src 文件夹中新建一个包 org.etspace.abc.servlet。

(4) 在 org.etspace.abc.servlet 中新建一个 Servlet—UsersServlet。其文件名为 UsersServlet.java，代码如下：

```
package org.etspace.abc.servlet;
import java.io.*;
import javax.servlet.RequestDispatcher;
import javax.servlet.ServletException;
import javax.servlet.http.HttpServlet;
import javax.servlet.http.HttpServletRequest;
import javax.servlet.http.HttpServletResponse;
import javax.servlet.http.HttpSession;
import java.sql.*;
import org.etspace.abc.jdbc.*;
public class UsersServlet extends HttpServlet {
    public void doGet(HttpServletRequest request, HttpServletResponse response)
            throws ServletException, IOException {
        doPost(request,response);
    }
    public void doPost(HttpServletRequest request, HttpServletResponse response)
            throws ServletException, IOException {
        request.setCharacterEncoding("UTF-8");
        response.setCharacterEncoding("UTF-8");
        response.setContentType("text/html;charset=UTF-8");
        PrintWriter out = response.getWriter();
        String action=request.getParameter("action");
        if (action==null){
            response.sendRedirect("./usersregister/register.jsp");
        }
        else if (action.equals("check")){
            String username = request.getParameter("username");
            boolean flag=false;
            String sql="select * from users where username='"+username+"'";
            DbBean myDbBean=new DbBean();
            try {
                myDbBean.openConnection();
                ResultSet rs= myDbBean.executeQuery(sql);
                if(rs.next())
                    flag=true;
                rs.close();
                myDbBean.closeConnection();
            } catch (Exception e) {
                e.printStackTrace();
            }
            if (flag){
                out.print("TRUE");
            }
            else{
                out.print("FALSE");
            }
        }
        else{
            String path="./usersregister/error.jsp";
            if (action.equals("register")){
```

```
                HttpSession session = request.getSession(true);
                String username = request.getParameter("username");
                String password = request.getParameter("password");
                boolean flag=false;
                String sql="select * from users where username='"+username+"'";
                DbBean myDbBean=new DbBean();
                try {
                    myDbBean.openConnection();
                    ResultSet rs= myDbBean.executeQuery(sql);
                    if(rs.next())
                        flag=true;
                    rs.close();
                    if (flag){
                        session.setAttribute("userNameError", username);
                        path="./usersregister/error.jsp";
                    }
                    else{
                        String usertype="普通用户";
                        sql="insert into users(username,password,usertype)";
                        sql=sql+" values('"+username+"','"+password+"',
                            '"+usertype+"')";
                        myDbBean.executeUpdate(sql);
                        session.setAttribute("userNameSuccess", username);
                        path="./usersregister/success.jsp";
                    }
                    myDbBean.closeConnection();
                    response.sendRedirect(path);
                } catch (Exception e) {
                    e.printStackTrace();
                }
            }
        }
    }
}
```

(5) 在项目的配置文件 web.xml 中添加 UsersServlet(Servlet)的配置代码，具体为：

```
<?xml version="1.0" encoding="UTF-8"?>
<web-app ...>
  ...
  <servlet>
    <servlet-name>UsersServlet</servlet-name>
     <servlet-class>org.etspace.abc.servlet.UsersServlet</servlet-class>
  </servlet>
  <servlet-mapping>
     <servlet-name>UsersServlet</servlet-name>
    <url-pattern>/UsersServlet</url-pattern>
  </servlet-mapping>
  ...
</web-app>
```

(6) 在项目的 WebRoot 文件夹中新建一个子文件夹 usersregister。

(7) 在子文件夹 usersregister 中添加一个新的 JSP 页面 register.jsp。其代码如下：

```
<%@ page language="java" import="java.util.*" pageEncoding="UTF-8"%>
<html>
  <head>
    <title>用户注册</title>
    <script type="text/javascript">
    //Ajax 初始化函数(创建一个 XMLHttpRequest 对象)
    function GetXmlHttpObject()
    {
        var XMLHttp=null;
        try
        {
            XMLHttp=new XMLHttpRequest();
        }
        catch (e)
        {
            try
            {
                XMLHttp=new ActiveXObject("Msxml2.XMLHTTP");
            }
            catch (e)
            {
                XMLHttp=new ActiveXObject("Microsoft.XMLHTTP");
            }
        }
        return XMLHttp;
    }
    function check()
    {
        XMLHttp=GetXmlHttpObject(); //创建一个 XMLHttpRequest 对象
        var username=document.getElementById("username").value;
        if(username=="")
            window.alert("请输入用户名!");
        else{
            var url="../UsersServlet"; //URL 地址(服务器端处理程序)
            //查询字符串，用于指定参数
            var querystring="action=check&username="+username;
            //添加一个随机数，以防使用缓存文件
            querystring=querystring+"&sid="+Math.random();
            XMLHttp.open("POST",url,true); //建立连接(POST 方式
            //设置标头信息
            XMLHttp.setRequestHeader("Content-Type","application/x-www-
                form-urlencoded");
            XMLHttp.send(querystring); //发送请求(内容为查询字符串)
            XMLHttp.onreadystatechange = processResponse; //指定响应处理函数
        }
    }
    function processResponse() //定义响应处理函数
```

```
    {
        if (XMLHttp.readyState==4){
            if (XMLHttp.status==200){
                var resstr=XMLHttp.responseText;
                //若返回的字符串为"TRUE"，则表示用户名已存在
                if(resstr=="TRUE"){
                    window.alert("该用户名已被使用！");
                }
                //若返回的字符串为"FALSE"，则表示用户名不存在
                else if(resstr=="FALSE"){
                    window.alert("该用户名可以使用！");
                }
            }
        }
    }
    </script>
  </head>
  <body>
    <div align="center">
    <form action="../UsersServlet" method="post">
        用户注册<br><br>
        <table>
        <tr><td align="right">用户名：</td><td><input type="text" name=
            "username" id="username" onblur="check()"></td></tr>
        <tr><td align="right">密码：</td><td><input type="password" name=
            "password" id="password"></td></tr>
        </table>
        <input type="hidden" name="action" value="register">
        <br>
        <input type="submit" value="注册">
    </form>
    </div>
  </body>
</html>
```

(8) 在子文件夹 usersregister 中添加一个新的 JSP 页面 success.jsp。其代码如下：

```
<%@ page language="java" import="java.util.*" pageEncoding="UTF-8"%>
<html>
    <head>
        <title>注册成功</title>
    </head>
    <body>
        [${sessionScope.userNameSuccess}]，您好！您已注册成功。
    </body>
</html>
```

(9) 在子文件夹 usersregister 中添加一个新的 JSP 页面 error.jsp。其代码如下：

```
<%@ page language="java" import="java.util.*" pageEncoding="UTF-8"%>
<html>
    <head>
```

```
        <title>注册失败</title>
    </head>
    <body>
        对不起，用户名[${sessionScope.userNameError}]已存在，注册失败！
    </body>
</html>
```

本 章 小 结

本章首先介绍了 Ajax 的基本概念、相关技术与应用场景，然后通过具体实例讲解了 XMLHttpRequest 对象的基本用法与 Ajax 的基本应用技术，最后通过具体案例说明了 Ajax 的综合应用技术。通过本章的学习，应熟练掌握 Ajax 的相关应用技术，并能使用 JSP+JDBC+JavaBean+Servlet+EL+Ajax 模式开发相应的 Web 应用系统。

思 考 题

1. Ajax 是什么？其相关技术主要包括哪些？
2. 列举几个典型的 Ajax 应用场景。
3. 如何创建 XMLHttpRequest 对象？
4. XMLHttpRequest 对象的常用方法与属性有哪些？
5. 简述 Ajax 的请求与响应过程。
6. 简述在 JSP 页面中以 GET 方式发送 Ajax 请求的基本方法。
7. 简述在 JSP 页面中以 POST 方式发送 Ajax 请求的基本方法。
8. 简述在 JSP 页面中处理 Ajax 请求的响应信息的基本方法。

第 9 章

JSP 实用组件

在使用 JSP 开发 Web 应用时，为实现某些较为特殊的或单靠 JSP 本身难以实现的功能，通常需要使用相应的实用组件或第三方组件。

本章要点：

jspSmartUpload 组件；jExcelAPI 组件。

学习目标：

掌握 jspSmartUpload 组件的基本应用技术；掌握 jExcelAPI 组件的基本应用技术。

9.1 jspSmartUpload 组件

文件的上传与下载是各类 Web 应用所需要的常用功能之一。借助于 jspSmartUpload 组件，可在 JSP 中轻松实现相应的文件上传与下载功能。

9.1.1 jspSmartUpload 组件简介

jspSmartUpload 是一个可免费使用且功能强大的文件上传与下载组件，也是目前 JSP 应用开发中最为常用的文件上传与下载方面的实用组件之一。jspSmartUpload 组件的主要特点如下。

(1) 简单易用。在 JSP 页面中，仅需几行代码，即可嵌入 jspSmartUpload 组件，轻松实现文件的上传与下载功能。

(2) 监控全面。利用 jspSmartUpload 组件所提供的对象及其有关方法，可获取所有上传文件的各种信息(包括文件名、扩展名、大小、类型与文件数据等)，并对其进行相应的存取控制。

(3) 设限灵活。利用 jspSmartUpload 组件，可根据需要对文件的上传做出相应的限制(包括文件的大小、类型等)，从而将不符合要求的文件排除在外，不予上传。

9.1.2 jspSmartUpload 组件应用基础

jspSmartUpload 组件所包含的常用类为 File 类、Files 类、Request 类与 SmartUpload 类。

1. File 类

File 类封装了上传文件的所有信息。借助于 File 类，可获取上传文件的文件名、扩展名以及文件大小、数据等有关信息。jspSmartUpload 组件的 File 类(com.jspsmart.upload.File)与 java.io.File 类不同，其常用方法如表 9.1 所示。

2. Files 类

Files 类表示所有上传文件的集合。借助于 Files 类，可获取上传文件的数目、大小等有关信息。Files 类的常用方法如表 9.2 所示。

表 9.1　File 类的常用方法

方　法	说　明
void saveAs(String destFilePathName [, int optionSaveAs])	另存文件。其中，参数 destFilePathName 用于指定另存文件名；参数 optionSaveAs(可选)用于指定另存选项，其可能取值为 SAVEAS_PHYSICAL(以操作系统的根目录为文件根目录)、SAVEAS_VIRTUAL(以 Web 应用程序的根目录为文件根目录)、SAVEAS_AUTO(默认值，当 Web 应用程序的根目录中存在另存文件的目录时相当于 SAVEAS_VIRTUAL，否则相当于 SAVEAS_PHYSICAL)
boolean isMissing()	判断用户是否选择了文件(即对应的表单项是否有值)。若选择了文件时，则返回 false，否则返回 true
String getFieldName()	获取 HTML 表单中对应于当前上传文件的表单项的名称
String getFileName()	获取文件名(不含目录信息)
String getFilePathName()	获取文件全名(包含目录信息)
String getFileExt()	获取文件扩展名
int getSize()	获取文件长度(以字节为单位)
byte getBinaryData(int index)	获取文件数据中指定位移处的一个字节。其中，参数 index 表示位移，其值在 0 至 getSize()-1 之间
String getContentType()	获取文件的 MIME 类型，如 text/plain 等
String getContentString()	获取文件的内容

表 9.2　Files 类的常用方法

方　法	说　明
int getCount()	获取上传文件的数量
File getFile(int index)	获取指定位移处的一个文件对象(com.jspsmart.upload.File)。其中，参数 index 表示位移，其值在 0 至 getCount()-1 之间
long getSize()	获取上传文件的总长度(以字节为单位)
Collection getCollection()	获取所有上传文件对象的集合(Collection)
Enumeration getEnumeration()	获取所有上传文件对象的枚举(Enumeration)

3. Request 类

Request 类的功能类似于 JSP 的内置对象 request。对于文件上传表单来说，无法通过 request 对象获取其表单项的值，而必须通过 jspSmartUpload 组件所提供的 Request 类来获取。实际上，Request 类所提供的主要方法与 request 内置对象是相同的，如表 9.3 所示。

4. SmartUpload 类

SmartUpload 类主要用于完成文件的上传与下载工作，其主要方法如表 9.4 所示。

表 9.3　Request 类的常用方法

方　法	说　明
String getParameter(String name)	获取指定参数的值。若参数不存在，则返回值为 null
String[] getParameterValues(String name)	获取指定参数的所有值(字符串数组)。若参数不存在，则返回值为 null
Enumeration getParameterNames()	获取 Request 对象中所有参数名称的枚举

表 9.4　SmartUpload 类的常用方法

方　法	说　明
void initialize (PageContext pageContext)	初始化。该方法必须先执行，以完成文件上传与下载的初始化工作。其中，参数 pageContext 为 JSP 的页面上下文内置对象(javax.servlet.jsp.PageContext)
void upload()	上传文件数据
int save(String destPathName[, int optionSave])	将全部上传文件保存到指定目录下，并返回保存文件的个数。其中，参数 destPathName 用于指定文件保存目录；参数 optionSave(可选)用于指定保存选项，其可能取值为 SAVE_PHYSICAL(以操作系统的根目录为文件根目录)、SAVE_VIRTUAL(以 Web 应用程序的根目录为文件根目录)、SAVE_AUTO(默认值，当 Web 应用程序的根目录中存在保存文件的目录时相当于 SAVE_VIRTUAL，否则相当于 SAVE_PHYSICAL)
int getSize()	获取上传文件数据的总长度
Files getFiles()	获取全部上传文件(Files 对象)
Request getRequest()	获取 Request 对象(由此对象可获取上传表单参数的值)
void setAllowedFilesList (String allowedFilesList)	设置允许上传的文件的扩展名。其中，参数 allowedFilesList 用于指定允许上传的文件扩展名列表，各个扩展名之间以逗号分隔。若要允许上传没有扩展名的文件，则用两个逗号表示。例如：setAllowedFilesList("doc,docx,txt,,")将允许上传扩展名为 doc、docx 与 txt 的文件以及没有扩展名的文件。在上传过程中，若存在不符合要求的文件名，则组件将抛出异常
void setDeniedFilesList (String deniedFilesList)	设置禁止上传的文件的扩展名。其中，参数 deniedFilesList 用于指定禁止上传的文件扩展名列表，各个扩展名之间以逗号分隔。若要禁止上传没有扩展名的文件，则用两个逗号表示。例如：setDeniedFilesList("exe,com,bat,,")将禁止上传扩展名为 exe、com 与 bat 的文件以及没有扩展名的文件。在上传过程中，若存在不符合要求的文件名，则组件将抛出异常

续表

方　法	说　明
void setMaxFileSize (long maxFileSize)	设置允许上传的单个文件最大长度(以字节为单位)。其中，参数 maxFileSize 用于指定所允许的最大长度。当文件超出指定长度时，将不被上传
void setTotalMaxFileSize (long totalMaxFileSize)	设置允许上传的文件的最大总长度(以字节为单位)。其中，参数 totalMaxFileSize 用于指定所允许的最大总长度。当文件的总长度超出指定数值时，将不被上传
void setContentDisposition (String contentDisposition)	将数据添加到 MIME 文件头的 content-disposition 域。其中，参数 contentDisposition 用于指定要添加的数据。若 contentDisposition 为 null，则组件将自动添加"attachment;"，以表明将下载的文件作为附件，其结果是 IE 浏览器将会提示另存文件，而不是自动打开文件。IE 浏览器通常根据下载文件的扩展名来决定所执行的具体操作。例如：扩展名为 doc 的文件将用 Word 程序打开，扩展名为 pdf 的文件将用 Acrobat 程序打开，等等
void downloadFile (String sourceFilePathName[, String contentType[, String destFileName]])	下载文件。其中，参数 sourceFilePathName 用于指定要下载的文件名(带目录的文件全名)；参数 contentType(可选)用于指定内容的类型(可被浏览器识别的 MIME 格式的文件类型信息)；参数 destFileName 用于指定下载后默认的另存文件名

借助于 jspSmartUpload 组件的有关类及其相关方法，即可实现文件上传与下载操作。关于 jspSmartUpload 组件的具体用法，可参阅其使用手册或有关资料。

9.1.3 jspSmartUpload 组件应用实例

jspSmartUpload 组件可从网上自由下载，其 jar 包通常命名为 jspSmartUpload.jar。下面，通过两个简单的应用实例，说明 JSP 中 jspSmartUpload 组件的基本应用技术。

【实例 9-1】文件上传。如图 9.1 所示为一个可同时上传两个文件的页面。在选定要上传的文件后，再单击“确定”按钮，即可显示相应的结果页面。其中，文件上传成功的结果页面如图 9.2 所示(内含上传文件的信息)，文件上传失败的结果页面如图 9.3 所示。在此，假定将上传的文件保存到 Web 应用的 upload 子目录中，只允许上传扩展名为 doc、txt、bmp、jpg 与 gif 的文件，且单个文件的最大长度为 100MB，并禁止上传扩展名为 exe、bat、jsp、htm 与 html 的文件以及没有扩展名的文件。

主要步骤如下。

(1) 新建一个 Web 项目 web_09。

(2) 将 jspSmartUpload 组件的 jar 包 jspSmartUpload.jar 添加到项目的 WebRoot\WEB-INF\lib 文件夹中。

图 9.1　文件上传页面

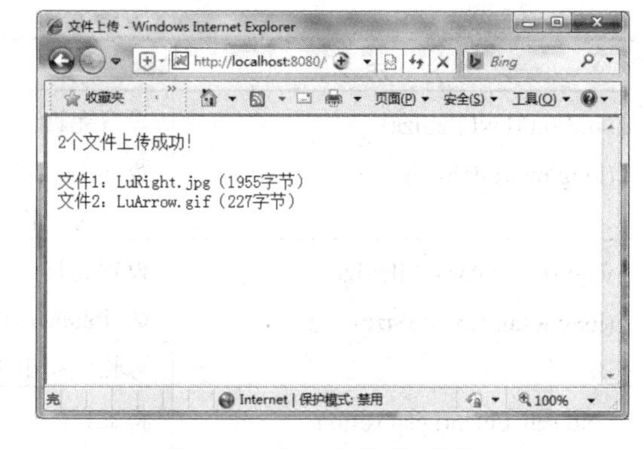

图 9.2　文件上传成功页面

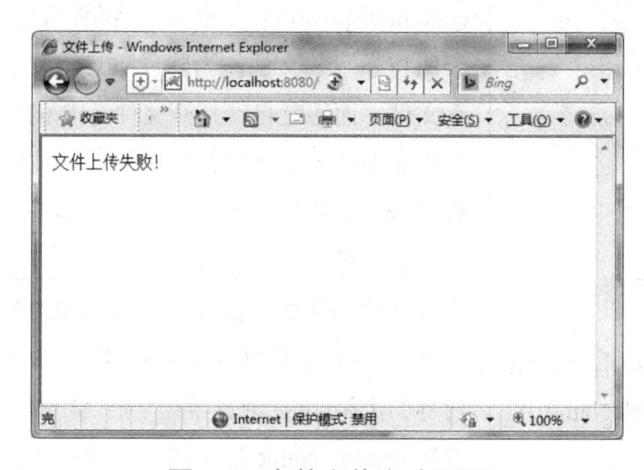

图 9.3　文件上传失败页面

(3) 在项目的 WebRoot 文件夹中添加一个新的 JSP 页面 fileupload.jsp。其代码如下：

```
<%@ page language="java" contentType="text/html;charset=GB2312" %>
<html>
<head>
    <title>文件上传</title>
</head>
<body>
    <h3>文件上传</h3>
    <form method="post" action="fileupload0.jsp" enctype="multipart/form-data">
    文件 1：<input type="file" name="file1" size="30"><br/><br/>
    文件 2：<input type="file" name="file2" size="30"><br/><br/>
              
    <input type="submit" name="submit" value="确定">
    <input type="reset" name="reset" value="重置">
    </form>
</body>
</html>
```

注意： 为实现文件的上传，在相应表单的<form>标记中，除了将 method 属性设置为 post 外，还应将 enctype 属性设置为 multipart/form-data(该编码方式表示以二进制流的方法处理表单数据)。

(4) 在项目的 WebRoot 文件夹中添加一个新的 JSP 页面 fileupload0.jsp。其代码如下：

```
<%@ page language="java" contentType="text/html;charset=GB2312" %>
<%@ page import="java.util.*,com.jspsmart.upload.*"%>
<html>
<head>
  <title>文件上传</title>
</head>
<body>
<%
  try {
     //新建一个 SmartUpload 对象
     SmartUpload mySmartUpload=new SmartUpload();
     //上传初始化
     mySmartUpload.initialize(pageContext);
    //设置允许上传的单个文件的最大长度，在此为 100MB
     mySmartUpload.setMaxFileSize(100*1024*1024);
     //设置允许上传的文件的类型
     //在此为 doc、txt、bmp、jpg 与 gif 文件
     mySmartUpload.setAllowedFilesList("doc,txt,bmp,jpg,gif");
     //设置禁止上传的文件的类型
     //在此为 exe、bat、jsp、htm 与 html 文件以及没有扩展名的文件
     mySmartUpload.setDeniedFilesList("exe,bat,jsp,htm,html,,");
     //上传文件
     mySmartUpload.upload();
     //将上传的文件全部保存到指定目录中(在此为 Web 应用的 upload 子目录)
     int count = mySmartUpload.save("/upload");
     out.println(count+"个文件上传成功！<br><br>");
     //逐一获取并显示上传文件的信息
     for (int i=0;i<mySmartUpload.getFiles().getCount();i++){
      File file = mySmartUpload.getFiles().getFile(i);
      //若文件不存在则继续
      if (file.isMissing())
         continue;
      //显示当前文件信息
      out.println("文件"+(i+1)+": "+file.getFileName()+
         "("+file.getSize()+"字节)<br>");
     }
  }catch(Exception e) {
     out.println("文件上传失败！");
  }
%>
</body>
</html>
```

注意：　为实现文件的上传，应使用 page 指令先导入 com.jspsmart.upload 包。

【实例 9-2】文件下载。如图 9.4 所示为一个可下载指定文件的页面。在指定要下载的文件后，再单击“确定”按钮，即可打开如图 9.5 所示的“文件下载-安全警告”对话

框。在此对话框中单击“保存”按钮，将打开如图 9.6 所示的“另存为”对话框。待指定文件的保存位置与文件名后，再单击“保存”按钮，即可完成指定文件的下载，如图 9.7 所示。若指定文件并不存在，则会显示相应的下载失败页面，如图 9.8 所示。在此，假定要下载的文件存放在 Web 应用的 upload 子目录中。

图 9.4　文件下载页面

图 9.5　“文件下载-安全警告”对话框

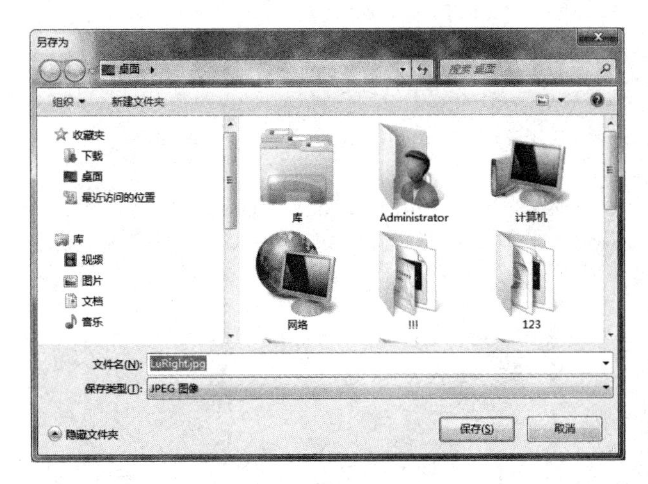

图 9.6　“另存为”对话框

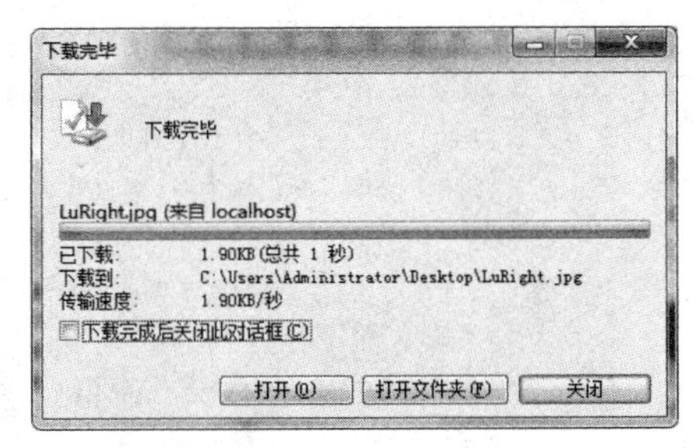

图 9.7　“下载完毕”对话框

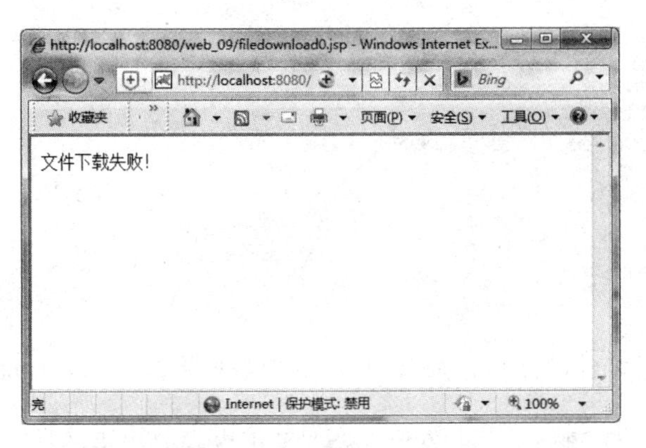

图 9.8　文件下载失败页面

主要步骤(在项目 web_09 中)如下。

(1) 在项目的 WebRoot 文件夹中添加一个新的 JSP 页面 filedownload.jsp。其代码如下：

```
<%@ page language="java" contentType="text/html;charset=GB2312" %>
<html>
<head>
    <title>文件下载</title>
</head>
<body>
    <h3>文件下载</h3>
    <form method="post" action="filedownload0.jsp" >
    文件：<input type="text" name="file" size="30"><br/><br/>
            
    <input type="submit" name="submit" value="确定">
    <input type="reset" name="reset" value="重置">
    </form>
</body>
</html>
```

(2) 在项目的 WebRoot 文件夹中添加一个新的 JSP 页面 filedownload0.jsp。其代码如下：

```
<%@ page language="java" contentType="text/html;charset=GB2312" %>
<%@ page import="java.util.*,com.jspsmart.upload.*"%>
<html>
<head>
  <title>文件下载</title>
</head>
<body>
<%
  request.setCharacterEncoding("GB2312");
  response.setCharacterEncoding("GB2312");
  String filename = request.getParameter("file");
  out.clear();
  out=pageContext.pushBody();
  try {
     //新建一个 SmartUpload 对象
     SmartUpload mySmartUpload=new SmartUpload();
     //初始化
     mySmartUpload.initialize(pageContext);
     //设定 contentDisposition 为 null 以禁止浏览器自动打开文件(即保证是下载文件)
     mySmartUpload.setContentDisposition(null);
     //下载文件(此文件存放在 Web 应用的 upload 子目录中)
     mySmartUpload.downloadFile("/upload/"+filename);
  }catch(Exception e) {
     out=pageContext.popBody();
     out.println("文件下载失败！");
  }
%>
```

```
</body>
</html>
```

注意：　为实现文件的下载，应使用 page 指令先导入 com.jspsmart.upload 包。

9.2　jExcelAPI 组件

在某些 Web 应用中，需要导入 Excel 格式的数据，或者将有关数据导出为相应的 Excel 文件。借助于 jExcelAPI 组件，可在 JSP 中轻松实现对 Excel 文件的各种操作。

9.2.1　jExcelAPI 组件简介

jExcelAPI 即 Java Excel API，是一套开源的纯 Java 的 Excel 应用编程接口(API)，也是目前 JSP 应用开发中最为常用的 Excel 方面的实用组件之一，可基本满足相关的 Web 应用需求。jExcelAPI 组件的主要特点如下。

(1) 支持 Excel 95 及后续版本。

(2) 能够生成 Excel 2000 标准格式。

(3) 支持文本、数字与日期操作。

(4) 能够设置单元格格式。

(5) 支持图像(PNG 格式)与图表。

9.2.2　jExcelAPI 组件应用基础

jExcelAPI 组件主要包括 3 个包，即 jxl、jxl.write 与 jxl.format。其中，jxl 包用于实现 Excel 文件的读取，jxl.write 包用于实现 Excel 文件的写入，jxl.format 包则主要包含一些与具体样式有关的接口与枚举。

一个 Excel 文件就是一个工作簿，由若干个工作表组成，而每个工作表则由若干个单元格组成。相应地，jExcelAPI 组件的对象主要包括 Workbook、Sheet 与 Cell。其中，一个 Workbook 对象就是一个工作簿，可包含若干个 Sheet 对象(即工作表)，而每个 Sheet 对象又可以包含若干个 Cell 对象(即单元格)。如表 9.5 所示为 jExcelAPI 组件所包含的有关对象及相应说明。其中，图像、链接与单元格处于同一个层次。

表 9.5　jExcelAPI 组件的对象

jxl 包(读文件)	jxl.write 包(写文件)	说　明
Workbook	WritableWorkbook	工作簿
Sheet	WritableSheet	工作表
Cell/Image/Hyperlink	WritableCell/WritableImage/WritableHyperlink	单元格/图像/超链接

在 jExcelAPI 组件中，单元格分为多种不同的类型，如表 9.6 所示。

表 9.6　jExcelAPI 组件的单元格

jxl 包(读文件)	jxl.write 包(写文件)	说　明
BooleanCell	Boolean	布尔值单元格
DateCell	DateTime	日期时间单元格
ErrorCell		形式错误单元格
LabelCell	Label	文本单元格
NumberCell	Number	数字单元格
FormualCedll	Formual	公式单元格
	Blank	空格单元格
BooleanFormualCell		布尔公式单元格
DateFormualCell		日期时间公式单元格
ErrorFormualCell		错误公式单元格
StringFormualCell		文本公式单元格
NumberFormualCell		数字公式单元格

借助于 jExcelAPI 组件的有关对象及其相关方法，即可实现 Excel 文件的创建、读取与修改等操作。关于 jExcelAPI 组件的具体用法，可参阅其使用手册或有关资料。

9.2.3　jExcelAPI 组件应用实例

jExcelAPI 组件可从网上自由下载，其 jar 包通常命名为 jxl.jar。下面结合具体的应用实例，简要说明 jExcelAPI 组件的基本应用技术。

1. 创建 Excel 文件

创建 Excel 文件的基本方法如下。

(1) 创建可写的工作簿对象。为此，可调用 Workbook.createWorkbook()方法创建并打开指定的 Excel 文件，并返回相应的工作簿对象(其类型为 WritableWorkbook)。

(2) 创建工作表。为此，可调用工作簿对象的 createSheet()方法，并返回相应的工作表对象(其类型为 WritableSheet)。

(3) 根据需要创建相应类型的单元格，并将其添加到工作表中。为此，可先使用 new 运算符创建相应类型的单元格对象，然后再调用工作表对象的 addCell()方法将指定的单元格对象添加到工作表对象中。

(4) 写入数据。为此，可调用工作簿对象的 write()方法。

(5) 关闭工作簿对象。为此，可调用工作簿对象的 close()方法。

【实例 9-3】如图 9.9 所示为一个“Excel(创建)”页面，其功能为在 Web 应用的 excel 子目录中创建一个 Excel 文件 test.xls，如图 9.10 所示。

图 9.9 “Excel(创建)”页面

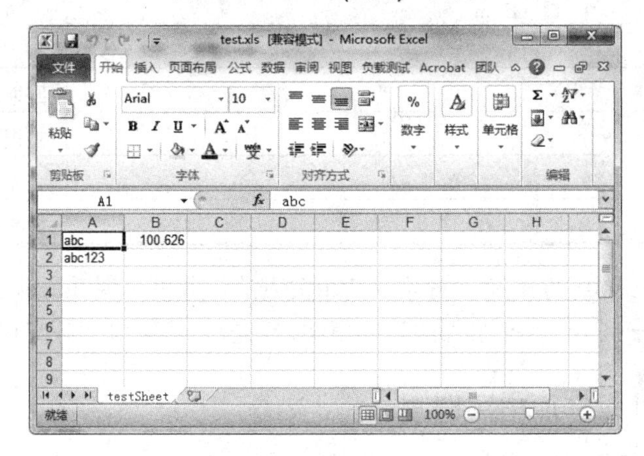

图 9.10 test.xls 文件

主要步骤(在项目 web_09 中)如下。

(1) 将 jExcelAPI 组件的 jar 包 jxl.jar 添加到项目的 WebRoot\WEB-INF\lib 文件夹中。

(2) 在项目的 WebRoot 文件夹中添加一个新的 JSP 页面 excelcreate.jsp。其代码如下：

```
<%@ page language="java" contentType="text/html" pageEncoding="utf-8"%>
<%@ page import="java.io.*,jxl.*,jxl.write.*" %>
<html>
<head>
    <title>Excel(创建)</title>
</head>
<body>
<%
    try {
        String path=application.getRealPath("/excel");
        //创建可写的工作簿对象
        WritableWorkbook book= Workbook.createWorkbook(new File
            (path+"/test.xls"));
        //创建工作表(在第 1 页创建，名称为 testSheet)
        WritableSheet sheet=book.createSheet("testSheet",0);
        //创建保存文本的单元格(第 1 列第 1 行，内容为 abc)
        Label label=new Label(0,0,"abc");
        //将单元格添加到工作表中
```

```
        sheet.addCell(label);
        //创建保存数字的单元格(第 2 列第 1 行，数值为 100.626)
        jxl.write.Number number = new jxl.write.Number(1,0,100.626);
        //将单元格添加到工作表中
        sheet.addCell(number);
        label=new Label(0,1,"abc123");
        sheet.addCell(label);
        //写入数据
        book.write();
        //关闭工作簿对象
        book.close();
        out.println("OK! Excel 文件已创建成功! ");
    }catch(Exception e) {
        e.printStackTrace();
    }
%>
</body>
</html>
```

注意： 为创建 Excel 文件，应使用 page 指令先导入 jxl 与 jxl.write 包。

2. 读取 Excel 文件

读取 Excel 文件的基本方法如下。

(1) 创建只读的工作簿对象。为此，可调用 Workbook.getWorkbook()方法打开指定的 Excel 文件，并返回相应的工作簿对象(其类型为 Workbook)。

(2) 获取工作表。为此，可调用工作簿对象的 getSheet()方法，并返回相应的工作表对象(其类型为 Sheet)。

(3) 根据需要读取相应单元格的内容。特别地，为读取工作表中所有单元格的内容，可先调用工作表对象的 getRows()与 getColumns()方法获取当前工作表的总行数与总列数，然后再循环调用工作表对象的 getCell()方法获取相应的单元格对象(其类型为 Cell)，并调用单元格对象的 getContents()方法获取其内容。

(4) 关闭工作簿对象。为此，可调用工作簿对象的 close()方法。

【实例 9-4】如图 9.11 所示为一个“Excel(读取)”页面，其功能为读取实例 9-3 所创建 test.xls 文件的有关内容。

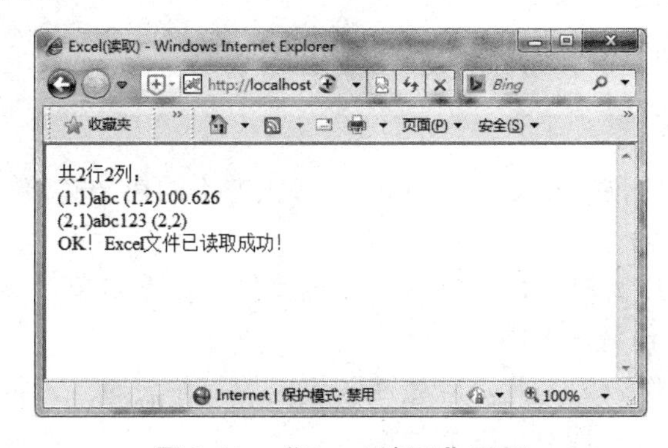

图 9.11　“Excel(读取)”页面

主要步骤(在项目 web_09 中)如下。

在项目的 WebRoot 文件夹中添加一个新的 JSP 页面 excelread.jsp。其代码如下：

```
<%@ page language="java" contentType="text/html" pageEncoding="utf-8"%>
<%@ page import="java.io.*,jxl.*" %>
<html>
<head>
    <title>Excel(读取)</title>
</head>
<body>
<%
    try {
        String path=application.getRealPath("/excel");
        //创建只读的工作簿的对象
        Workbook book=Workbook.getWorkbook(new File(path+"/test.xls"));
        //获取第一张工作表
        Sheet sheet=book.getSheet(0);
        //获取行数与列数
        int rowCount=sheet.getRows();
        int colCount=sheet.getColumns();
        out.print("共"+rowCount+"行"+colCount+"列：<br>");
        for(int i=0;i<rowCount;i++){
            for(int j=0;j<colCount;j++){
                Cell cell=sheet.getCell(j,i);
                String content=cell.getContents().toString();
                out.print("("+(i+1)+","+(j+1)+")"+content+" ");
            }
            out.print("<br>");
        }
        //关闭工作簿对象
        book.close();
        out.println("OK! Excel 文件已读取成功！");
    }catch(Exception e)
    {
        e.printStackTrace();
    }
%>
</body>
</html>
```

说明： 对于 Excel 文件的读取，只需导入 jxl 包即可。

3. 修改 Excel 文件

修改 Excel 文件与创建 Excel 文件相比，最大的不同在于文件的打开方式与对已有内容的处理。其基本方法为：

(1) 创建只读的工作簿对象，并据此创建可写的工作簿对象，以便将只读工作簿对象中的数据复制到可写工作簿对象中。

(2) 修改已有的工作表。为此，应先获取相应的工作表对象，再获取指定的单元格对象，然后判断其类型，并完成具体的修改操作。

(3) 创建新的工作表(必要时)。

(4) 写入可写工作簿对象的数据。

(5) 关闭只读的与可写的工作簿对象。

【实例 9-5】如图 9.12 所示为一个“Excel(修改)”页面，其功能为对实例 9-3 所创建 test.xls 文件进行相应的修改，如图 9.13 所示。一方面，将已有工作表 testSheet 中第一个单元格的内容修改为“123”；另一方面，添加一个新的工作表 testSheet0，内含 3 个存放相应类型数据的单元格。

9.12　“Excel(修改)”页面

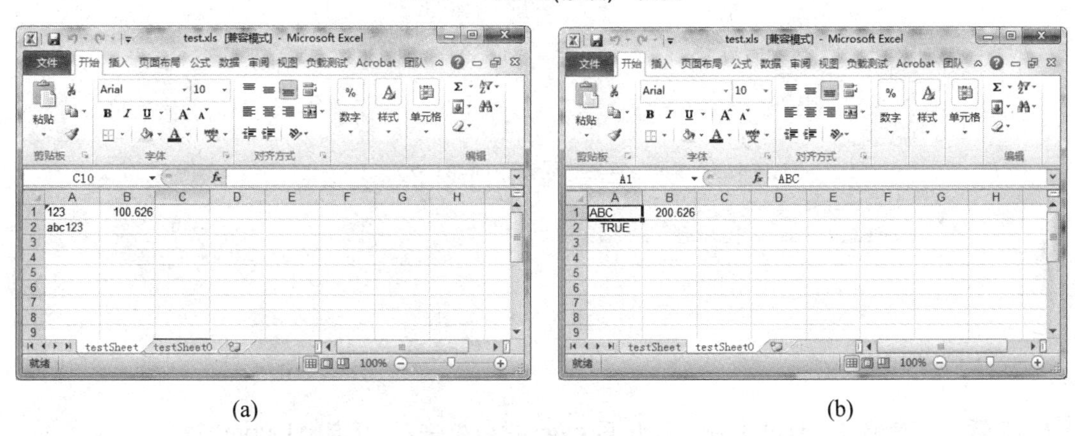

(a)　　　　(b)

图 9.13　test.xls 文件(修改后)

主要步骤(在项目 web_09 中)如下。

在项目的 WebRoot 文件夹中添加一个新的 JSP 页面 excelupdate.jsp。其代码如下：

```
<%@ page language="java" contentType="text/html" pageEncoding="utf-8"%>
<%@ page import="java.io.*,jxl.*,jxl.write.*" %>
<html>
<head>
    <title>Excel(修改)</title>
</head>
<body>
<%
    try {
        String path=application.getRealPath("/excel");
```

```
        String file=path+"/test.xls";
        //创建只读的工作簿对象
        Workbook book=Workbook.getWorkbook(new File(file));
        //创建可写的工作簿对象，并复制指定工作簿对象中的数据
        WritableWorkbook book0=Workbook.createWorkbook(new File(file),book);
        //获取第一张工作表
        WritableSheet sheet=book0.getSheet(0);
        //获得第一个单元格对象
        WritableCell cell = sheet.getWritableCell(0, 0);
        //判断单元格的类型，并进行相应修改
        if(cell.getType() == CellType.LABEL) {
            Label label = (Label)cell;
            label.setString("123");
        }
        //创建第二张工作表
        WritableSheet sheet0=book0.createSheet("testSheet0",1);
        Label label=new Label(0,0,"ABC");
        sheet0.addCell(label);
        jxl.write.Number number = new jxl.write.Number(1,0,200.626);
        sheet0.addCell(number);
        jxl.write.Boolean bool=new jxl.write.Boolean(0,1,true);
        sheet0.addCell(bool);
        book0.write();
        //关闭可写的工作簿对象
        book0.close();
        //关闭只读的工作簿对象
        book.close();
        out.println("OK! Excel 文件已修改成功！");
    }catch(Exception e) {
        e.printStackTrace();
    }
%>
</body>
</html>
```

注意： 为修改 Excel 文件，应使用 page 指令先导入 jxl 与 jxl.write 包。

本 章 小 结

本章介绍了 jspSmartUpload 组件与 jExcelAPI 组件的基础知识，并通过具体实例讲解了各个组件的基本应用技术。通过本章的学习，应熟练掌握 jspSmartUpload 组件与 jExcelAPI 组件的相关应用技术，并能在 JSP Web 应用系统的开发中灵活地加以运用，以更好地实现系统所需要的有关功能。

思 考 题

1. jspSmartUpload 组件的主要功能是什么？
2. jspSmartUpload 组件所包含的常用类有哪些？
3. jspSmartUpload 组件的 File 类有哪些常用方法？
4. jspSmartUpload 组件的 Files 类有哪些常用方法？
5. jspSmartUpload 组件的 Request 类有哪些常用方法？
6. jspSmartUpload 组件的 SmartUpload 类有哪些常用方法？
7. jExcelAPI 组件的主要功能是什么？
8. jExcelAPI 组件所包含的有关对象有哪些？
9. jExcelAPI 组件所支持的单元格类型有哪些？
10. 简述使用 jExcelAPI 组件创建 Excel 文件的基本方法。
11. 简述使用 jExcelAPI 组件读取 Excel 文件的基本方法。
12. 简述使用 jExcelAPI 组件修改 Excel 文件的基本方法。

第 10 章

JSP 应用案例

随着 Internet 的快速发展，Web 应用系统的使用也日益广泛。在各类 Web 应用的开发中，JSP 及相关技术的运用是相当普遍的。

本章要点：

系统简介；开发方案；数据库结构；项目总体架构；持久层及其实现；业务层及其实现；表示层及其实现。

学习目标：

了解系统的功能与用户；了解 Java Web 应用系统的分层模型、开发模式与开发顺序；了解系统的数据库结构；掌握项目总体架构的搭建方法；掌握持久层的设计与实现方法；掌握业务层的设计与实现方法；掌握表示层的设计与实现方法；掌握 Web 应用系统开发的 JSP+JDBC+JavaBean+Servlet+EL+Ajax+DAO+Service 模式。

10.1 系统简介

通过分析典型的 Web 应用案例，可更好地理解并掌握有关的开发技术。在此，将以一个简单的人事管理系统为例，说明采用 JSP+JDBC+JavaBean+Servlet+EL+Ajax+DAO+Service 模式开发 Web 应用系统的基本方案、主要过程与相关技术。

10.1.1 系统功能

本人事管理系统较为简单，仅用于对单位职工的基本信息进行相应的管理，其主要功能具体如下：

1. 部门管理

部门管理功能包括部门的查询、增加、修改与删除。每个部门的信息包括部门的编号与名称。其中，部门的编号是唯一的。

2. 职工管理

职工管理功能包括职工的查询、增加、修改与删除。每个职工的信息包括职工的编号、姓名、性别、出生日期、基本工资、岗位津贴与所在部门(编号)。其中，职工的编号是唯一的。

3. 用户管理

用户管理功能包括用户的查询、增加、修改与删除以及用户密码的重置与设置。每个用户的信息包括用户名、密码与用户类型。其中，用户名是唯一的。

10.1.2 系统用户

本系统的用户分为两种类型，即系统管理员与普通用户。各用户需登录成功后方可使用有关的功能，使用完毕后则可通过安全退出(或注销)功能退出系统。在使用过程中，各

用户均可通过密码设置功能修改自己的登录密码，以提高安全性。

用户的操作权限是根据其类型确定的。在本系统中，系统管理员可执行系统的所有功能，但密码设置功能仅限于修改自己的密码。至于普通用户，则只能执行职工管理功能以及密码设置与安全退出功能(其中，密码设置功能也仅限于修改自己的密码)。

本系统规定，默认系统管理员的用户名为“admin”，其初始密码为“12345”。以默认系统管理员登录系统后，即可创建其他系统管理员以及所需要的普通用户(新建系统管理员与普通用户的初始密码与其用户名一致)。

10.2　开发方案

本系统的开发遵循 Java Web 应用系统的分层模型与面向接口编程的基本思想，并采用 JSP+JDBC+JavaBean+Servlet+EL+Ajax+DAO+Service 的典型模式。

10.2.1　分层模型

Java Web 应用系统的分层模型是一个通用的三层架构模型，由表示层、业务层与持久层构成，如图 10.1 所示。

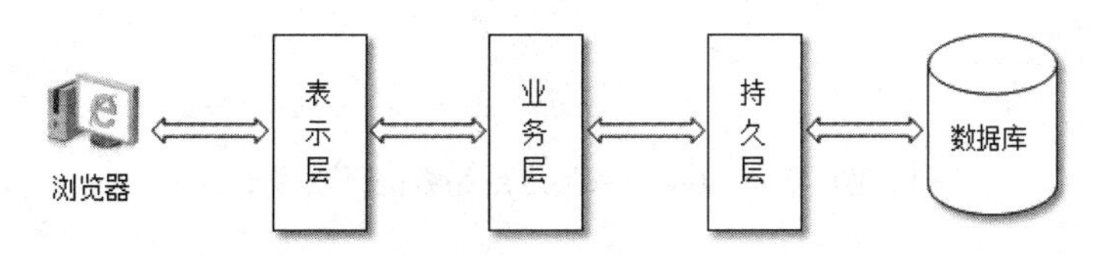

图 10.1　Java Web 应用系统的分层模型

1. 表示层

表现层通常又称为 Web 层，用于实现 Web 前端界面与业务流程控制功能，是用户与 Java Web 应用系统进行直接交互的层面。在具体实现时，表示层使用业务层所提供的 Service(服务)来满足用户的各种需求。

2. 业务层

业务层通常又称为业务逻辑层，主要由一系列相互独立的 Service 构成。一个 Service 其实就是一个程序模块或组件，用于完成特定的应用功能。在具体实现时，Service 通过调用 DAO 接口所公开的方法，经由持久层间接地访问后台数据库。

3. 持久层

持久层通常又称为数据持久层，主要由实体类、DAO 接口及其实现类等构成。持久层屏蔽了底层 JDBC 连接与数据库操作的细节，为业务层的 Service 提供了简洁、统一、面向对象的数据访问接口。

使用分层模型构建系统，可使系统的架构更加清晰、合理，运行更加稳定、可靠，维护更加方便、快捷。

10.2.2 开发模式

在基于 JSP 的 Java Web 应用开发中，通常采用多技术整合的方式来实现系统的三层模型，其中最为典型的开发模式之一就是 JSP+JDBC+JavaBean+Servlet+EL+Ajax+DAO+Service(见图 10.2)，即以 JSP、JDBC、JavaBean 与 Servlet(也就是 JSP 的 MVC)为基础，同时应用 EL 与 Ajax 技术，并遵循面向接口编程的基本思想。

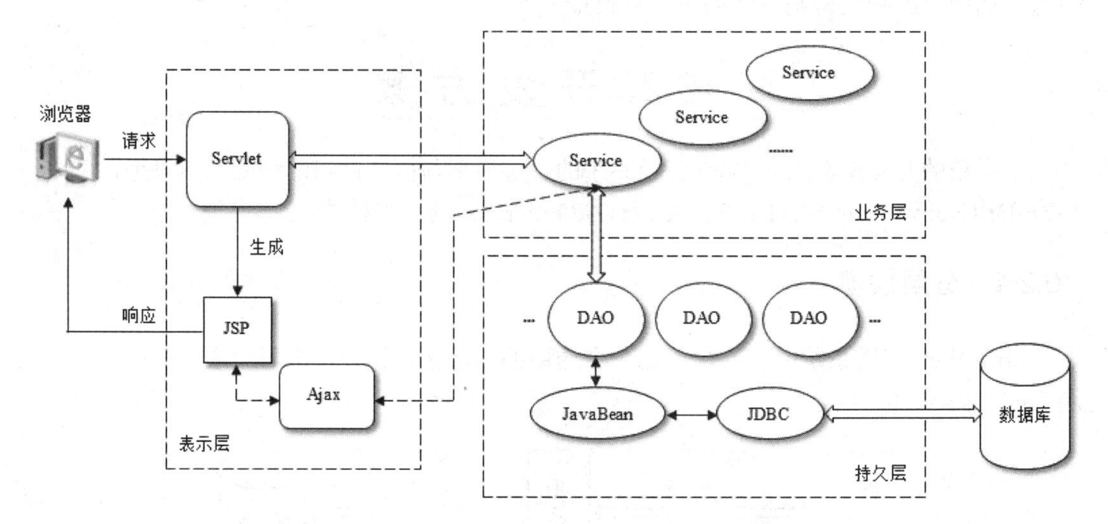

图 10.2 Java Web 应用系统的开发模式

使用 JSP+JDBC+JavaBean+Servlet+EL+Ajax+DAO+Service 模式开发 Java Web 应用系统时，持久层包含一系列 DAO 组件以及相关的 JavaBean 与实体类，业务层包含一系列 Service 组件，而表示层则主要包括 JSP 页面(可包含 CSS 层叠样式表，并应用 Ajax 与 EL 等技术)与 Servlet 控制器。当用户需要扩充系统的功能时，只需将新增功能做成组件，然后再适当修改前端的 JSP 页面与相应的 Servlet 控制器即可。在此过程中，系统已有的结构与功能不会受到任何影响。

注意： MVC 是所有 Web 应用系统的通用开发模式，其核心是控制器。在 Java Web 应用系统的三层架构中，表示层包括 MVC 的 V(视图)与 C(控制)，而业务层与持久层的各个组件则相当于 MVC 的广义的 M(模型)。

10.2.3 开发顺序

一个大型项目的开发，往往需要一个团队而不是单个程序员可以完成的。团队开发的关键在于团队成员的分工与协作，而面向接口的编程对于项目的团队开发来说极其有利。只要提供了相应的接口，各个程序员就可以直接调用其中所定义的有关方法，而无需顾及其具体实现。

在开发一个大型的 Java Web 应用项目时，通常是先搭建出系统的主体框架，然后再编写完成特定功能的有关组件并将其集成到主体框架内。在此过程中，一般应先实现持久层的 DAO 接口，然后实现业务层的业务逻辑，最后再实现表示层的页面与控制逻辑。

10.3　数据库结构

本人事管理系统所使用的数据库为在 SQL Server 2005/2008 中创建的人事管理数据库 rsgl，其中有 3 个表，即部门表 bmb、职工表 zgb 与用户表 users。各表的结构如表 4.7~表 4.9 所示。

为便于项目的开发及有关功能的调试，可将表 4.10~表 4.12 所示的记录输入到相应的表中。

说明： 本系统的用户类型只有两种，即系统管理员与普通用户。相应地，用户表 users 中的用户类型字段 usertype 的取值也只有两种，即“系统管理员”与“普通用户”。

注意： 在用户表 users 中，至少要包含一个默认系统管理员用户，其用户名为“admin”，初始密码为“12345”。

10.4　项目总体架构

在具体实现系统的有关功能前，应先创建相应的 Web 项目，并在其中根据需要确定项目的基本结构(即创建好相应的包与文件夹)。对于本人事管理系统来说，可在 MyEclipse 中按以下步骤完成项目的前期搭建工作。

(1) 新建一个 Web 项目 rsgl。

(2) 将 SQL Server 2005/2008 的 JDBC 驱动程序 sqljdbc4.jar 添加到项目的 WebRoot\WEB-INF\lib 文件夹中。

(3) 在项目的 WebRoot 文件夹中新建一个子文件夹 images。该文件夹用于存放项目所需要的有关图片。

(4) 在项目的 WebRoot 文件夹中新建一个子文件夹 admin。该文件夹用于存放项目中要求以系统管理员身份访问的页面。

(5) 在项目的 WebRoot 文件夹中新建一个子文件夹 ordin。该文件夹用于存放项目中需登录后才能访问(即以系统管理员或普通用户身份访问)的页面。

(6) 在项目的 src 文件夹中新建一个包 org.etspace.rsgl.jdbc。该包用于存放封装了访问数据库有关操作的 JavaBean。

(7) 在项目的 src 文件夹中新建一个包 org.etspace.rsgl.vo。该包用于存放与数据库表相对应的实体类(其实是相应的 JavaBean)。

(8) 在项目的 src 文件夹中新建一个包 org.etspace.rsgl.servlet。该包用于存放有关的 Servlet 控制器。

(9) 在项目的 src 文件夹中新建一个包 org.etspace.rsgl.dao。该包用于存放有关的 DAO 接口。DAO 接口中的方法由接口的实现类来具体实现，并用于与数据库进行交互。

(10) 在项目的 src 文件夹中新建一个包 org.etspace.rsgl.dao.impl。该包用于存放 DAO

接口的实现类。

(11) 在项目的 src 文件夹中新建一个包 org.etspace.rsgl.service。该包用来存放有关的业务逻辑接口。业务逻辑接口中的方法由接口的实现类来具体实现，并用于处理用户的请求。

(12) 在项目的 src 文件夹中新建一个包 org.etspace.rsgl.service.impl。该包用于存放业务逻辑接口的实现类。

(13) 在项目的 src 文件夹中新建一个包 org.etspace.rsgl.factory。该包用于存放 DAO 组件与 Service 组件的工厂类。

(14) 在项目的 src 文件夹中新建一个包 org.etspace.rsgl.tool。该包用于存放公用的工具类，如分页类、过滤器类等。

至此，项目的前期搭建工作即告完成，其总体架构如图 10.3 所示。此后，即可逐步推进项目的后续开发工作。

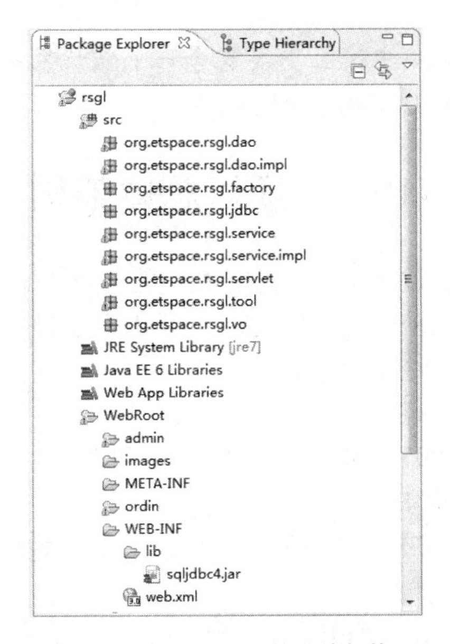

图 10.3　Web 项目的总体架构

10.5　持久层及其实现

持久层的开发主要包括实体类的创建、DAO 组件及其工厂类的设计与实现。其中，DAO 组件用于实现与数据库的交互，即进行相应的 CRUD 操作(也就是记录的增加、查询、修改与删除操作)，从而完成对底层数据库的持久化访问。

10.5.1　实体类的创建

所谓实体类，其实就是与数据库表相对应的 JavaBean。在本项目中，实体类均存放在 org.etspace.rsgl.vo 包中。其中，与用户表 users 相对应的实体类为 Users(其文件名为 Users.java)，与部门表 bmb 相对应的实体类为 Bmb(其文件名为 Bmb.java)，与职工表 zgb

相对应的实体类为 Zgb(其文件名为 Zgb.java)。

1. Users.java

Users.java 的代码如下：

```
package org.etspace.rsgl.vo;
public class Users{
    private String username;
    private String password;
    private String usertype;
    public String getUsername() {
        return this.username;
    }
    public void setUsername(String username) {
        this.username = username;
    }
    public String getPassword() {
        return this.password;
    }
    public void setPassword(String password) {
        this.password = password;
    }
    public String getUsertype() {
        return this.usertype;
    }
    public void setUsertype(String usertype) {
        this.usertype = usertype;
    }
}
```

2. Bmb.java

Bmb.java 的代码如下：

```
package org.etspace.rsgl.vo;
public class Bmb{
    private String bmbh;
    private String bmmc;
    public String getBmbh() {
        return this.bmbh;
    }
    public void setBmbh(String bmbh) {
        this.bmbh = bmbh;
    }
    public String getBmmc() {
        return this.bmmc;
    }
    public void setBmmc(String bmmc) {
        this.bmmc = bmmc;
    }
}
```

3. Zgb.java

Zgb.java 的代码如下：

```
package org.etspace.rsgl.vo;
import java.util.Date;
public class Zgb{
    private String bh;
    private String xm;
    private String xb;
    private String bm;
    private Date csrq;
    private Double jbgz;
    private Double gwjt;
    public String getBh() {
        return this.bh;
    }
    public void setBh(String bh) {
        this.bh = bh;
    }
    public String getXm() {
        return this.xm;
    }
    public void setXm(String xm) {
        this.xm = xm;
    }
    public String getXb() {
        return this.xb;
    }
    public void setXb(String xb) {
        this.xb = xb;
    }
    public String getBm() {
        return this.bm;
    }
    public void setBm(String bm) {
        this.bm = bm;
    }
    public Date getCsrq() {
        return this.csrq;
    }
    public void setCsrq(Date csrq) {
        this.csrq = csrq;
    }
    public Double getJbgz() {
        return this.jbgz;
    }
    public void setJbgz(Double jbgz) {
        this.jbgz = jbgz;
    }
```

```
    public Double getGwjt() {
        return this.gwjt;
    }
    public void setGwjt(Double gwjt) {
        this.gwjt = gwjt;
    }
}
```

10.5.2　用户管理 DAO 组件及其实现

用户管理 DAO 组件主要用于实现对用户表 users 的有关操作。其实现步骤如下。

(1) 在 org.etspace.abc.jdbc 包中新建一个 JavaBean—DbBean。该 DbBean 封装了用于访问数据库的有关操作，其文件名为 DbBean.java，代码与第 5 章 5.5.1 节系统登录案例中的相同。

(2) 在 org.etspace.rsgl.dao 包中创建用户管理 DAO 接口 IUsersDAO。

IUsersDAO 接口的文件名为 IUsersDAO.java，其代码如下：

```
package org.etspace.rsgl.dao;
import org.etspace.rsgl.vo.Users;
import java.util.List;
public interface IUsersDAO {
    //增加用户
    public void save(Users users);
    //删除用户
    public void delete(String username);
    //修改用户
    public void update(Users users);
    //查询用户
    public Users find(String username);
    //分页查询用户
    public List findAll(int pageNow,int pageSize,Users users);
    //查询用户总数
    public int findAllSize(Users users);
    //检查用户
    public Users check(String username,String password);
    //是否存在用户
    public boolean exist(String username);
}
```

(3) 在 org.etspace.rsgl.dao.impl 包中创建 IUsersDAO 接口的实现类 UsersDAO。

UsersDAO 实现类的文件名为 UsersDAO.java，其代码如下：

```
package org.etspace.rsgl.dao.impl;
import org.etspace.rsgl.dao.IUsersDAO;
import org.etspace.rsgl.vo.Users;
import org.etspace.rsgl.jdbc.DbBean;
import java.sql.ResultSet;
import java.sql.SQLException;
import java.util.List;
```

```
import java.util.ArrayList;
public class UsersDAO implements IUsersDAO {
    public void save(Users users) {
        String sql="insert into users(username,password,usertype)";
        sql=sql+" values('"+users.getUsername()+"','"+users.getPassword()+"',
            '"+users.getUsertype()+"')";
        DbBean myDbBean=new DbBean();
        myDbBean.openConnection();
        myDbBean.executeUpdate(sql);
        myDbBean.closeConnection();
    }
    public void delete(String username){
        String sql="delete from users where username='"+username+"'";
        DbBean myDbBean=new DbBean();
        myDbBean.openConnection();
        myDbBean.executeUpdate(sql);
        myDbBean.closeConnection();
    }
    public void update(Users users){
        String sql="update users set password='"+users.getPassword()+"',
            usertype='"+users.getUsertype()+"'";
        sql=sql+" where username='"+users.getUsername()+"'";
        DbBean myDbBean=new DbBean();
        myDbBean.openConnection();
        myDbBean.executeUpdate(sql);
        myDbBean.closeConnection();
    }
    public Users find(String username){
        Users users=new Users();
        String sql="select * from users where username='"+username+"'";
        DbBean myDbBean=new DbBean();
        myDbBean.openConnection();
        ResultSet rs= myDbBean.executeQuery(sql);
        try {
            if(rs.next()){
                users.setUsername(rs.getString("username"));
                users.setPassword(rs.getString("password"));
                users.setUsertype(rs.getString("usertype"));
            }else{
                users=null;
            }
            rs.close();
        } catch (SQLException e) {
            e.printStackTrace();
        }
        myDbBean.closeConnection();
        return users;
    }
    public List findAll(int pageNow,int pageSize,Users users){
        String sql="";
```

```
        if (users==null)
            sql="select * from users order by username";
        else{
            sql="select * from users where username like '%"
                +users.getUsername().trim()+   "%' order by username";
        }
        DbBean myDbBean=new DbBean();
        myDbBean.openConnection();
        ResultSet rs= myDbBean.executeQuery(sql);
        int offset=(pageNow-1)*pageSize;
        List<Users> list=new ArrayList<Users>();
        int i=0;
        try {
            rs.absolute(offset);
            while(rs.next()){
                Users users0=new Users();
                users0.setUsername(rs.getString("username"));
                users0.setPassword(rs.getString("password"));
                users0.setUsertype(rs.getString("usertype"));
                list.add(users0);
                i=i+1;
                if (i==pageSize)
                    break;
            }
            rs.close();
        } catch (SQLException e) {
            e.printStackTrace();
        }
        myDbBean.closeConnection();
        return list;
    }
    public int findAllSize(Users users){
        String sql="";
        if (users==null)
            sql="select * from users order by username";
        else{
            sql="select * from users where username like '%"
                +users.getUsername().trim()+"%' order by username";
        }
        DbBean myDbBean=new DbBean();
        myDbBean.openConnection();
        ResultSet rs= myDbBean.executeQuery(sql);
        int n=0;
        try {
            rs.last();
            n=rs.getRow();
            rs.close();
        } catch (SQLException e) {
            e.printStackTrace();
        }
```

```
        myDbBean.closeConnection();
        return n;
    }
    public Users check(String username, String password) {
        Users users=new Users();
        String sql="select * from users where username='"+username+"'
            and password='"+password+ "'";
        DbBean myDbBean=new DbBean();
        myDbBean.openConnection();
        ResultSet rs= myDbBean.executeQuery(sql);
        try {
            if(rs.next()){
                users.setUsername(rs.getString("username"));
                users.setPassword(rs.getString("password"));
                users.setUsertype(rs.getString("usertype"));
            }else{
                users=null;
            }
            rs.close();
        } catch (SQLException e) {
            e.printStackTrace();
        }
        myDbBean.closeConnection();
        return users;
    }
    public boolean exist(String username) {
        boolean flag=false;
        String sql="select * from users where username='"+username+"'";
        DbBean myDbBean=new DbBean();
        myDbBean.openConnection();
        ResultSet rs= myDbBean.executeQuery(sql);
        try {
            if(rs.next())
                flag=true;
            rs.close();
        } catch (SQLException e) {
            e.printStackTrace();
        }
        myDbBean.closeConnection();
        return flag;
    }
}
```

10.5.3 部门管理 DAO 组件及其实现

部门管理 DAO 组件主要用于实现对部门表 bmb 的有关操作。其实现步骤如下。

(1) 在 org.etspace.rsgl.dao 包中创建部门管理 DAO 接口 IBmbDAO。

IBmbDAO 接口的文件名为 IBmbDAO.java，其代码如下：

```
package org.etspace.rsgl.dao;
import org.etspace.rsgl.vo.Bmb;
import java.util.List;
public interface IBmbDAO {
    //增加部门
    public void save(Bmb bmb);
    //删除部门
    public void delete(String bmbh);
    //修改部门
    public void update(Bmb bmb);
    //查询部门
    public Bmb find(String bmbh);
    //分页查询部门
    public List findAll(int pageNow,int pageSize,Bmb bmb);
    //查询部门总数
    public int findAllSize(Bmb bmb);
    //获取所有部门
    public List getAll();
    //是否存在部门
    public boolean exist(String bmbh);
}
```

(2) 在 org.etspace.rsgl.dao.impl 包中创建 IBmbDAO 接口的实现类 BmbDAO。

BmbDAO 实现类的文件名为 BmbDAO.java，其代码如下：

```
package org.etspace.rsgl.dao.impl;
import org.etspace.rsgl.dao.IBmbDAO;
import org.etspace.rsgl.vo.Bmb;
import org.etspace.rsgl.jdbc.DbBean;
import java.sql.ResultSet;
import java.sql.SQLException;
import java.util.List;
import java.util.ArrayList;
public class BmbDAO implements IBmbDAO {
    public void save(Bmb bmb) {
        String sql="insert into bmb(bmbh,bmmc)";
        sql=sql+" values('"+bmb.getBmbh()+"','"+bmb.getBmmc()+"')";
        DbBean myDbBean=new DbBean();
        myDbBean.openConnection();
        myDbBean.executeUpdate(sql);
        myDbBean.closeConnection();
    }
    public void delete(String bmbh) {
        String sql="delete from bmb where bmbh='"+bmbh+"'";
        DbBean myDbBean=new DbBean();
        myDbBean.openConnection();
        myDbBean.executeUpdate(sql);
        myDbBean.closeConnection();
    }
    public void update(Bmb bmb) {
```

```
        String sql="update bmb set bmmc='"+bmb.getBmmc()+"'";
        sql=sql+" where bmbh='"+bmb.getBmbh()+"'";
        DbBean myDbBean=new DbBean();
        myDbBean.openConnection();
        myDbBean.executeUpdate(sql);
        myDbBean.closeConnection();
    }
    public Bmb find(String bmbh) {
        Bmb bmb=new Bmb();
        String sql="select * from bmb where bmbh='"+bmbh+"'";
        DbBean myDbBean=new DbBean();
        myDbBean.openConnection();
        ResultSet rs= myDbBean.executeQuery(sql);
        try {
            if(rs.next()){
                bmb.setBmbh(rs.getString("bmbh"));
                bmb.setBmmc(rs.getString("bmmc"));
            }else{
                bmb=null;
            }
            rs.close();
        } catch (SQLException e) {
            e.printStackTrace();
        }
        myDbBean.closeConnection();
        return bmb;
    }
    public List findAll(int pageNow, int pageSize, Bmb bmb) {
        String sql="";
        if (bmb==null)
            sql="select * from bmb order by bmbh";
        else{
            sql="select * from bmb where bmbh like '%"+bmb.getBmbh()+"%'
                order by bmbh";
        }
        DbBean myDbBean=new DbBean();
        myDbBean.openConnection();
        ResultSet rs= myDbBean.executeQuery(sql);
        int offset=(pageNow-1)*pageSize;
        List<Bmb> list=new ArrayList<Bmb>();
        int i=0;
        try {
            rs.absolute(offset);
            while(rs.next()){
                Bmb bmb0=new Bmb();
                bmb0.setBmbh(rs.getString("bmbh"));
                bmb0.setBmmc(rs.getString("bmmc"));
                list.add(bmb0);
                i=i+1;
                if (i==pageSize)
```

```
                break;
            }
            rs.close();
        } catch (SQLException e) {
            e.printStackTrace();
        }
        myDbBean.closeConnection();
        return list;
    }
    public int findAllSize(Bmb bmb) {
        String sql="";
        if (bmb==null)
            sql="select * from bmb order by bmbh";
        else{
            sql="select * from bmb where bmbh like '%"+bmb.getBmbh()
                +"%' order by bmbh";
        }
        DbBean myDbBean=new DbBean();
        myDbBean.openConnection();
        ResultSet rs= myDbBean.executeQuery(sql);
        int n=0;
        try {
            rs.last();
            n=rs.getRow();
            rs.close();
        } catch (SQLException e) {
            e.printStackTrace();
        }
        myDbBean.closeConnection();
        return n;
    }
    public List getAll() {
        String sql="";
        sql="select * from bmb order by bmbh";
        DbBean myDbBean=new DbBean();
        myDbBean.openConnection();
        ResultSet rs= myDbBean.executeQuery(sql);
        List<Bmb> list=new ArrayList<Bmb>();
        try {
            while(rs.next()){
                Bmb bmb0=new Bmb();
                bmb0.setBmbh(rs.getString("bmbh"));
                bmb0.setBmmc(rs.getString("bmmc"));
                list.add(bmb0);
            }
            rs.close();
        } catch (SQLException e) {
            e.printStackTrace();
        }
        myDbBean.closeConnection();
```

```
        return list;
    }
    public boolean exist(String bmbh) {
        boolean flag=false;
        String sql="select * from bmb where bmbh='"+bmbh+"'";
        DbBean myDbBean=new DbBean();
        myDbBean.openConnection();
        ResultSet rs= myDbBean.executeQuery(sql);
        try {
            if(rs.next())
                flag=true;
            rs.close();
        } catch (SQLException e) {
            e.printStackTrace();
        }
        myDbBean.closeConnection();
        return flag;
    }
}
```

10.5.4 职工管理 DAO 组件及其实现

职工管理 DAO 组件主要用于实现对职工表 zgb 的有关操作。其实现步骤如下。

(1) 在 org.etspace.rsgl.dao 包中创建职工管理 DAO 接口 IZgbDAO。

IZgbDAO 接口的文件名为 IZgbDAO.java，其代码如下：

```
package org.etspace.rsgl.dao;
import org.etspace.rsgl.vo.Zgb;
import java.util.List;
public interface IZgbDAO {
    //增加职工
    public void save(Zgb zgb);
    //删除职工
    public void delete(String bh);
    //修改职工
    public void update(Zgb zgb);
    //查询职工
    public Zgb find(String bh);
    //分页查询职工
    public List findAll(int pageNow,int pageSize,Zgb zgb);
    //查询职工总数
    public int findAllSize(Zgb zgb);
    //获取所有职工
    public List getAll();
    //获取指定部门的职工
    public List getAllByBmbh(String bmbh);
    //是否存在职工
    public boolean exist(String bh);
}
```

(2) 在 org.etspace.rsgl.dao.impl 包中创建 IZgbDAO 接口的实现类 ZgbDAO。

ZgbDAO 实现类的文件名为 ZgbDAO.java，其代码如下：

```
package org.etspace.rsgl.dao.impl;
import org.etspace.rsgl.dao.IZgbDAO;
import org.etspace.rsgl.vo.Zgb;
import org.etspace.rsgl.jdbc.DbBean;
import java.sql.ResultSet;
import java.sql.SQLException;
import java.util.List;
import java.util.ArrayList;
import java.text.SimpleDateFormat;
public class ZgbDAO implements IZgbDAO {
    public void save(Zgb zgb) {
        SimpleDateFormat sdf=new SimpleDateFormat("yyyy-MM-dd");
        String sql="insert into zgb(bh,xm,xb,bm,csrq,jbgz,gwjt)";
        sql=sql+" values('"+zgb.getBh()+"','"+zgb.getXm()+"','"+zgb.getXb()+"'";
        sql=sql+",'"+zgb.getBm()+"','"+sdf.format(zgb.getCsrq())+"',
            "+zgb.getJbgz().toString()+","+zgb.getGwjt().toString()+")";
        DbBean myDbBean=new DbBean();
        myDbBean.openConnection();
        myDbBean.executeUpdate(sql);
        myDbBean.closeConnection();
    }
    public void delete(String bh) {
        String sql="delete from zgb where bh='"+bh+"'";
        DbBean myDbBean=new DbBean();
        myDbBean.openConnection();
        myDbBean.executeUpdate(sql);
        myDbBean.closeConnection();
    }
    public void update(Zgb zgb) {
        SimpleDateFormat sdf=new SimpleDateFormat("yyyy-MM-dd");
        String sql="update zgb set xm='"+zgb.getXm()+"',xb='"+zgb.getXb()+"'";
    sql=sql+",bm='"+zgb.getBm()+"',csrq='"+sdf.format(zgb.getCsrq())+"',
        jbgz="+zgb.getJbgz().toString()+",gwjt="+zgb.getGwjt().toString();
        sql=sql+" where bh='"+zgb.getBh()+"'";
        DbBean myDbBean=new DbBean();
        myDbBean.openConnection();
        myDbBean.executeUpdate(sql);
        myDbBean.closeConnection();
    }
    public Zgb find(String bh) {
        Zgb zgb=new Zgb();
        String sql="select * from zgb where bh='"+bh+"'";
        DbBean myDbBean=new DbBean();
        myDbBean.openConnection();
        ResultSet rs= myDbBean.executeQuery(sql);
        try {
            if(rs.next()){
```

```
            zgb.setBh(rs.getString("bh"));
            zgb.setXm(rs.getString("xm"));
            zgb.setXb(rs.getString("xb"));
            zgb.setBm(rs.getString("bm"));
            zgb.setCsrq(rs.getDate("csrq"));
            zgb.setJbgz(rs.getDouble("jbgz"));
            zgb.setGwjt(rs.getDouble("gwjt"));
        }else{
            zgb=null;
        }
        rs.close();
    } catch (SQLException e) {
        e.printStackTrace();
    }
    myDbBean.closeConnection();
    return zgb;
}
public List findAll(int pageNow, int pageSize, Zgb zgb) {
    String sql="";
    if (zgb==null)
        sql="select * from zgb order by bh";
    else{
        sql="select * from zgb where bh like '%"+zgb.getBh()+"%' and
            bm like '%"+zgb.getBm()+"%' order by bh";
    }
    DbBean myDbBean=new DbBean();
    myDbBean.openConnection();
    ResultSet rs= myDbBean.executeQuery(sql);
    int offset=(pageNow-1)*pageSize;
    List<Zgb> list=new ArrayList<Zgb>();
    int i=0;
    try {
        rs.absolute(offset);
        while(rs.next()){
            Zgb zgb0=new Zgb();
            zgb0.setBh(rs.getString("bh"));
            zgb0.setXm(rs.getString("xm"));
            zgb0.setXb(rs.getString("xb"));
            zgb0.setBm(rs.getString("bm"));
            zgb0.setCsrq(rs.getDate("csrq"));
            zgb0.setJbgz(rs.getDouble("jbgz"));
            zgb0.setGwjt(rs.getDouble("gwjt"));
            list.add(zgb0);
            i=i+1;
            if (i==pageSize)
                break;
        }
        rs.close();
    } catch (SQLException e) {
        e.printStackTrace();
```

```
        }
        myDbBean.closeConnection();
        return list;
    }
    public int findAllSize(Zgb zgb) {
        String sql="";
        if (zgb==null)
            sql="select * from zgb order by bh";
        else{
            sql="select * from zgb where bh like '%"+zgb.getBh()+"%' and
                bm like '%"+zgb.getBm()+"%' order by bh";
        }
        DbBean myDbBean=new DbBean();
        myDbBean.openConnection();
        ResultSet rs= myDbBean.executeQuery(sql);
        int n=0;
        try {
            rs.last();
            n=rs.getRow();
            rs.close();
        } catch (SQLException e) {
            e.printStackTrace();
        }
        myDbBean.closeConnection();
        return n;
    }
    public List getAll() {
        String sql="";
        sql="select * from zgb order by bh";
        DbBean myDbBean=new DbBean();
        myDbBean.openConnection();
        ResultSet rs= myDbBean.executeQuery(sql);
        List<Zgb> list=new ArrayList<Zgb>();
        try {
            while(rs.next()){
                Zgb zgb0=new Zgb();
                zgb0.setBh(rs.getString("bh"));
                zgb0.setXm(rs.getString("xm"));
                zgb0.setXb(rs.getString("xb"));
                zgb0.setBm(rs.getString("bm"));
                zgb0.setCsrq(rs.getDate("csrq"));
                zgb0.setJbgz(rs.getDouble("jbgz"));
                zgb0.setGwjt(rs.getDouble("gwjt"));
                list.add(zgb0);
            }
            rs.close();
        } catch (SQLException e) {
            e.printStackTrace();
        }
        myDbBean.closeConnection();
```

```
        return list;
    }
    public List getAllByBmbh(String bmbh) {
        String sql="";
        sql="select * from zgb where bm='"+bmbh+"' order by bh";
        DbBean myDbBean=new DbBean();
        myDbBean.openConnection();
        ResultSet rs= myDbBean.executeQuery(sql);
        List<Zgb> list=new ArrayList<Zgb>();
        try {
            while(rs.next()){
                Zgb zgb0=new Zgb();
                zgb0.setBh(rs.getString("bh"));
                zgb0.setXm(rs.getString("xm"));
                zgb0.setXb(rs.getString("xb"));
                zgb0.setBm(rs.getString("bm"));
                zgb0.setCsrq(rs.getDate("csrq"));
                zgb0.setJbgz(rs.getDouble("jbgz"));
                zgb0.setGwjt(rs.getDouble("gwjt"));
                list.add(zgb0);
            }
            rs.close();
        } catch (SQLException e) {
            e.printStackTrace();
        }
        myDbBean.closeConnection();
        return list;
    }
    public boolean exist(String bh) {
        boolean flag=false;
        String sql="select * from zgb where bh='"+bh+"'";
        DbBean myDbBean=new DbBean();
        myDbBean.openConnection();
        ResultSet rs= myDbBean.executeQuery(sql);
        try {
            if(rs.next())
                flag=true;
            rs.close();
        } catch (SQLException e) {
            e.printStackTrace();
        }
        myDbBean.closeConnection();
        return flag;
    }
}
```

10.5.5 DAO 组件工厂及其实现

DAO 组件工厂(Factory)用于创建各 DAO 实现类的实例。在本项目中，DAO 组件工厂

存放在 org.etspace.rsgl.factory 包中，其类名为 DAOFactory，文件名为 DAOFactory.java，具体代码如下：

```
package org.etspace.rsgl.factory;
import org.etspace.rsgl.dao.*;
import org.etspace.rsgl.dao.impl.*;
public class DAOFactory {
    public static IUsersDAO getIUsersDAOInstance(){
        return new UsersDAO() ;
    }
    public static IBmbDAO getIBmbDAOInstance(){
        return new BmbDAO() ;
    }
    public static IZgbDAO getIZgbDAOInstance(){
        return new ZgbDAO() ;
    }
}
```

10.6　业务层及其实现

业务层的开发主要是实现一系列的 Service 组件及其工厂类，而各个 Service 组件其实就是相应业务逻辑接口的实现类。Service 组件用于为表示层的 Servlet 控制器提供相应的服务，其具体实现依赖于持久层的 DAO 组件，是对 DAO 的进一步封装。

业务层 Service 组件的存在，使得上层(表示层)的 Servlet 控制器无须直接访问下层(持久层)DAO 组件的方法，而是调用面向应用的业务逻辑方法，从而彻底地屏蔽了下层的数据库操作，让上层开发人员可将主要精力集中在业务流程的具体实现上。

10.6.1　用户管理 Service 组件及其实现

用户管理 Service 组件主要用于提供与用户管理功能相关的各种操作。其实现步骤如下：

(1) 在 org.etspace.rsgl.service 包中创建用户管理 Service 接口 IUsersService。

IUsersService 接口的文件名为 IUsersService.java，其代码如下：

```
package org.etspace.rsgl.service;
import org.etspace.rsgl.vo.Users;
import java.util.List;
public interface IUsersService {
    //增加用户
    public void save(Users users);
    //删除用户
    public void delete(String username);
    //修改用户
    public void update(Users users);
    //查询用户
    public Users find(String username);
```

```
    //分页查询用户
    public List findAll(int pageNow,int pageSize,Users users);
    //查询用户总数
    public int findAllSize(Users users);
    //检查用户
    public Users check(String username,String password);
    //是否存在用户
    public boolean exist(String username);
}
```

(2) 在 org.etspace.rsgl.service.impl 包中创建 IUsersService 接口的实现类 UsersService。UsersService 实现类的文件名为 UsersService.java，其代码如下：

```
package org.etspace.rsgl.service.impl;
import org.etspace.rsgl.service.IUsersService;
import org.etspace.rsgl.vo.Users;
import org.etspace.rsgl.factory.DAOFactory;
import java.util.List;
public class UsersService implements IUsersService {
    public void save(Users users) {
        DAOFactory.getIUsersDAOInstance().save(users);
    }
    public void delete(String username){
        DAOFactory.getIUsersDAOInstance().delete(username);
    }
    public void update(Users users){
        DAOFactory.getIUsersDAOInstance().update(users);
    }
    public Users find(String username){
        return DAOFactory.getIUsersDAOInstance().find(username);
    }
    public List findAll(int pageNow,int pageSize,Users users){
        return DAOFactory.getIUsersDAOInstance().findAll(pageNow,
            pageSize, users);
    }
    public int findAllSize(Users users){
        return DAOFactory.getIUsersDAOInstance().findAllSize(users);
    }
    public Users check(String username, String password) {
        return DAOFactory.getIUsersDAOInstance().check(username, password);
    }
    public boolean exist(String username) {
        return DAOFactory.getIUsersDAOInstance().exist(username);
    }
}
```

10.6.2 部门管理 Service 组件及其实现

部门管理 Service 组件主要用于提供与部门管理功能相关的各种操作。其实现步骤如下。

(1) 在 org.etspace.rsgl.service 包中创建部门管理 Service 接口 IBmbService。

IBmbService 接口的文件名为 IBmbService.java，其代码如下：

```
package org.etspace.rsgl.service;
import org.etspace.rsgl.vo.Bmb;
import java.util.List;
public interface IBmbService {
    //增加部门
    public void save(Bmb bmb);
    //删除部门
    public void delete(String bmbh);
    //修改部门
    public void update(Bmb bmb);
    //查询部门
    public Bmb find(String bmbh);
    //分页查询部门
    public List findAll(int pageNow,int pageSize,Bmb bmb);
    //查询部门总数
    public int findAllSize(Bmb bmb);
    //获取所有部门
    public List getAll();
    //是否存在部门
    public boolean exist(String bmbh);
}
```

(2) 在 org.etspace.rsgl.service.impl 包中创建 IBmbService 接口的实现类 BmbService。

BmbService 实现类的文件名为 BmbService.java，其代码如下：

```
package org.etspace.rsgl.service.impl;
import org.etspace.rsgl.service.IBmbService;
import org.etspace.rsgl.vo.Bmb;
import org.etspace.rsgl.factory.DAOFactory;
import java.util.List;
public class BmbService implements IBmbService {
    public void save(Bmb bmb) {
        DAOFactory.getIBmbDAOInstance().save(bmb);
    }
    public void delete(String bmbh) {
        DAOFactory.getIBmbDAOInstance().delete(bmbh);
    }
    public void update(Bmb bmb) {
        DAOFactory.getIBmbDAOInstance().update(bmb);
    }
    public Bmb find(String bmbh) {
        return DAOFactory.getIBmbDAOInstance().find(bmbh);
    }
    public List findAll(int pageNow, int pageSize, Bmb bmb) {
      return DAOFactory.getIBmbDAOInstance().findAll(pageNow, pageSize, bmb);
    }
```

```
    public int findAllSize(Bmb bmb) {
        return DAOFactory.getIBmbDAOInstance().findAllSize(bmb);
    }
    public List getAll() {
        return DAOFactory.getIBmbDAOInstance().getAll();
    }
    public boolean exist(String bmbh) {
        return DAOFactory.getIBmbDAOInstance().exist(bmbh);
    }
}
```

10.6.3 职工管理 Service 组件及其实现

职工管理 Service 组件主要用于提供与职工管理功能相关的各种操作。其实现步骤如下。

(1) 在 org.etspace.rsgl.service 包中创建职工管理 Service 接口 IZgbService。

IZgbService 接口的文件名为 IZgbService.java，其代码如下：

```
package org.etspace.rsgl.service;
import org.etspace.rsgl.vo.Zgb;
import java.util.List;
public interface IZgbService {
    //增加职工
    public void save(Zgb zgb);
    //删除职工
    public void delete(String bh);
    //修改职工
    public void update(Zgb zgb);
    //查询职工
    public Zgb find(String bh);
    //分页查询职工
    public List findAll(int pageNow,int pageSize,Zgb zgb);
    //查询职工总数
    public int findAllSize(Zgb zgb);
    //获取所有职工
    public List getAll();
    //获取指定部门的职工
    public List getAllByBmbh(String bmbh);
    //是否存在职工
    public boolean exist(String bh);
}
```

(2) 在 org.etspace.rsgl.service.impl 包中创建 IZgbService 接口的实现类 ZgbService。

ZgbService 实现类的文件名为 ZgbService.java，其代码如下：

```
package org.etspace.rsgl.service.impl;
import org.etspace.rsgl.service.IZgbService;
import org.etspace.rsgl.vo.Zgb;
import org.etspace.rsgl.factory.DAOFactory;
import java.util.List;
```

```
public class ZgbService implements IZgbService {
    public void save(Zgb zgb) {
        DAOFactory.getIZgbDAOInstance().save(zgb);
    }
    public void delete(String bh) {
        DAOFactory.getIZgbDAOInstance().delete(bh);
    }
    public void update(Zgb zgb) {
        DAOFactory.getIZgbDAOInstance().update(zgb);
    }
    public Zgb find(String bh) {
        return DAOFactory.getIZgbDAOInstance().find(bh);
    }
    public List findAll(int pageNow, int pageSize, Zgb zgb) {
        return DAOFactory.getIZgbDAOInstance().findAll(pageNow, pageSize, zgb);
    }
    public int findAllSize(Zgb zgb) {
        return DAOFactory.getIZgbDAOInstance().findAllSize(zgb);
    }
    public List getAll() {
        return DAOFactory.getIZgbDAOInstance().getAll();
    }
    public List getAllByBmbh(String bmbh) {
        return DAOFactory.getIZgbDAOInstance().getAllByBmbh(bmbh);
    }
    public boolean exist(String bh) {
        return DAOFactory.getIZgbDAOInstance().exist(bh);
    }
}
```

10.6.4　Service 组件工厂及其实现

Service 组件工厂(Factory)用于创建各 Service 实现类的实例。在本项目中，Service 组件工厂存放在 org.etspace.rsgl.factory 包中，其类名为 ServiceFactory，文件名为 ServiceFactory.java，具体代码如下：

```
package org.etspace.rsgl.factory;
import org.etspace.rsgl.service.*;
import org.etspace.rsgl.service.impl.*;
public class ServiceFactory {
    public static IUsersService getIUsersServiceInstance(){
       return new UsersService() ;
    }
    public static IBmbService getIBmbServiceInstance(){
       return new BmbService() ;
    }
    public static IZgbService getIZgbServiceInstance(){
       return new ZgbService() ;
    }
}
```

10.7 表示层及其实现

作为 Java Web 应用系统的最上层，表示层与用户的实际使用体验密切相关，其开发任务就是实现系统的各项具体功能，主要包括有关页面的设计、相应 Servlet 控制器的编写与配置以及相关拦截器的编写与配置等。总的来说，表示层开发人员只需调用业务层所提供的各项服务，合理实现面向特定应用的各项系统功能即可。

10.7.1 素材文件的准备

对于一个 Web 应用系统的开发来说，通常要先准备好相应的素材文件，如页面设计所需要的图片文件与层叠样式表文件等。

1. 图片文件

本人事管理系统所需要的图片文件如图 10.4 所示，只需将其复制到项目的 images 子文件夹中即可。

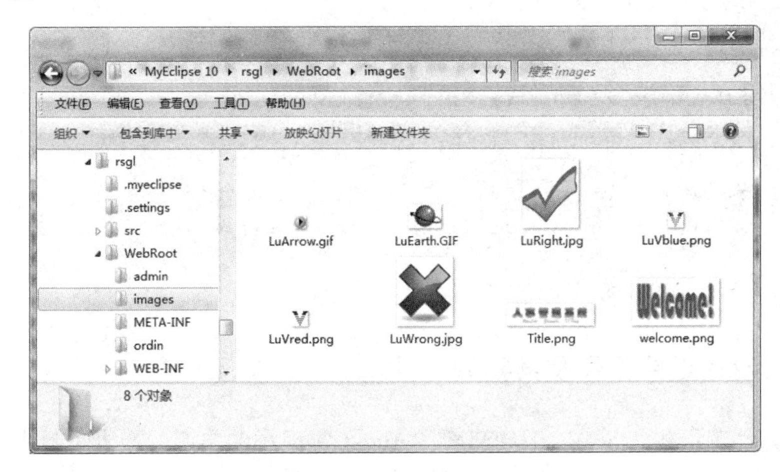

图 10.4 项目所需要的图片文件

2. 层叠样式表文件

在项目的 WebRoot 文件夹中创建一个层叠样式表文件 stylesheet.css，其代码如下：

```
BODY {
    font-size: 9pt;
    font-family: 宋体;
    color: #3366FF;
}
A {
    FONT-SIZE: 9pt;
    TEXT-DECORATION: underline;
    color: #3366FF;
}
A:link {
```

```
    FONT-SIZE: 9pt;
    TEXT-DECORATION: none;
    color: #3366FF;
}
A:visited {
    FONT-SIZE: 9pt;
    TEXT-DECORATION: none;
    color: #3366FF;
}
A:active {
    FONT-SIZE: 9pt;
    TEXT-DECORATION: none;
    color: #3366FF;
}
A:hover {
    COLOR: red;
    TEXT-DECORATION: underline
}
TABLE {
    FONT-SIZE: 9pt
}
TR {
    FONT-SIZE: 9pt
}
TD {
    FONT-SIZE: 9pt;
}
```

10.7.2　公用模块的实现

本系统有关功能的实现依赖于一些公用的模块，主要包括一个分页类、一个登录检查过滤器类与一个权限检查过滤器类。

1. 分页类 Pager

本项目在实现用户、部门与职工的查询功能时，均以分页方式显示相应的查询结果。在查询结果页面中，通常要显示首页、上一页、下一页与尾页的链接，以便于用户的浏览操作。为此，可先创建一个分页类，以利于分页功能的具体实现。

在本项目中，分页类为 Pager，创建于 org.etspace.rsgl.tool 包内，其文件名为 Pager.java，代码如下：

```
package org.etspace.rsgl.tool;
public class Pager {
    private int pageNow;     //当前页码
    private int pageSize;    //每页显示的记录数
    private int totalPage;  //总页数
    private int totalSize;  //记录总数
    private boolean hasFirst;   //是否有首页
    private boolean hasPre;     //是否有前一页
```

```
private boolean hasNext;    //是否有下一页
private boolean hasLast;    //是否有最后一页
//构造方法(函数)
public Pager(int pageNow,int pageSize,int totalSize){
    this.pageNow=pageNow;
    this.pageSize=pageSize;
    this.totalSize=totalSize;
}
public int getPageNow() {
    return pageNow;
}
public void setPageNow(int pageNow) {
    this.pageNow = pageNow;
}
public int getPageSize() {
    return pageSize;
}
public void setPageSize(int pageSize) {
    this.pageSize = pageSize;
}
public int getTotalPage() {
    totalPage=totalSize/pageSize;
    if(totalSize%pageSize!=0)
        totalPage++;
    return totalPage;
}
public void setTotalPage(int totalPage) {
    this.totalPage = totalPage;
}
public int getTotalSize() {
    return totalSize;
}
public void setTotalSize(int totalSize) {
    this.totalSize = totalSize;
}
public boolean isHasFirst() {
    //若当前页为第一页，则无首页
    if(pageNow==1)
        return false;
    else
        return true;
}
public void setHasFirst(boolean hasFirst) {
    this.hasFirst = hasFirst;
}
public boolean isHasPre() {
    //若有首页，则当前页不是第一页，因此有前一页
    if(this.isHasFirst())
        return true;
    else
```

```
            return false;
    }
    public void setHasPre(boolean hasPre) {
        this.hasPre = hasPre;
    }
    public boolean isHasNext() {
        //若有尾页，则当前页不是最后一页，因此有下一页
        if(isHasLast())
            return true;
        else
            return false;
    }
    public void setHasNext(boolean hasNext) {
        this.hasNext = hasNext;
    }
    public boolean isHasLast() {
        //若当前页为最后一页，或总页数为 0，则无尾页
        if(pageNow==this.getTotalPage() || this.getTotalPage()==0)
            return false;
        else
            return true;
    }
    public void setHasLast(boolean hasLast) {
        this.hasLast = hasLast;
    }
}
```

2. 登录检查过滤器类 LoginFilter

本系统规定，用户必须先登录成功后，方可使用系统的有关功能。为检验用户是否已经登录，可设计一个专门的登录检查过滤器。其主要实现步骤如下。

(1) 在 org.etspace.rsgl.tool 包中创建一个登录检查过滤器类 LoginFilter，其文件名为 LoginFilter.java，代码如下：

```
package org.etspace.rsgl.tool;
import java.io.IOException;
import java.io.PrintWriter;
import javax.servlet.Filter;
import javax.servlet.FilterChain;
import javax.servlet.FilterConfig;
import javax.servlet.ServletException;
import javax.servlet.ServletRequest;
import javax.servlet.ServletResponse;
import javax.servlet.http.HttpServletRequest;
import javax.servlet.http.HttpSession;
import org.etspace.rsgl.vo.Users;
public class LoginFilter implements Filter {
    public void init(FilterConfig config) throws ServletException {
    }
    public void destroy() {
```

```
    }
    public void doFilter(ServletRequest request, ServletResponse response,
            FilterChain chain) throws IOException, ServletException {
        request.setCharacterEncoding("UTF-8");
        response.setCharacterEncoding("UTF-8");
        response.setContentType("text/html;charset=UTF-8");
        HttpSession session=((HttpServletRequest)request).getSession();
        Users user=(Users) session.getAttribute("user");
        if(user==null){
            PrintWriter out=response.getWriter();
            out.print("<script language=javascript>");
            out.print("alert('您尚未登录! ');");
            out.print("window.location.href='../login.jsp';");
            out.print("</script>");
        }
        else{
            chain.doFilter(request, response);
        }
    }
}
```

(2) 在项目的配置文件 web.xml 中完成 LoginFilter 过滤器的配置。其代码如下：

```
<?xml version="1.0" encoding="UTF-8"?>
<web-app version="3.0"
    xmlns="http://java.sun.com/xml/ns/javaee"
    xmlns:xsi="http://www.w3.org/2001/XMLSchema-instance"
    xsi:schemaLocation="http://java.sun.com/xml/ns/javaee
    http://java.sun.com/xml/ns/javaee/web-app_3_0.xsd">
    ...
    <filter>
        <filter-name>LoginFilter</filter-name>
        <filter-class>org.etspace.rsgl.tool.LoginFilter</filter-class>
    </filter>
    <filter-mapping>
        <filter-name>LoginFilter</filter-name>
        <url-pattern>/ordin/*</url-pattern>
        <url-pattern>/admin/*</url-pattern>
    </filter-mapping>
    ...
</web-app>
```

3. 权限检查过滤器类 AuthorityFilter

在本系统中，有些功能只能由系统管理员执行。因此，在开始执行某项功能前，应对用户的类型进行判断，以确定其是否具有相应的操作权限。为此，可设计一个专门的权限检查过滤器类。其主要实现步骤如下：

(1) 在 org.etspace.rsgl.tool 包中创建一个权限检查过滤器类 AuthorityFilter，其文件名为 AuthorityFilter.java，代码如下：

```
package org.etspace.rsgl.tool;
import java.io.IOException;
import java.io.PrintWriter;
import javax.servlet.Filter;
import javax.servlet.FilterChain;
import javax.servlet.FilterConfig;
import javax.servlet.ServletException;
import javax.servlet.ServletRequest;
import javax.servlet.ServletResponse;
import javax.servlet.http.HttpServletRequest;
import javax.servlet.http.HttpSession;
import org.etspace.rsgl.vo.Users;
public class AuthorityFilter implements Filter {
    public void init(FilterConfig config) throws ServletException {
    }
    public void destroy() {
    }
    public void doFilter(ServletRequest request, ServletResponse response,
            FilterChain chain) throws IOException, ServletException {
        request.setCharacterEncoding("UTF-8");
        response.setCharacterEncoding("UTF-8");
        response.setContentType("text/html;charset=UTF-8");
        HttpSession session=((HttpServletRequest)request).getSession();
        Users user=(Users) session.getAttribute("user");
        if(user.getUsertype().compareTo("系统管理员")!=0){
            PrintWriter out=response.getWriter();
            out.print("<script language=javascript>");
            out.print("alert('您无此权限！');");
            out.print("window.location.href='../home.jsp';");
            out.print("</script>");
        }
        else{
            chain.doFilter(request, response);
        }
    }
}
```

(2) 在项目的配置文件 web.xml 中完成 AuthorityFilte 过滤器的配置。其有关代码如下：

```
<filter>
   <filter-name>AuthorityFilter</filter-name>
   <filter-class>org.etspace.rsgl.tool.AuthorityFilter</filter-class>
</filter>
<filter-mapping>
   <filter-name>AuthorityFilter</filter-name>
   <url-pattern>/admin/*</url-pattern>
</filter-mapping>
```

10.7.3 登录功能的实现

本系统的系统登录页面如图 10.5 所示。在此页面中，输入正确的用户名与密码，再单击“确定”按钮，即可打开如图 10.6 所示的系统主界面。反之，若输入的用户名或密码不正确，则系统将重新打开系统登录页面，等待用户再次登录。

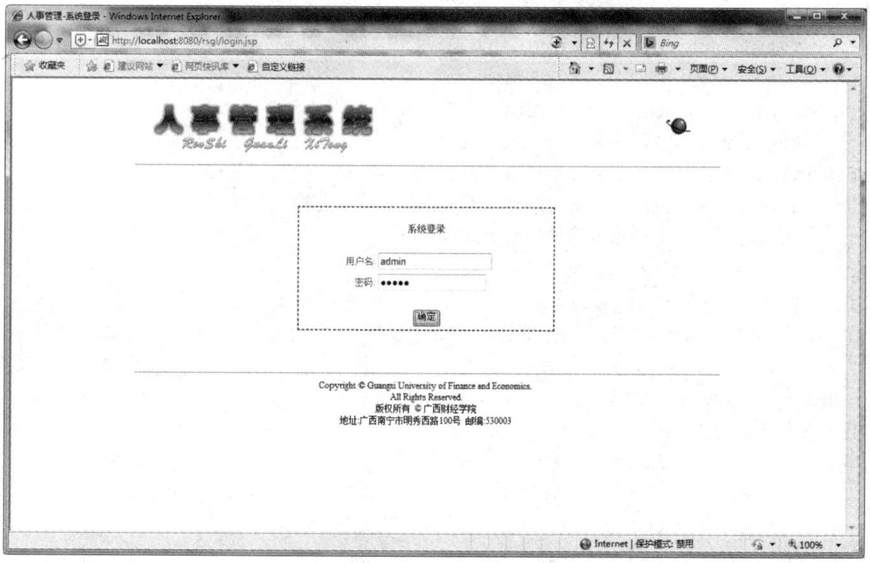

图 10.5　系统登录页面

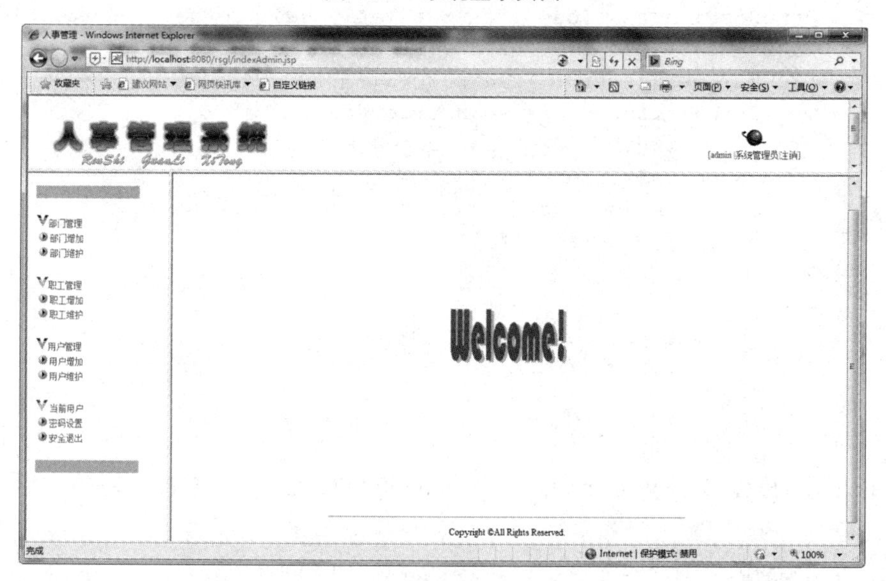

图 10.6　系统主界面

系统登录功能的实现过程如下。

(1) 在项目的 WebRoot 文件夹中添加一个新的 JSP 页面 login.jsp。其代码如下：

```
<%@ page language="java" import="java.util.*" pageEncoding="UTF-8"%>
<!DOCTYPE HTML PUBLIC "-//W3C//DTD HTML 4.01 Transitional//EN">
<html>
  <head>
    <title>人事管理-系统登录</title>
```

```
  <meta http-equiv="pragma" content="no-cache">
  <meta http-equiv="cache-control" content="no-cache">
  <meta http-equiv="expires" content="0">
  <meta http-equiv="keywords" content="人事管理">
  <link rel="stylesheet" href="stylesheet.css" type="text/css"></link>
</head>
<body>
  <div align="center">
  <table style="padding: 0px; margin: 0px; width: 800px;" border="0"
      cellpadding="0" cellspacing="0">
      <tr>
       <td>
            <table style="width:100%;">
               <tr>
                  <td style="text-align: left"><img alt="" src=
                      "images/Title.png"></td>
                  <td> </td>
                  <td><img alt="" src="images/LuEarth.GIF"></td>
               </tr>
            </table>
       </td>
      </tr>
      <tr>
         <td><hr /></td>
      </tr>
      <tr>
         <td> </td>
      </tr>
      <tr>
         <td> </td>
      </tr>
      <tr>
         <td> </td>
      </tr>
      <tr>
         <td align="center">
               <form action="UsersServlet" method="post">
               <table style="border: thin dashed #008080;" width="350"
                   align="center">
               <tr>
               <td style="width: 30%"> </td>
               <td style="width: 70%"> </td>
               </tr>
               <tr>
               <td align="center" colspan="2">
               <b>系统登录</b>
               </td>
               </tr>
               <tr>
               <td> </td>
```

```
                <td> </td>
                </tr>
                <tr>
                <td align="right">
                    用户名:
                </td>
                <td>
                    <input type="text" name="username" maxlength="10">
                </td>
                </tr>
                <tr>
                <td align="right">
                    密码:
                </td>
                <td>
                    <input type="password" name="password" maxlength="20">
                </td>
                </tr>
                <tr>
                <td> </td>
                <td><input type="hidden" name="action" value="login"></td>
                </tr>
                <tr>
                <td align="center" colspan="2">
                <input type="submit" name="submit" value="确定">
                </td>
                </tr>
                </table>
                </form>
        </td>
    </tr>
    <tr>
        <td> </td>
    </tr>
    <tr>
        <td> </td>
    </tr>
    <tr>
        <td><hr /></td>
    </tr>
    <tr>
        <td style="text-align: center">
              <font color="#330033">Copyright &copy; Guangxi University
                  of Finance and Economics.<br/>
              All Rights Reserved.</font><br />
              <font color="#330033">版权所有 &copy; 广西财经学院</font><br />
              <font color="#330033">地址:广西南宁市明秀西路 100 号 邮编:530003
                  </font><br />
        </td>
    </tr>
```

```
    </table>
    </div>
  </body>
</html>
```

(2) 在项目的配置文件 web.xml 中将项目启动页面设置为 login.jsp。其有关代码如下：

```
  <welcome-file-list>
    <welcome-file>login.jsp</welcome-file>
  </welcome-file-list>
```

(3) 在 org.etspace.rsgl.servlet 包中新建一个 Servlet 控制器类 UsersServlet。其文件名为 UsersServlet.java，代码如下：

```
package org.etspace.rsgl.servlet;
import java.io.*;
import javax.servlet.ServletException;
import javax.servlet.http.HttpServlet;
import javax.servlet.http.HttpServletRequest;
import javax.servlet.http.HttpServletResponse;
import java.util.List;
import org.etspace.rsgl.tool.Pager;
import org.etspace.rsgl.vo.*;
import org.etspace.rsgl.factory.*;
public class UsersServlet extends HttpServlet {
    public void doGet(HttpServletRequest request, HttpServletResponse response)
            throws ServletException, IOException {
        doPost(request,response);
    }
    public void doPost(HttpServletRequest request, HttpServletResponse response)
            throws ServletException, IOException {
        request.setCharacterEncoding("UTF-8");
        response.setCharacterEncoding("UTF-8");
        response.setContentType("text/html;charset=UTF-8");
        PrintWriter out = response.getWriter();
        String action=request.getParameter("action");
        //out.print(action);
        if (action==null){
            response.sendRedirect("error.jsp");
        }
        else{
            String path="error.jsp";
            if (action.equals("login")){
                String username = request.getParameter("username");
                String password = request.getParameter("password");
                Users users=ServiceFactory.getIUsersServiceInstance().check
                    (username, password);
                if (users!=null){
                    request.getSession(true).setAttribute("user", users);
                    path="indexAdmin.jsp";
                }
                else {
                    path="login.jsp";
```

```
                }
            }
            response.sendRedirect(path);
        }
    }
}
```

(4) 在项目的配置文件 web.xml 中完成 UsersServlet 控制器的配置。其有关代码如下：

```
  <servlet>
    <servlet-name>UsersServlet</servlet-name>
    <servlet-class>org.etspace.rsgl.servlet.UsersServlet</servlet-class>
  </servlet>
  <servlet-mapping>
    <servlet-name>UsersServlet</servlet-name>
    <url-pattern>/UsersServlet</url-pattern>
  </servlet-mapping>
```

(5) 在项目的 WebRoot 文件夹中添加一个新的 JSP 页面 indexAdmin.jsp。其代码如下：

```
<%@ page language="java" import="java.util.*" pageEncoding="UTF-8"%>
<!DOCTYPE HTML PUBLIC "-//W3C//DTD HTML 4.01 Transitional//EN">
<html>
  <head>
    <title>人事管理</title>
    <link rel="stylesheet" href="stylesheet.css" type="text/css"></link>
  </head>
<frameset rows="100,*" cols="*">
    <frame src="./main.jsp" name="topFrame" scrolling="yes" id="topFrame">
    <frameset rows="*" cols="200,*">
        <frame src="./menu.jsp" name="leftFrame" scrolling="auto" id=
           "leftFrame">
        <frame src="./home.jsp" name="rightFrame" scrolling="yes" id=
           "rightFrame">
    </frameset>
</frameset>
<noframes>
<body>
    <div>
    此网页使用了框架，但您的浏览器不支持框架。
    </div>
</body>
</noframes>
</html>
```

(6) 在项目的 WebRoot 文件夹中添加一个新的 JSP 页面 error.jsp。其代码如下：

```
<%@ page language="java" import="java.util.*" pageEncoding="UTF-8"%>
<html>
  <head>
    <title>操作信息</title>
    <link rel="stylesheet" href="./stylesheet.css" type="text/css"></link>
  </head>
```

```
  <body>
    <img src="./images/LuWrong.jpg">
    <FONT color="red">操作失败！</FONT>
  </body>
</html>
```

10.7.4　系统主界面的实现

系统的主界面由 indexAdmin.jsp 页面生成。该页面其实是一个框架页面，用于将主界面分为 3 个部分。其中，上方用于打开 main.jsp 页面，下方左侧用于打开 menu.jsp 页面，下方右侧用于打开 home.jsp 页面。

1. main.jsp 页面

main.jsp 页面主要用于显示系统的标题图片与当前用户的基本信息，并提供一个“注销”链接以安全退出系统。该页面的代码如下：

```
<%@ page language="java" import="java.util.*" pageEncoding="UTF-8"%>
<!DOCTYPE HTML PUBLIC "-//W3C//DTD HTML 4.01 Transitional//EN">
<html>
  <head>
    <title>人事管理</title>
    <link rel="stylesheet" href="./stylesheet.css" type="text/css"></link>
  </head>
<body>
    <div>
        <table style="width: 100%;">
            <tr>
                <td style="width: 80%">
                    <img alt="" src="./images/Title.png">
                </td>
                <td style="width: 20%" align="center">
                    <img alt="" src="./images/LuEarth.GIF">
                    <br />
                    [${sessionScope.user.username}|${sessionScope.user.usertype}|
                      <a href="UsersServlet?action=logout" target="_top">
                      注销</a>]</td>
            </tr>
            <tr>
                <td>
                     
                </td>
                <td>
                     
                </td>
                <td>
                     
                </td>
            </tr>
            </table>
    </div>
</body>
</html>
```

2. menu.jsp 页面

menu.jsp 页面主要用于显示系统的“功能菜单”，内含一系列用于执行相应功能的超链接。该页面的代码如下：

```
<%@ page language="java" import="java.util.*" pageEncoding="UTF-8"%>
<!DOCTYPE HTML PUBLIC "-//W3C//DTD HTML 4.01 Transitional//EN">
<html>
  <head>
    <title>人事管理</title>
    <link rel="stylesheet" href="./stylesheet.css" type="text/css"></link>
  </head>
<body>
    <div>
        <table border="0" width="150px">
            <tr>
                <td align="center" bgcolor="#66CCFF">
                     </td>
            </tr>
            <tr>
                <td>
                     </td>
            </tr>
            <tr>
                <td>
                    <img alt="" src="./images/LuVred.png">部门管理</td>
            </tr>
            <tr>
                <td>
                     <img alt="" src="./images/LuArrow.gif">
                    <a href="./admin/bmbAdd.jsp" target="rightFrame">部门增加
                        </a></td>
            </tr>
            <tr>
                <td>
                     <img alt="" src="./images/LuArrow.gif">
                    <a href="BmbServlet?action=list&bmbh=" target=
                        "rightFrame">部门维护</a></td>
            </tr>
            <tr>
                <td>
                     </td>
            </tr>
            <tr>
                <td>
                    <img alt="" src="./images/LuVblue.png">职工管理</td>
            </tr>
            <tr>
                <td>
                     <img alt="" src="./images/LuArrow.gif">
                    <a href="./ordin/zgbAdd.jsp" target="rightFrame">职工增加
                        <br></a></td>
            </tr>
```

```
<tr>
    <td>
         <img alt="" src="./images/LuArrow.gif">
        <a href="ZgbServlet?action=list&bm=&bh=" target=
            "rightFrame">职工维护</a></td>
</tr>
<tr>
    <td>
         </td>
</tr>
<tr>
    <td>
        <img alt="" src="./images/LuVred.png">用户管理</td>
</tr>
<tr>
    <td>
         <img alt="" src="./images/LuArrow.gif">
        <a href="./admin/usersAdd.jsp" target="rightFrame">用户增加
            </a></td>
</tr>
<tr>
    <td>
         <img alt="" src="./images/LuArrow.gif">
        <a href="UsersServlet?action=list&username=" target=
            "rightFrame">用户维护</a></td>
</tr>
<tr>
    <td>
         </td>
</tr>
<tr>
    <td>
        <img alt="" src="./images/LuVblue.png"> 当前用户</td>
</tr>
<tr>
    <td>
         <img alt="" src="./images/LuArrow.gif">
        <a href="./ordin/usersSetPwd.jsp" target="rightFrame">
            密码设置</a></td>
</tr>
<tr>
    <td>
         <img alt="" src="./images/LuArrow.gif">
        <a href="UsersServlet?action=logout" target="_top">安全退出
            </a></td>
</tr>
<tr>
    <td>
         </td>
</tr>
<tr>
    <td bgcolor="#66CCFF">
         </td>
```

```
            </tr>
        </table>
    </div>
</body>
</html>
```

3. home.jsp 页面

home.jsp 页面用于显示一张“欢迎”图片，其实是系统“工作区”的初始界面。该页面的代码如下：

```
<%@ page language="java" import="java.util.*" pageEncoding="UTF-8"%>
<!DOCTYPE HTML PUBLIC "-//W3C//DTD HTML 4.01 Transitional//EN">
<html>
  <head>
    <title>人事管理</title>
    <link rel="stylesheet" href="./stylesheet.css" type="text/css"></link>
  </head>
<body>
    <div>
        <table style="width:500px;" align="center">
            <tr>
                <td align="center" height="180px">
                     </td>
            </tr>
            <tr>
                <td align="center">
                    <img alt="" src="./images/welcome.png">
                </td>
            </tr>
            <tr>
                <td align="center" height="180px">
                     </td>
            </tr>
            <tr>
                <td align="center">
                    <hr /></td>
            </tr>
            <tr>
                <td align="center">
                     <font color="#330033">Copyright &copy;All Rights Reserved.
                         </font></td>
            </tr>
        </table>
    </div>
</body>
</html>
```

10.7.5　当前用户功能的实现

当前用户功能仅针对当前用户(系统管理员或普通用户)自身，可由当前用户根据需要

随时执行。在本系统中，当前用户功能共有两项，即密码设置与安全退出。其中，密码设置功能用于设置或更改当前用户的登录密码，安全退出功能用于清除当前用户的有关信息并退出系统。

1. 密码设置

在系统主界面中单击“密码设置”链接，将打开如图 10.7 所示的“密码设置”页面。在其中输入欲设置的有效密码后，再单击“确定”按钮，即可完成密码的设置或更改，并显示如图 10.8 所示的“操作成功”页面。若未输入密码(或只输入全空格密码)便直接单击“确定”按钮，则会显示如图 10.9 所示的“操作失败”页面。

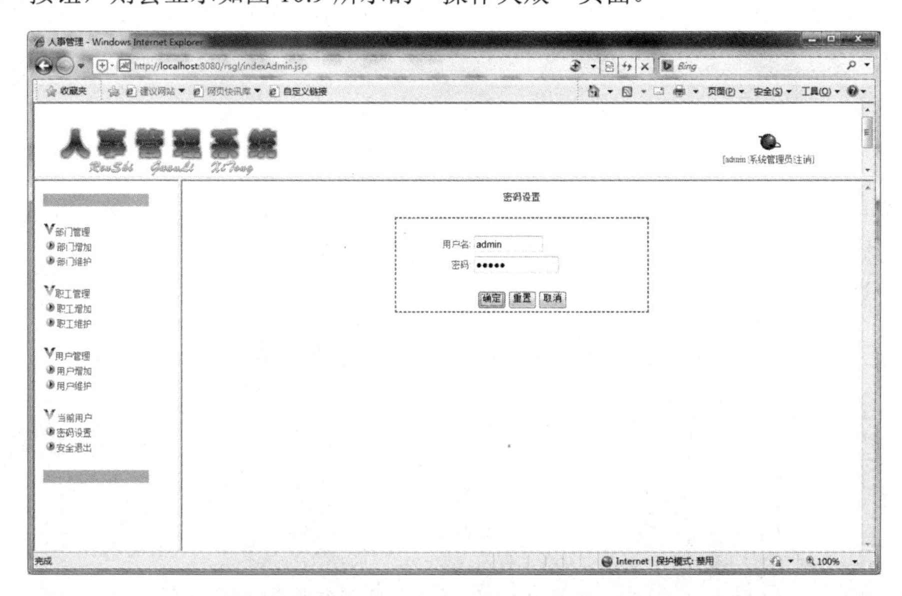

图 10.7　“密码设置”页面

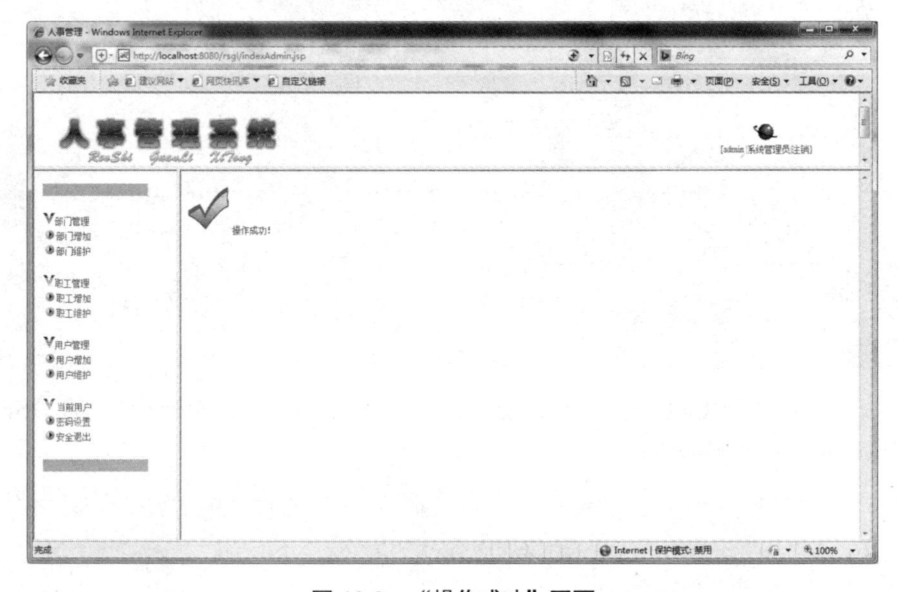

图 10.8　“操作成功”页面

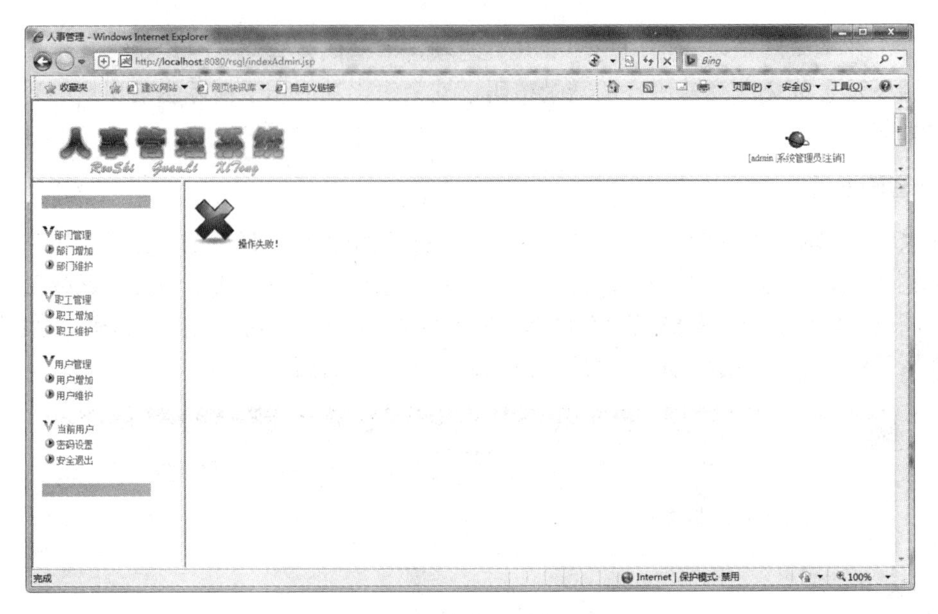

图 10.9　“操作失败”页面

密码设置功能的实现过程如下。

(1) 在 Servlet 控制器类 UsersServlet 中添加密码设置的功能代码。具体如下：

```
...
if (action.equals("login")){
    ...
}
else if (action.equals("setpwd")){
    String username = request.getParameter("username");
    String password = request.getParameter("password");
    String usertype = request.getParameter("usertype");
    if (password!=null && password.trim().length()!=0){
        Users users=new Users();
        users.setUsername(username);
        users.setPassword(password);
        users.setUsertype(usertype);
        ServiceFactory.getIUsersServiceInstance().update(users);
        request.getSession(true).setAttribute("user", users);
        path="success.jsp";
    }
}
...
```

(2) 在项目 WebRoot 文件夹的子文件夹 ordin 中添加一个新的 JSP 页面 usersSetPwd.jsp。其代码如下：

```
<%@ page language="java" import="java.util.*" pageEncoding="UTF-8"%>
<html>
  <head>
    <title>系统用户一密码设置</title>
    <link rel="stylesheet" href="../stylesheet.css" type="text/css"></link>
```

```
  </head>
  <body>
  <div align="center">
  <b>密码设置</b><br>
  <br>
  <form action="../UsersServlet" method="post">
  <table align="center" width="350" style="border: thin dashed rgb(0, 128, 128);">
  <tr>
  <td style="width: 30%;"> </td>
  <td style="width: 70%;"> </td>
  </tr>
  <tr>
  <td align="right">
    用户名:
  </td>
  <td>
    <input type="text" name="username" value="${sessionScope.user.username}"
        size="10" maxlength="10" readonly="readonly">
  </td>
  </tr>
  <tr>
  <td align="right">
    密码:
  </td>
  <td>
    <input type="password" name="password" size="15" maxlength="20">
  </td>
  </tr>
  <tr>
  <td> </td>
  <td>
    <input type="hidden" name="username" value="${sessionScope.user.username}">
    <input type="hidden" name="usertype" value="${sessionScope.user.usertype}">
    <input type="hidden" name="action" value="setpwd">
  </td>
  </tr>
  <tr>
  <td align="center" colspan="2">
  <input type="submit" name="submit" value="确定">
  <input type="reset" name="reset" value="重置">
  <input name="cancel" type="button" value="取消" onClick="javascript:
    location='../home.jsp';">
  </td>
  </tr>
  </table>
  </form>
  </div>
  </body>
</html>
```

(3) 在项目的 WebRoot 文件夹中添加一个新的 JSP 页面 success.jsp。其代码如下：

```
<%@ page language="java" import="java.util.*" pageEncoding="UTF-8"%>
<html>
  <head>
    <title>操作信息</title>
    <link rel="stylesheet" href="./stylesheet.css"
type="text/css"></link>
  </head>
  <body>
     <img src="./images/LuRight.jpg">
     <FONT color="green">操作成功! </FONT>
  </body>
</html>
```

2. 安全退出

在系统主界面中单击“安全退出”链接(或“注销”链接)，将直接关闭系统的主界面，并打开如图 10.5 所示的系统登录页面。

安全退出功能的实现过程较为简单，只需在 Servlet 控制器类 UsersServlet 中添加安全退出的功能代码即可。具体如下：

```
...
if (action.equals("login")){
    ...
}
else if (action.equals("logout")){
    Users users=null;
    request.getSession(true).setAttribute("user", users);
    path="login.jsp";
}
else if (action.equals("setpwd")){
    ...
}
...
```

10.7.6 用户管理功能的实现

用户管理功能包括用户的增加与维护，而用户的维护又包括用户的查询、修改、删除与密码重置。本系统规定，用户管理功能只能由系统管理员使用。

1. 用户增加

在系统主界面中单击“用户增加”链接，若当前用户为普通用户，将打开如图 10.10 所示的“您无此权限”对话框；反之，若当前用户为系统管理员，将打开如图 10.11 所示的“用户增加”页面。在其中输入用户名并选定相应的用户类型后，再单击“确定”按钮，若能成功

图 10.10 “您无此权限”对话框

添加用户，将显示如图 10.12 所示的“操作成功”页面；否则，将显示如图 10.13 所示的“操作失败”页面。

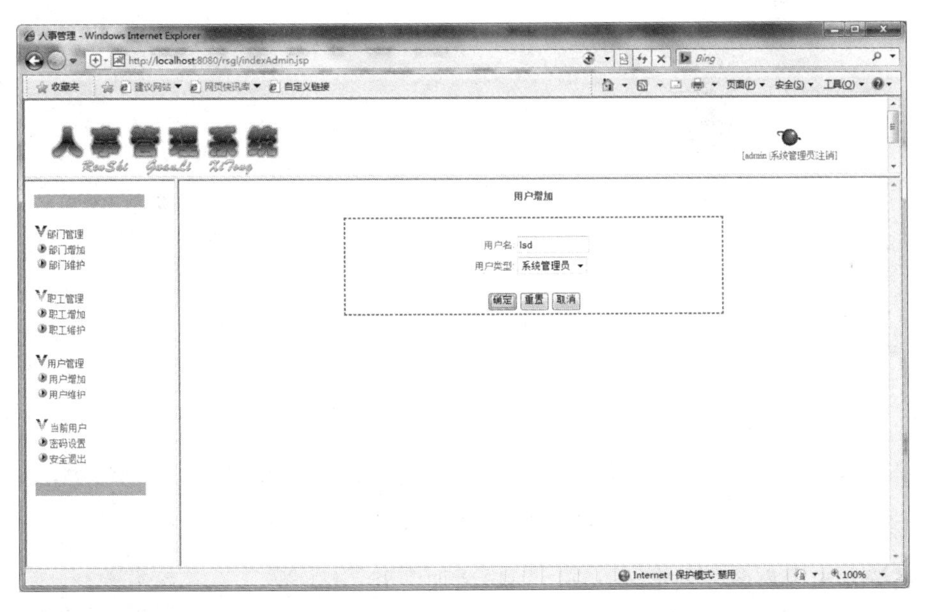

图 10.11　“用户增加”页面

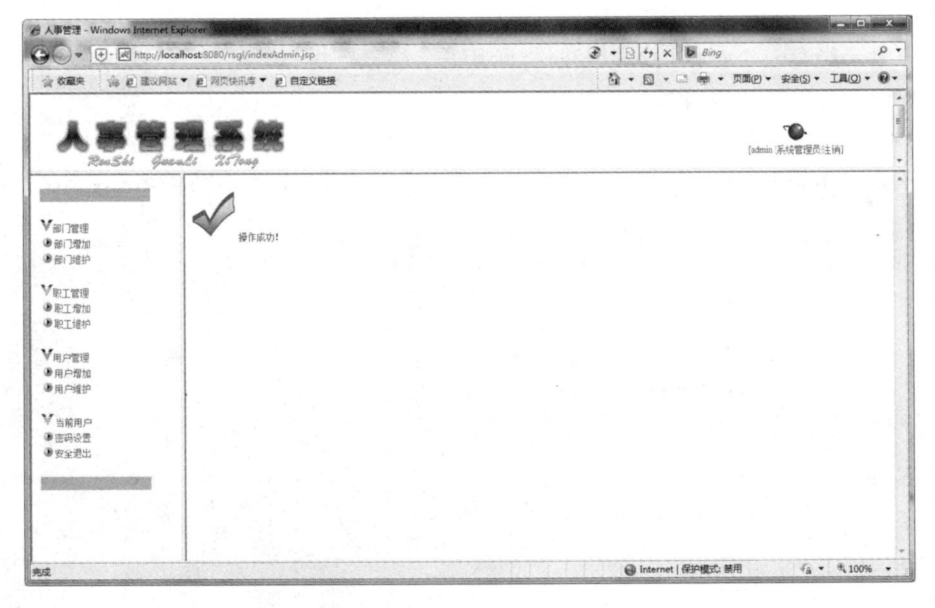

图 10.12　“操作成功”页面

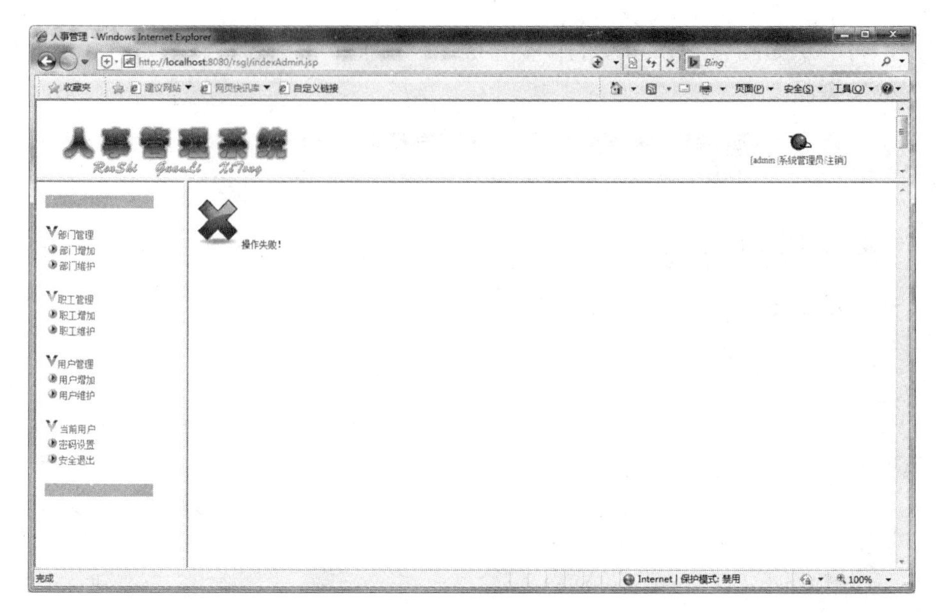

图 10.13 “操作失败”页面

本系统要求用户名必须唯一。在“用户增加”页面的用户名文本框中输入用户名并让其失去焦点，若所输入的用户名已经存在，则会打开如图 10.14 所示的“用户名已经存在”对话框，以及时提醒用户。

图 10.14 “用户名已经存在”对话框

用户增加功能的实现过程如下。

(1) 在项目的 WebRoot 文件夹中添加一个新的 JSP 页面 noAuthority.jsp。其代码如下：

```
<%@ page language="java"
import="java.util.*" pageEncoding="UTF-8"%>
<html>
  <head>
    <title>操作信息</title>
    <link rel="stylesheet" href="./stylesheet.css"
type="text/css"></link>
  </head>
  <body>
     <img src="./images/LuVred.png">
     <FONT color="blue">您无此操作权限！</FONT>
  </body>
</html>
```

(2) 在 Servlet 控制器类 UsersServlet 中添加用户增加的功能代码。具体如下：

```
...
if (action==null){
    ...
}
else if (action.equals("check")){
    String username = request.getParameter("username");
```

```
    if (ServiceFactory.getIUsersServiceInstance().exist(username)){
        out.print("TRUE");
    }
    else{
        out.print("FALSE");
    }
}
else{
    ...
    if (action.equals("login")){
        ...
    }
    else if (action.equals("logout")){
        ...
    }
    else if (action.equals("setpwd")){
        ...
    }
    else if (action.equals("add")){
        String username = request.getParameter("username");
        String usertype = request.getParameter("usertype");
        if (ServiceFactory.getIUsersServiceInstance().exist(username)){
            path="error.jsp";
        }
        else{
            Users users=new Users();
            users.setUsername(username);
            users.setPassword(username);
            users.setUsertype(usertype);
            ServiceFactory.getIUsersServiceInstance().save(users);
            path="success.jsp";
        }
    }
    ...
}
...
```

(3) 在项目 WebRoot 文件夹的子文件夹 admin 中添加一个新的 JSP 页面 usersAdd.jsp。其代码如下：

```
<%@ page language="java" import="java.util.*" pageEncoding="UTF-8"%>
<html>
  <head>
    <title>系统用户</title>
    <link rel="stylesheet" href="../stylesheet.css" type="text/css"></link>
    <script type="text/javascript">
    //Ajax 初始化函数(创建一个 XMLHttpRequest 对象)
    function GetXmlHttpObject()
    {
        var XMLHttp=null;
        try
        {
            XMLHttp=new XMLHttpRequest();
```

```
        }
        catch (e)
        {
            try
            {
                XMLHttp=new ActiveXObject("Msxml2.XMLHTTP");
            }
            catch (e)
            {
                XMLHttp=new ActiveXObject("Microsoft.XMLHTTP");
            }
        }
        return XMLHttp;
    }
    function check()
    {
        XMLHttp=GetXmlHttpObject();  //创建一个 XMLHttpRequest 对象
        var username=document.getElementById("username").value;
        if(username=="")
            window.alert("请输入用户名!");
        else{
            var url="../UsersServlet";
            var poststr="action=check&username="+username;
            poststr=poststr+"&sid="+Math.random();
            XMLHttp.open("POST",url,true);  //建立连接(POST 方式)
            //设置标头信息
            XMLHttp.setRequestHeader("Content-Type","application/x-www-
                form-urlencoded");
            XMLHttp.send(poststr);  //发送请求
            XMLHttp.onreadystatechange = processResponse;  //指定响应处理函数
        }
    }
    function processResponse()  //定义响应处理函数
    {
        if (XMLHttp.readyState==4){
            if (XMLHttp.status==200){
                var resstr=XMLHttp.responseText;
                //window.alert(resstr.length); //返回字符串的长度
                //若返回的字符串为 TRUE，则表示用户名已存在
                if(resstr=="TRUE"){
                    window.alert("用户名已经存在!");
                }
                //若返回的字符串为 FALSE，则表示用户名不存在
                else if(resstr=="FALSE"){
                    window.alert("用户名尚未使用!");
                }
            }
        }
    }
    </script>
</head>
 <body>
 <div align="center">
```

```
<b>用户增加</b>
<br />
<br />
<form action="../UsersServlet" method="post">
<table style="border: thin dashed #008080;" width="500" align="center">
<tr>
<td style="width: 45%"> </td>
<td style="width: 55%"> </td>
</tr>
<tr>
<td align="right">
  用户名:
</td>
<td>
  <input type="text" name="username" value="" size="10" maxlength="10"
        onblur="check()" id="username">
</td>
</tr>
<tr id="usertype">
<td align="right">
  用户类型:
</td>
<td>
  <select name="usertype" id="usertype">
  <option value="系统管理员">系统管理员</option>
  <option value="普通用户">普通用户</option>
  </select>
</td>
</tr>
<tr>
<td> </td>
<td><input type="hidden" name="action" value="add"></td>
</tr>
<tr>
<td align="center" colspan="2">
<input type="submit" name="submit" value="确定">
<input type="reset" name="reset" value="重置">
<input name="cancel" type="button" value="取消" onClick="javascript:
      location='../home.jsp';">
</td>
</tr>
</table>
</form>
</div>
</body>
</html>
```

2. 用户维护

在系统主界面中单击“用户维护”链接，若当前用户为普通用户，将打开相应的“您无此权限！”对话框；反之，若当前用户为系统管理员，将打开如图 10.15 所示的“用户列表”页面。该页面以分页的方式显示系统的有关用户记录(在此为每页显示 2 个用户记录)，并支持按用户名对系统用户进行模糊查询，同时提供了增加新用户以及对各个用户进行删除、修改或密码重置操作的链接。其中，“增加”链接的作用与系统主界面中的“用户增加”链接是一样的。

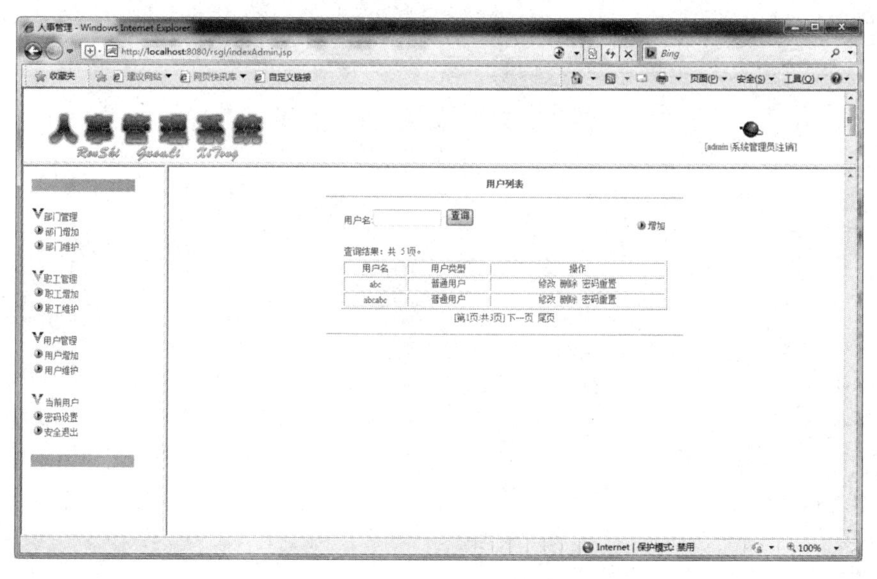

图 10.15 “用户列表”页面

为查询用户，只需在“用户列表”页面的用户名文本框中输入相应的查询条件，然后再单击“查询”按钮即可。

为修改用户，只需在用户列表中单击相应用户后的“修改”链接，打开如图 10.16 所示的“用户修改”页面，并在其中进行相应的修改，最后再单击“确定”按钮即可。若能成功修改指定的用户，将显示相应的“操作成功”页面；否则，将显示相应的“操作失败”页面。

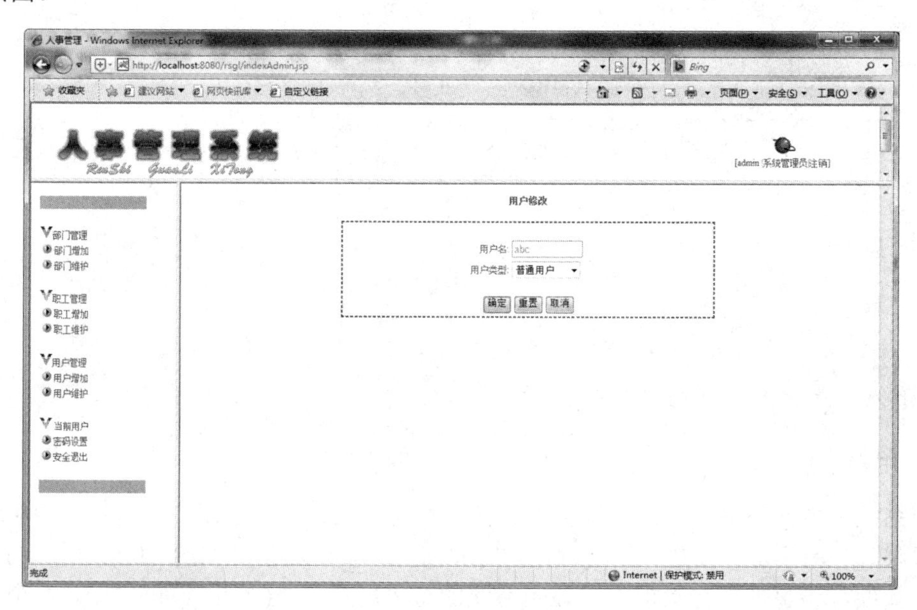

图 10.16　“用户修改”页面

为删除用户，只需在用户列表中单击相应用户后的“删除”链接，并在随之打开的如图 10.17 所示的“确定删除吗”对话框中单击“确定”按钮即可。若能成功删除指定的用户，将显示相应的“操作成功”页面；否则，将显示相应的“操作失败”页面。

为重置用户的密码，只需在用户列表中单击相应用户后的“重置密码”链接，并在随之打开的如图 10.18 所示的“确定重置密码吗”对话框中单击“确定”按钮即可。若能成功重置指定用户的密码，将显示相应的“操作成功”页面；否则，将显示相应的“操作失败”页面。为简单起见，在本系统中，重置密码就是将指定用户的密码修改为用户名本身。

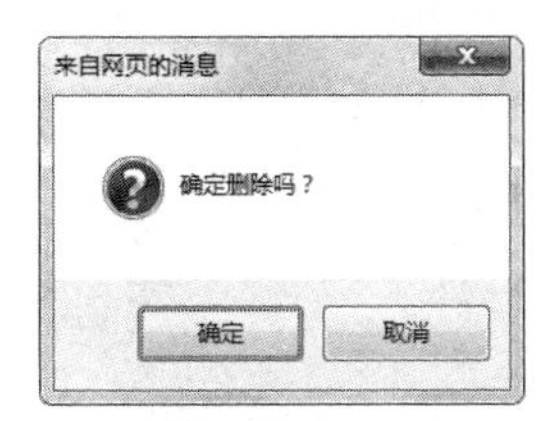

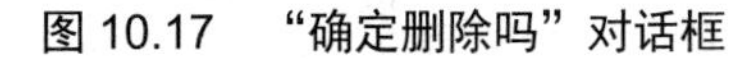
图 10.17　“确定删除吗”对话框

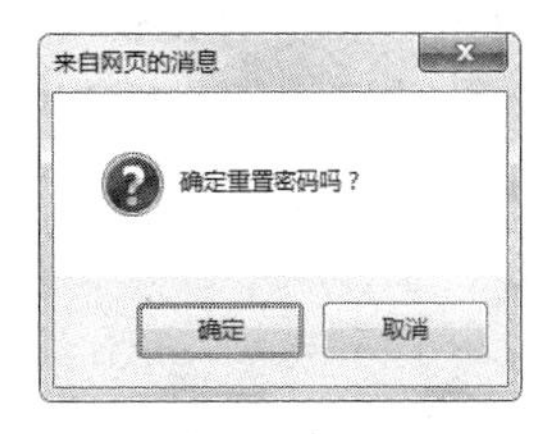

图 10.18　“确定重置密码吗”对话框

用户维护功能的实现过程如下。

(1) 在 Servlet 控制器类 UsersServlet 中添加用户维护的功能代码。具体如下：

```
...
if (action.equals("login")){
...
}
else if (action.equals("logout")){
    ...
}
else if (action.equals("setpwd")){
    ...
}
else if (action.equals("add")){
    ...
}
else if (action.equals("list")){
    String username = request.getParameter("username");
    String pageNow0 = request.getParameter("pageNow");
    int pageSize = 2;  //通常应设为10
    int pageNow;
    if(pageNow0==null||pageNow0.trim().length()==0){
        pageNow=1;
    }else{
        pageNow=Integer.parseInt(pageNow0);
    }
    Users users=new Users();
    users.setUsername(username);
    request.getSession(true).setAttribute("users0", users);
```

```
    List list=ServiceFactory.getIUsersServiceInstance().findAll
        (pageNow, pageSize, users);
    request.getSession(true).setAttribute("list", list);
    Pager pager=new Pager(pageNow,pageSize, ServiceFactory.
        getIUsersServiceInstance().findAllSize(users));
    request.getSession(true).setAttribute("pager", pager);
    path="./admin/usersList.jsp";
}
else if (action.equals("edit")){
    String username = request.getParameter("username");
    Users users=ServiceFactory.getIUsersServiceInstance().
        find(username);
    if (users!=null){
        request.getSession(true).setAttribute("users", users);
        path="./admin/usersUpdate.jsp";
    }
    else{
        path="error.jsp";
    }
}
else if (action.equals("update")){
    String username = request.getParameter("username");
    String password = request.getParameter("password");
    String usertype = request.getParameter("usertype");
    Users users=new Users();
    users.setUsername(username);
    users.setPassword(password);
    users.setUsertype(usertype);
    if (ServiceFactory.getIUsersServiceInstance().exist(username)){
        ServiceFactory.getIUsersServiceInstance().update(users);
        path="success.jsp";
    }
    else{
        path="error.jsp";
    }
}
else if (action.equals("delete")){
    String username = request.getParameter("username");
    if (ServiceFactory.getIUsersServiceInstance().exist(username)){
        ServiceFactory.getIUsersServiceInstance().delete(username);
        path="success.jsp";
    }
    else{
        path="error.jsp";
    }
}
else if (action.equals("resetpwd")){
    String username = request.getParameter("username");
    Users users=ServiceFactory.getIUsersServiceInstance().find(username);
    if (users!=null){
```

```
        users.setPassword(username);
        ServiceFactory.getIUsersServiceInstance().update(users);
        if (((Users)request.getSession(true).getAttribute("user")).
            getUsername().equals(username)){
            request.getSession(true).setAttribute("user", users);
        }
        path="success.jsp";
    }
    else{
        path="error.jsp";
    }
}
...
```

(2) 在项目 WebRoot 文件夹的子文件夹 admin 中添加一个新的 JSP 页面 usersList.jsp。其代码如下：

```
<%@ page language="java" import="java.util.*" pageEncoding="UTF-8"%>
<%@ page import="org.etspace.rsgl.vo.Users" %>
<%@ page import="org.etspace.rsgl.tool.Pager" %>
<html>
  <head>
    <title>系统用户</title>
    <link rel="stylesheet" href="../stylesheet.css" type="text/css"></link>
  </head>
  <body>
  <div align="center">
  <b>用户列表</b><br />
  <table width="500" border="0">
  <tr>
  <td>
  <hr />
  </td>
  </tr>
  <tr>
  <td>
    <table width="450" align="center" border="0">
        <tr>
        <td>
            <form action="../UsersServlet" method="post">
            用户名:<input type="text" name="username" value=
                "${sessionScope.users0.username}" size="10" maxlength="10">
            <input type="hidden" name="action" value="list">
            <input type="submit" value="查询"/>
            </form>
        </td>
        <td align="right">
            <img alt="" src="../images/LuArrow.gif" align="absmiddle">
            <a href="usersAdd.jsp" target="rightFrame">增加</a>
        </td>
        </tr>
```

```
    </table>
    <table width="450" align="center" border="0">
        <tr>
            <td>
            查询结果：共 ${sessionScope.pager.totalSize} 项。
            </td>
        </tr>
    </table>
    <table width="450" align="center" border="1">
        <tr align="center">
            <td>用户名</td><td>用户类型</td><td>操作</td>
        </tr>
<%
    List list=(List)session.getAttribute("list");
    Pager pager=(Pager)session.getAttribute("pager");
    Iterator iterator=list.iterator();
    while(iterator.hasNext()){
        Users users=(Users)iterator.next();
%>
        <tr align="center">
            <td><%= users.getUsername() %></td>
            <td><%= users.getUsertype() %></td>
            <td align="center">
             <a href="../UsersServlet?action=edit&username=<%=
                users.getUsername() %>">修改</a>
             <a href="../UsersServlet?action=delete&username=<%=
                users.getUsername() %>" onClick="if(!confirm('确定删除吗？'))
                return false;else return true;">删除</a>
             <a href="../UsersServlet?action=resetpwd&username=<%=
                users.getUsername() %>" onClick="if(!confirm('确定重置密码吗？'))
                return false;else return true;">密码重置</a>
            </td>
        </tr>
<%
    }
%>
    </table>
    <table width="450" align="center" border="0">
        <tr align="center">
        <td>
<%
    if (pager.getTotalSize()!=0) {
%>
                    [第${sessionScope.pager.pageNow}页/共
${sessionScope.pager.totalPage}页]
<%
    }
%>
<%
    if (pager.isHasFirst()) {
```

```
%>
                    <a href="../UsersServlet?action=list&pageNow=
                      1&username=${sessionScope.users0.username}">首页</a>
<%
    }
%>
<%
    if (pager.isHasPre()) {
%>
                    <a href="../UsersServlet?action=list&pageNow=
                       ${sessionScope.pager.pageNow-1}&username=
                       ${sessionScope.users0.username}">上一页</a>
<%
    }
%>
<%
    if (pager.isHasNext()) {
%>
                    <a href="../UsersServlet?action=list&pageNow=
                       ${sessionScope.pager.pageNow+1}&username=
                       ${sessionScope.users0.username}">下一页</a>
<%
    }
%>
<%
    if (pager.isHasLast()) {
%>
                    <a href="../UsersServlet?action=list&pageNow=
                       ${sessionScope.pager.totalPage}&username=
                      ${sessionScope.users0.username}">尾页</a>
<%
    }
%>
        </td>
        </tr>
    </table>
  </td>
  </tr>
  <tr>
  <td>
  <hr />
  </td>
  </tr>
  </table>
  </div>
  </body>
</html>
```

(3) 在项目 WebRoot 文件夹的子文件夹 admin 中添加一个新的 JSP 页面 usersUpdate.jsp。其代码如下：

```
<%@ page language="java" import="java.util.*" pageEncoding="UTF-8"%>
<html>
  <head>
    <title>系统用户</title>
    <link rel="stylesheet" href="../stylesheet.css"
type="text/css"></link>
  </head>
  <body>
  <div align="center">
  <b>用户修改</b>
  <br/>
  <br/>
  <form action="../UsersServlet" method="post">
  <table style="border: thin dashed #008080;" width="500" align="center">
  <tr>
  <td style="width: 45%"> </td>
  <td style="width: 55%"> </td>
  </tr>
  <tr>
  <td align="right">
    用户名:
  </td>
  <td>
    <input type="text" name="username" value=
      "${sessionScope.users.username}" size="10" maxlength="10" disabled="true"">
  </td>
  </tr>
  <tr>
  <td align="right">
    用户类型:
  </td>
  <td>
    <select name="usertype" id="usertype">
    <option value="系统管理员" ${sessionScope.users.usertype=="系统管理员
        "?"selected":""}>系统管理员</option>
    <option value="普通用户" ${sessionScope.users.usertype=="普通用户
        "?"selected":""}>普通用户</option>
    </select>
  </td>
  </tr>
  <tr>
  <td> </td>
  <td>
    <input type="hidden" name="username" value="${sessionScope.users.username}">
    <input type="hidden" name="password" value="${sessionScope.users.password}">
    <input type="hidden" name="action" value="update">
  </td>
  </tr>
  <tr>
  <td align="center" colspan="2">
```

```
  <input type="submit" name="submit" value="确定">
  <input type="reset" name="reset" value="重置">
  <input name="cancel" type="button" value="取消" onClick="javascript:
    location='../home.jsp';">
  </td>
  </tr>
  </table>
  </form>
  </div>
  </body>
</html>
```

10.7.7　部门管理功能的实现

部门管理功能包括部门的增加与维护，而部门的维护又包括部门的查询、修改与删除。本系统规定，部门管理功能只能由系统管理员使用。

1. 部门增加

在系统主界面中单击“部门增加”链接，若当前用户为普通用户，将打开相应的“您无此权限”对话框；反之，若当前用户为系统管理员，将打开如图 10.19 所示的“部门增加”页面。在其中输入部门的编号与名称后，再单击“确定”按钮，若能成功添加部门，将显示相应的“操作成功”页面；否则，将显示相应的“操作失败”页面。

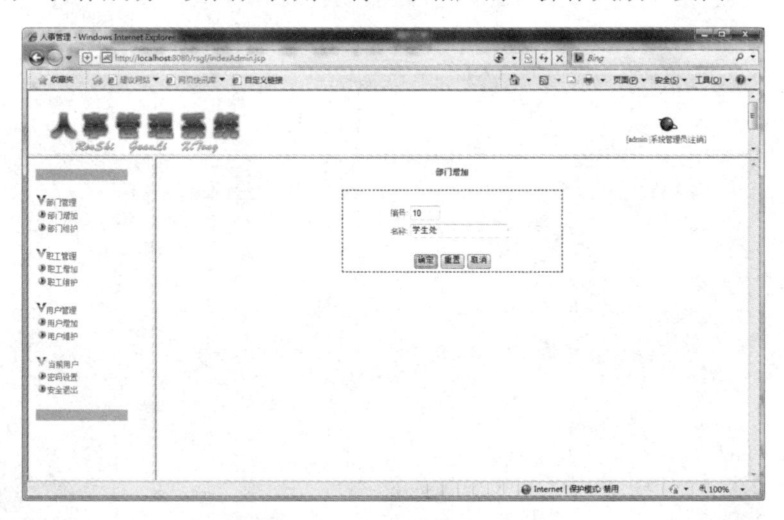

图 10.19　“部门增加”页面

本系统要求部门编号必须唯一。在“部门增加”页面的编号文本框中输入部门编号并让其失去焦点，若所输入的部门编号已经存在，则会打开如图 10.20 所示的“部门编号已经存在”对话框，以及时提醒用户。

图 10.20　“部门编号已经存在”对话框

部门增加功能的实现过程如下。

(1) 在 org.etspace.rsgl.servlet 包中新建一个 Servlet 控制器类 BmbServlet。其文件名为 BmbServlet.java，代码如下：

```
package org.etspace.rsgl.servlet;
import java.io.*;
import javax.servlet.ServletException;
import javax.servlet.http.HttpServlet;
import javax.servlet.http.HttpServletRequest;
import javax.servlet.http.HttpServletResponse;
import java.util.List;
import org.etspace.rsgl.tool.Pager;
import org.etspace.rsgl.vo.*;
import org.etspace.rsgl.factory.*;
public class BmbServlet extends HttpServlet {
    public void doGet(HttpServletRequest request, HttpServletResponse response)
            throws ServletException, IOException {
        doPost(request,response);
    }
    public void doPost(HttpServletRequest request, HttpServletResponse response)
            throws ServletException, IOException {
        request.setCharacterEncoding("UTF-8");
        response.setCharacterEncoding("UTF-8");
        response.setContentType("text/html;charset=UTF-8");
        PrintWriter out = response.getWriter();
        String action=request.getParameter("action");
        //out.print(action);
        if (action==null){
            response.sendRedirect("error.jsp");
        }
        else if (action.equals("check")){
            String bmbh = request.getParameter("bmbh");
            if (ServiceFactory.getIBmbServiceInstance().exist(bmbh)){
                out.print("TRUE");
            }
            else{
                out.print("FALSE");
            }
        }
        else{
            String path="error.jsp";
            if (action.equals("add")){
                String bmbh = request.getParameter("bmbh");
                String bmmc = request.getParameter("bmmc");
                if (ServiceFactory.getIBmbServiceInstance().exist(bmbh)){
                    path="error.jsp";
                }
                else{
                    Bmb bmb=new Bmb();
                    bmb.setBmbh(bmbh);
                    bmb.setBmmc(bmmc);
```

```
                    ServiceFactory.getIBmbServiceInstance().save(bmb);
                    path="success.jsp";
                }
            }
            response.sendRedirect(path);
        }
    }
}
```

(2) 在项目的配置文件 web.xml 中完成 BmbServlet 控制器的配置。其有关代码如下：

```
<servlet>
  <servlet-name>BmbServlet</servlet-name>
  <servlet-class>org.etspace.rsgl.servlet.BmbServlet</servlet-class>
</servlet>
<servlet-mapping>
  <servlet-name>BmbServlet</servlet-name>
  <url-pattern>/BmbServlet</url-pattern>
</servlet-mapping>
```

(3) 在项目 WebRoot 文件夹的子文件夹 admin 中添加一个新的 JSP 页面 bmbAdd.jsp。其代码如下：

```
<%@ page language="java" import="java.util.*" pageEncoding="UTF-8"%>
<html>
  <head>
    <title>部门</title>
    <link rel="stylesheet" href="../stylesheet.css" type="text/css"></link>
    <script type="text/javascript">
    //Ajax 初始化函数(创建一个 XMLHttpRequest 对象)
    function GetXmlHttpObject()
    {
        var XMLHttp=null;
        try
        {
            XMLHttp=new XMLHttpRequest();
        }
        catch (e)
        {
            try
            {
                XMLHttp=new ActiveXObject("Msxml2.XMLHTTP");
            }
            catch (e)
            {
                XMLHttp=new ActiveXObject("Microsoft.XMLHTTP");
            }
        }
        return XMLHttp;
    }
    function check()
```

```
    {
        XMLHttp=GetXmlHttpObject(); //创建一个 XMLHttpRequest 对象
        var bmbh=document.getElementById("bmbh").value;
        if(bmbh=="")
            window.alert("请输入部门编号!");
        else{
            var url="../BmbServlet";
            var poststr="action=check&bmbh="+bmbh;
            poststr=poststr+"&sid="+Math.random();
            XMLHttp.open("POST",url,true); //建立连接(POST 方式)
            //设置标头信息
            XMLHttp.setRequestHeader("Content-Type","application/x-www-
                form-urlencoded");
            XMLHttp.send(poststr); //发送请求
            XMLHttp.onreadystatechange = processResponse; //指定响应处理函数
        }
    }
    function processResponse() //定义响应处理函数
    {
        if (XMLHttp.readyState==4){
            if (XMLHttp.status==200){
                var resstr=XMLHttp.responseText;
                //window.alert(resstr.length); //返回字符串的长度
                //若返回的字符串为 TRUE，则表示部门编号已存在
                if(resstr=="TRUE"){
                    window.alert("部门编号已经存在!");
                }
                //若返回的字符串为 FALSE，则表示部门编号不存在
                else if(resstr=="FALSE"){
                    window.alert("部门编号尚未使用!");
                }
            }
        }
    }
    </script>
</head>
<body>
<div align="center">
<b>部门增加</b>
<br/>
<br/>
<form action="../BmbServlet" method="post">
<table style="border: thin dashed #008080;" width="350" align="center">
<tr>
<td style="width: 30%"> </td>
<td style="width: 70%"> </td>
</tr>
<tr>
<td align="right">
  编号:
```

```
  </td>
  <td>
    <input type="text" name="bmbh" size="2" maxlength="2" onblur="check()">
  </td>
  </tr>
  <tr>
  <td align="right">
    名称:
  </td>
  <td>
    <input type="text" name="bmmc" size="20" maxlength="20">
  </td>
  </tr>
  <tr>
  <td> </td>
  <td><input type="hidden" name="action" value="add"></td>
  </tr>
  <tr>
  <td align="center" colspan="2">
  <input type="submit" name="submit" value="确定">
  <input type="reset" name="reset" value="重置">
  <input name="cancel" type="button" value="取消" onClick="javascript:
location='../home.jsp';">
  </td>
  </tr>
  </table>
  </form>
  </div>
  </body>
</html>
```

2. 部门维护

在系统主界面中单击“部门维护”链接，若当前用户为普通用户，将打开相应的“您无此权限”对话框；反之，若当前用户为系统管理员，将打开如图 10.21 所示的“部门列表”页面。该页面以分页的方式显示系统的有关部门记录(在此为每页显示 2 个部门记录)，并支持按编号对部门进行模糊查询，同时提供了增加新部门以及对各个部门进行删除或修改操作的链接。其中，“增加”链接的作用与系统主界面中的“部门增加”链接是一样的。

为查询部门，只需在“部门列表”页面的编号文本框中输入相应的查询条件，然后再单击“查询”按钮即可。

为修改部门，只需在部门列表中单击相应部门后的“修改”链接，打开如图 10.22 所示的“部门修改”页面，并在其中进行相应的修改，最后再单击“确定”按钮即可。若能成功修改指定的部门，将显示相应的“操作成功”页面；否则，将显示相应的“操作失败”页面。

人事管理 - Windows Internet Explorer
http://localhost:8080/rsgl/indexAdmin.jsp
收藏夹 建议网站 网页快讯库 自定义链接
人事管理系统
RenShi GuanLi XiTong
[admin 系统管理员注销]
部门管理
部门增加
部门维护
职工管理
职工增加
职工维护
用户管理
用户增加
用户维护
当前用户
密码设置
安全退出

部门列表

编号: 查询 增加

查询结果：共 6项。

编号	名称	操作
01	计信系	修改 删除
02	会计系	修改 删除

[第1页 共3页] 下一页 尾页

Internet | 保护模式: 禁用 100%

图 10.21 “部门列表”页面

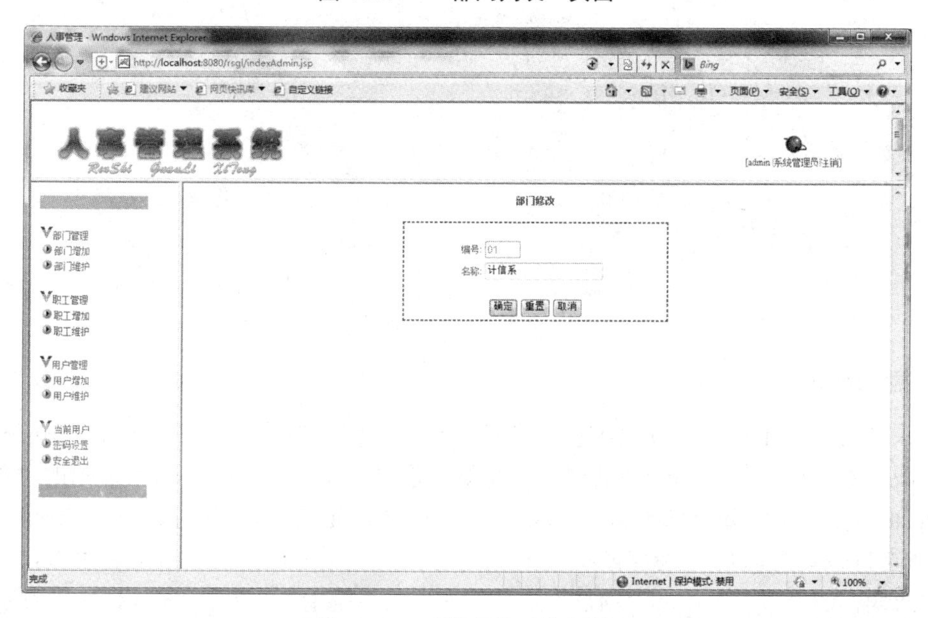

图 10.22 “部门修改”页面

为删除部门，只需在部门列表中单击相应部门后的“删除”链接，并在随之打开的如图 10.23 所示的“确定删除吗”对话框中单击“确定”按钮即可。若能成功删除指定的部门，将显示相应的“操作成功”页面；否则，将显示相应的“操作失败”页面。

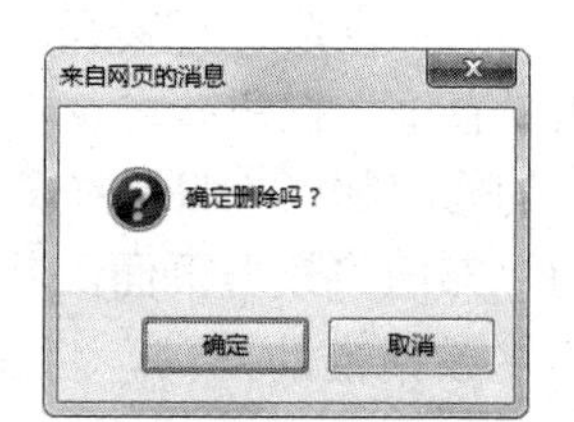

图 10.23 “确定删除吗”对话框

部门维护功能的实现过程如下。

(1) 在 Servlet 控制器类 BmbServlet 中添加部门维护

的功能代码。具体如下：

```
...
if (action.equals("add")){
    ...
}
else if (action.equals("list")){
    String bmbh = request.getParameter("bmbh");
    String pageNow0 = request.getParameter("pageNow");
    int pageSize = 2;  //通常应设为10
    int pageNow;
    if(pageNow0==null||pageNow0.trim().length()==0){
        pageNow=1;
    }else{
        pageNow=Integer.parseInt(pageNow0);
    }
    Bmb bmb=new Bmb();
    bmb.setBmbh(bmbh);
    request.getSession(true).setAttribute("bmb0", bmb);
    List list=ServiceFactory.getIBmbServiceInstance().findAll(pageNow,
        pageSize, bmb);
    request.getSession(true).setAttribute("list", list);
   Pager pager=new Pager(pageNow,pageSize,ServiceFactory.getIBmbServiceInstance().
        findAllSize(bmb));
    request.getSession(true).setAttribute("pager", pager);
    path="./admin/bmbList.jsp";
}
else if (action.equals("edit")){
    String bmbh = request.getParameter("bmbh");
    Bmb bmb=ServiceFactory.getIBmbServiceInstance().find(bmbh);
    if (bmb!=null){
        request.getSession(true).setAttribute("bmb", bmb);
        path="./admin/bmbUpdate.jsp";
    }
    else{
        path="error.jsp";
    }
}
else if (action.equals("update")){
    String bmbh = request.getParameter("bmbh");
    String bmmc = request.getParameter("bmmc");
    Bmb bmb=new Bmb();
    bmb.setBmbh(bmbh);
    bmb.setBmmc(bmmc);
    if (ServiceFactory.getIBmbServiceInstance().exist(bmbh)){
        ServiceFactory.getIBmbServiceInstance().update(bmb);
        path="success.jsp";
    }
    else{
        path="error.jsp";
```

```
    }
}
else if (action.equals("delete")){
    String bmbh = request.getParameter("bmbh");
    if (ServiceFactory.getIBmbServiceInstance().exist(bmbh)){
        ServiceFactory.getIBmbServiceInstance().delete(bmbh);
        path="success.jsp";
    }
    else{
        path="error.jsp";
    }
}
...
```

(2) 在项目 WebRoot 文件夹的子文件夹 admin 中添加一个新的 JSP 页面 bmbList.jsp。其代码如下：

```
<%@ page language="java" import="java.util.*" pageEncoding="UTF-8"%>
<%@ page import="org.etspace.rsgl.vo.Bmb" %>
<%@ page import="org.etspace.rsgl.tool.Pager" %>
<html>
  <head>
    <title>部门</title>
    <link rel="stylesheet" href="../stylesheet.css" type="text/css"></link>
  </head>
  <body>
  <div align="center">
  <b>部门列表</b><br />
  <table width="500" border="0">
  <tr>
  <td>
  <hr/>
  </td>
  </tr>
  <tr>
  <td>
    <table width="450" align="center" border="0">
        <tr>
        <td>
            <form action="../BmbServlet" method="post">
            编号:<input type="text" name="bmbh" value=
                "${sessionScope.bmb0.bmbh}" size="10" maxlength="10"/>
            <input type="hidden" name="action" value="list">
            <input type="submit" value="查询"/>
            </form>
        </td>
        <td align="right">
            <img alt="" src="../images/LuArrow.gif" align="absmiddle">
            <a href="bmbAdd.jsp" target="rightFrame">增加</a>
        </td>
        </tr>
```

```
    </table>
    <table width="450" align="center" border="0">
        <tr>
            <td>
            查询结果：共 ${sessionScope.pager.totalSize} 项。
            </td>
        </tr>
    </table>
    <table width="450" align="center" border="1">
        <tr align="center">
            <td>编号</td><td>名称</td><td>操作</td>
        </tr>
        <%
    List list=(List)session.getAttribute("list");
    Pager pager=(Pager)session.getAttribute("pager");
    Iterator iterator=list.iterator();
    while(iterator.hasNext()){
        Bmb bmb=(Bmb)iterator.next();
        %>
        <tr>
            <td><%= bmb.getBmbh() %></td>
            <td><%= bmb.getBmmc() %></td>
            <td align="center">
             <a href="../BmbServlet?action=edit&bmbh=<%= bmb.getBmbh() %>">
                修改</a>
             <a href="../BmbServlet?action=delete&bmbh=<%= bmb.getBmbh() %>"
                 onClick="if(!confirm('确定删除吗？'))return false;else
                 return true;">删除</a>
            </td>
        </tr>
<%
    }
%>
    </table>
    <table width="450" align="center" border="0">
        <tr align="center">
        <td>
<%
    if (pager.getTotalSize()!=0) {
%>
                    [第${sessionScope.pager.pageNow}页/共
${sessionScope.pager.totalPage}页]
<%
    }
%>
<%
    if (pager.isHasFirst()) {
%>
        <a href="../BmbServlet?action=list&pageNow=1&bmbh
=${sessionScope.bmb0.bmbh}">首页</a>
```

```
<%
    }
%>
<%
    if (pager.isHasPre()) {
%>
        <a href="../BmbServlet?action=list&pageNow=
          ${sessionScope.pager.pageNow-1}&bmbh=${sessionScope.bmb0.bmbh}">
          上一页</a>
<%
    }
%>
<%
    if (pager.isHasNext()) {
%>
        <a href="../BmbServlet?action=list&pageNow=
          ${sessionScope.pager.pageNow+1}&bmbh=${sessionScope.bmb0.bmbh}">
          下一页</a>
<%
    }
%>
<%
    if (pager.isHasLast()) {
%>
        <a href="../BmbServlet?action=list&pageNow=
          ${sessionScope.pager.totalPage}&bmbh=${sessionScope.bmb0.bmbh}">
          尾页</a>
<%
    }
%>
        </td>
        </tr>
    </table>
  </td>
  </tr>
  <tr>
  <td>
  <hr />
  </td>
  </tr>
  </table>
  </div>
  </body>
</html>
```

(3) 在项目 WebRoot 文件夹的子文件夹 admin 中添加一个新的 JSP 页面 bmbUpdate.jsp。其代码如下：

```
<%@ page language="java" import="java.util.*" pageEncoding="UTF-8"%>
<html>
  <head>
```

```
    <title>部门</title>
    <link rel="stylesheet" href="../stylesheet.css"
type="text/css"></link>
  </head>
  <body>
  <div align="center">
  <b>部门修改</b>
  <br />
  <br />
  <form action="../BmbServlet" method="post">
  <table style="border: thin dashed #008080;" width="350" align="center">
  <tr>
  <td style="width: 30%"> </td>
  <td style="width: 70%"> </td>
  </tr>
  <tr>
  <td align="right">
    编号:
  </td>
  <td>
    <input type="text" name="bmbh" value="${sessionScope.bmb.bmbh}" size=
      "2" maxlength="2" disabled="true"">
  </td>
  </tr>
  <tr>
  <td align="right">
    名称:
  </td>
  <td>
    <input type="text" name="bmmc" value="${sessionScope.bmb.bmmc}" size=
      "20" maxlength="20">
  </td>
  </tr>
  <tr>
  <td> </td>
  <td>
    <input type="hidden" name="bmbh" value="${sessionScope.bmb.bmbh}">
    <input type="hidden" name="action" value="update">
  </td>
  </tr>
  <tr>
  <td align="center" colspan="2">
  <input type="submit" name="submit" value="确定">
  <input type="reset" name="reset" value="重置">
  <input name="cancel" type="button" value="取消" onClick="javascript:
    location='../home.jsp';">
  </td>
  </tr>
  </table>
  </form>
```

```
  </div>
  </body>
</html>
```

10.7.8 职工管理功能的实现

职工管理功能包括职工的增加与维护，而职工的维护又包括职工的查询、修改与删除。本系统规定，职工管理功能可由系统管理员或普通用户使用。

1. 职工增加

在系统主界面中单击“职工增加”链接，将打开如图 10.24 所示的“职工增加”页面。在其中输入相应的职工信息后，再单击“确定”按钮，若能成功添加职工，将显示相应的“操作成功”页面；否则，将显示相应的“操作失败”页面。

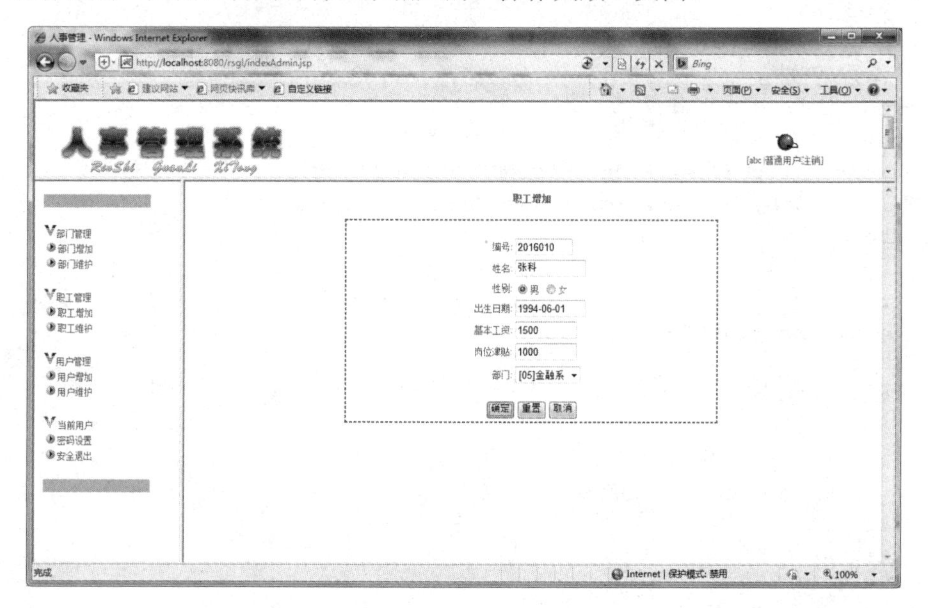

图 10.24 “职工增加”页面

本系统要求职工编号必须唯一。在“职工增加”页面的编号文本框中输入职工编号并让其失去焦点，若所输入的职工编号已经存在，则会打开如图 10.25 所示的“职工编号已经存在”对话框，以及时提醒用户。

图 10.25 “职工编号已经存在”对话框

职工增加功能的实现过程如下。

(1) 在 org.etspace.rsgl.servlet 包中新建一个 Servlet 控制器类 ZgbServlet。其文件名为 ZgbServlet.java，代码如下：

```
package org.etspace.rsgl.servlet;
import java.io.*;
import javax.servlet.ServletException;
import javax.servlet.http.HttpServlet;
```

```
import javax.servlet.http.HttpServletRequest;
import javax.servlet.http.HttpServletResponse;
import java.util.List;
import java.util.Date;
import java.text.SimpleDateFormat;
import org.etspace.rsgl.tool.Pager;
import org.etspace.rsgl.vo.*;
import org.etspace.rsgl.factory.*;
public class ZgbServlet extends HttpServlet {
    public void doGet(HttpServletRequest request, HttpServletResponse response)
            throws ServletException, IOException {
        doPost(request,response);
    }
    public void doPost(HttpServletRequest request, HttpServletResponse response)
            throws ServletException, IOException {
        request.setCharacterEncoding("UTF-8");
        response.setCharacterEncoding("UTF-8");
        response.setContentType("text/html;charset=UTF-8");
        PrintWriter out = response.getWriter();
        String action=request.getParameter("action");
        //out.print(action);
        if (action==null){
            response.sendRedirect("error.jsp");
        }
        else if (action.equals("check")){
            String bh = request.getParameter("bh");
            if (ServiceFactory.getIZgbServiceInstance().exist(bh)){
                out.print("TRUE");
            }
            else{
                out.print("FALSE");
            }
        }
        else{
            String path="error.jsp";
            if (action.equals("add")){
                SimpleDateFormat sdf=new SimpleDateFormat("yyyy-MM-dd");
                String bh = request.getParameter("bh");
                String xm = request.getParameter("xm");
                String xb = request.getParameter("xb");
                String bm = request.getParameter("bm");
                String csrq = request.getParameter("csrq");
                String jbgz = request.getParameter("jbgz");
                String gwjt = request.getParameter("gwjt");
                Date csrq0;
                Double jbgz0,gwjt0;
                try {
                    csrq0=sdf.parse(csrq);
                }
                catch(Exception e){
```

```
                    csrq0=new Date(0);
                }
                try {
                    jbgz0=Double.valueOf(jbgz);
                }
                catch(Exception e){
                    jbgz0=0.00;
                }
                try {
                    gwjt0=Double.valueOf(gwjt);
                }
                catch(Exception e){
                    gwjt0=0.00;
                }
                if (ServiceFactory.getIZgbServiceInstance().exist(bh)){
                    path="error.jsp";
                }
                else{
                    Zgb zgb=new Zgb();
                    zgb.setBh(bh);
                    zgb.setXm(xm);
                    zgb.setXb(xb);
                    zgb.setBm(bm);
                    zgb.setCsrq(csrq0);
                    zgb.setJbgz(jbgz0);
                    zgb.setGwjt(gwjt0);
                    ServiceFactory.getIZgbServiceInstance().save(zgb);
                    path="success.jsp";
                }
            }
            response.sendRedirect(path);
        }
    }
}
```

(2) 在项目的配置文件 web.xml 中完成 ZgbServlet 控制器的配置。其有关代码如下：

```
<servlet>
  <servlet-name>ZgbServlet</servlet-name>
  <servlet-class>org.etspace.rsgl.servlet.ZgbServlet</servlet-class>
</servlet>
<servlet-mapping>
  <servlet-name>ZgbServlet</servlet-name>
  <url-pattern>/ZgbServlet</url-pattern>
</servlet-mapping>
```

(3) 在项目 WebRoot 文件夹的子文件夹 ordin 中添加一个新的 JSP 页面 zgbAdd.jsp。其代码如下：

```
<%@ page language="java" import="java.util.*" pageEncoding="UTF-8"%>
<%@ page import="org.etspace.rsgl.vo.Bmb" %>
```

```
<%@ page import="org.etspace.rsgl.factory.*" %>
<html>
  <head>
    <title>职工</title>
    <link rel="stylesheet" href="../stylesheet.css" type="text/css"></link>
     <script type="text/javascript">
     //Ajax 初始化函数(创建一个 XMLHttpRequest 对象)
     function GetXmlHttpObject()
     {
         var XMLHttp=null;
         try
         {
             XMLHttp=new XMLHttpRequest();
         }
         catch (e)
         {
             try
             {
                 XMLHttp=new ActiveXObject("Msxml2.XMLHTTP");
             }
             catch (e)
             {
                 XMLHttp=new ActiveXObject("Microsoft.XMLHTTP");
             }
         }
         return XMLHttp;
     }
     function check()
     {
         XMLHttp=GetXmlHttpObject();  //创建一个 XMLHttpRequest 对象
         var bh=document.getElementById("bh").value;
         if(bh=="")
             window.alert("请输入职工编号!");
         else{
             var url="../ZgbServlet";
             var poststr="action=check&bh="+bh;
             poststr=poststr+"&sid="+Math.random();
             XMLHttp.open("POST",url,true);  //建立连接(POST 方式)
             //设置标头信息
             XMLHttp.setRequestHeader("Content-Type","application/x-www-
                 form-urlencoded");
             XMLHttp.send(poststr);  //发送请求
             XMLHttp.onreadystatechange = processResponse;  //指定响应处理函数
         }
     }
     function processResponse()  //定义响应处理函数
     {
         if (XMLHttp.readyState==4){
             if (XMLHttp.status==200){
                 var resstr=XMLHttp.responseText;
```

```
                //window.alert(resstr.length); //返回字符串的长度
                //若返回的字符串为 TRUE，则表示职工编号已存在
                if(resstr=="TRUE"){
                    window.alert("职工编号已经存在!");
                }
                //若返回的字符串为 FALSE，则表示职工编号不存在
                else if(resstr=="FALSE"){
                    window.alert("职工编号尚未使用!");
                }
            }
        }
    }
    </script>
    <script language="javascript">
    function checkform()
    {
      if (document.form.bh.value=="")
      {
        alert("请输入编号! ");
        document.form.bh.focus();
        return false;
      }
      if (document.form.xm.value=="")
      {
        alert("请输入姓名! ");
        document.form.xm.focus();
        return false;
      }
      if (document.form.csrq.value=="")
      {
        alert("请输入出生日期! ");
        document.form.csrq.focus();
        return false;
      }
      return true;
    }
    </script>
  </head>
  <body>
  <div align="center">
  <b>职工增加</b>
  <br/>
  <br/>
  <form name="form" action="../ZgbServlet" method="post">
  <table style="border: thin dashed #008080;" width="500" align="center">
  <tr>
  <td style="width: 45%"> </td>
  <td style="width: 55%"> </td>
  <tr>
  <td align="right">
```

```
    编号:
</td>
<td>
    <input type="text" name="bh" size="7" maxlength="7" onblur="check()">
</td>
</tr>
<tr>
<td align="right">
    姓名:
</td>
<td>
    <input type="text" name="xm" size="10" maxlength="10">
</td>
</tr>
<tr>
<td align="right">
    性别:
</td>
<td>
    <input type="radio" name="xb" value="男" checked="checked">男
    <input type="radio" name="xb" value="女">女
</td>
</tr>
<tr>
<td align="right">
    出生日期:
</td>
<td>
    <input type="text" name="csrq" size="10" maxlength="10">
</td>
</tr>
<tr>
<td align="right">
    基本工资:
</td>
<td>
    <input type="text" name="jbgz" size="8" maxlength="8">
</td>
</tr>
<tr>
<td align="right">
    岗位津贴:
</td>
<td>
    <input type="text" name="gwjt" size="8" maxlength="8">
</td>
</tr>
<tr>
</tr>
<tr>
```

```
  <td align="right">
    部门:
  </td>
  <td>
    <select name="bm">
<%
    List list=DAOFactory.getIBmbDAOInstance().getAll();
    Iterator iterator=list.iterator();
    while(iterator.hasNext()){
        Bmb bmb=(Bmb)iterator.next();
%>
        <option value="<%= bmb.getBmbh() %>">[<%= bmb.getBmbh() %>]<%=
            bmb.getBmmc() %></option>
 <%
    }
%>
    </select>
  </td>
  </tr>
  <tr>
  <td> </td>
  <td><input type="hidden" name="action" value="add"></td>
  </tr>
  <tr>
  <td align="center" colspan="2">
  <input type="submit" name="submit" value="确定" onClick='return checkform();'>
  <input type="reset" name="reset" value="重置">
  <input name="cancel" type="button" value="取消" onClick="javascript:
    location='../home.jsp';">
  </td>
  </tr>
  </table>
  </form>
  </div>
  </body>
</html>
```

2. 职工维护

在系统主界面中单击“职工维护”链接，将打开如图 10.26 所示的“职工列表”页面。该页面以分页的方式显示系统的有关职工记录(在此为每页显示 2 个职工记录)，并支持按编号与所在部门对职工进行模糊查询，同时提供了增加新职工以及对各个职工进行删除或修改操作的链接。其中，“增加”链接的作用与系统主界面中的“职工增加”链接是一样的。

为查询职工，只需在“职工列表”页面的编号文本框中输入相应的查询条件，或在部门下拉列表框中选中相应的部门，然后再单击“查询”按钮即可。

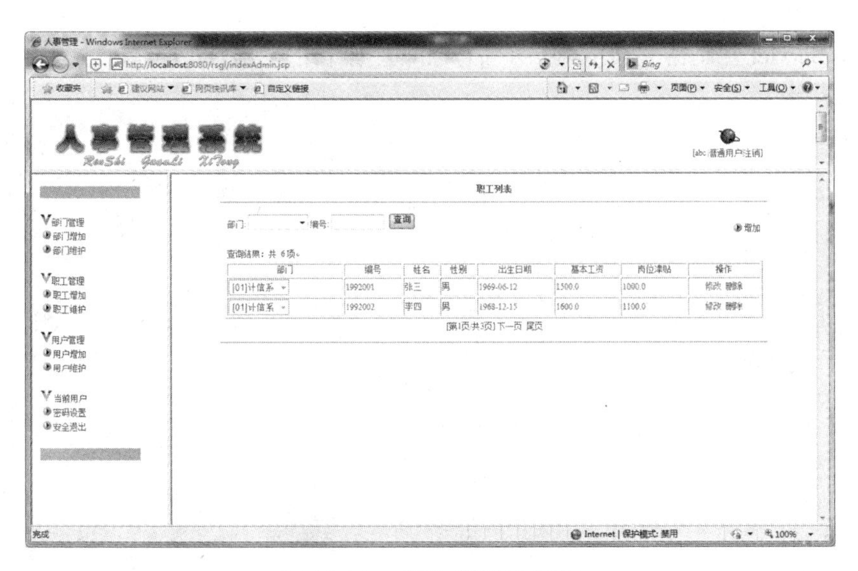

图 10.26　“职工列表”页面

为修改职工，只需在职工列表中单击相应职工后的“修改”链接，打开如图 10.27 所示的“职工修改”页面，并在其中进行相应的修改，最后再单击“确定”按钮即可。若能成功修改指定的职工，将显示相应的“操作成功”页面；否则，将显示相应的“操作失败”页面。

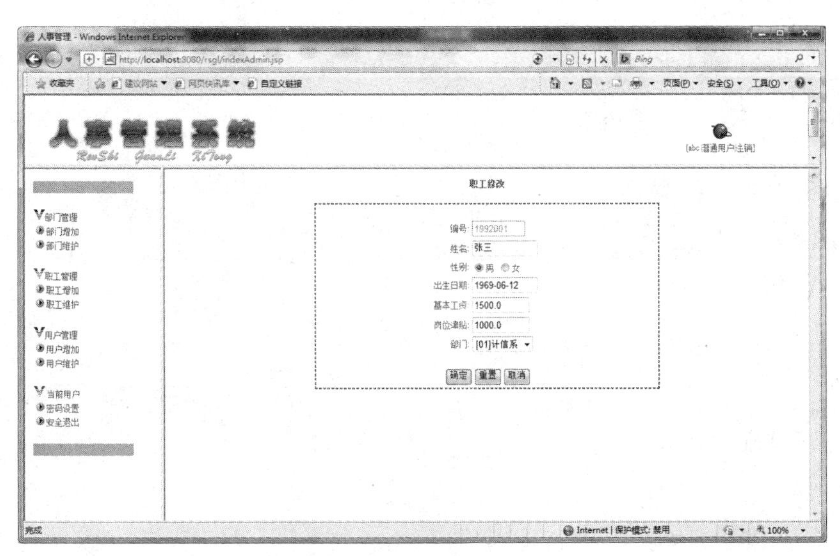

图 10.27　“职工修改”页面

为删除职工，只需在职工列表中单击相应职工后的“删除”链接，并在随之打开的如图 10.28 所示的“确定删除吗”对话框中单击“确定”按钮即可。若能成功删除指定的职工，将显示相应的“操作成功”页面；否则，将显示相应的“操作失败”页面。

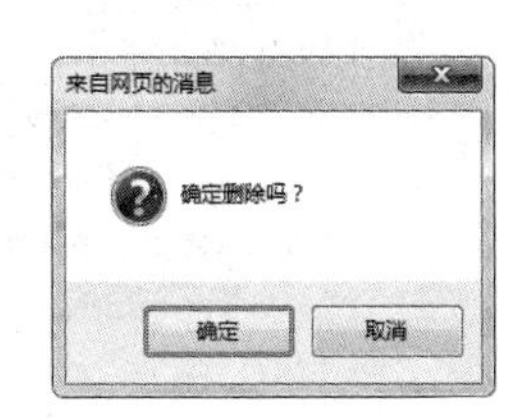

图 10.28　“确定删除吗”对话框

职工维护功能的实现过程如下。

(1) 在 Servlet 控制器类 ZgbServlet 中添加职工维护的功能代码。具体如下：

```
...
if (action.equals("add")){
    ...
}
else if (action.equals("list")){
    String bm = request.getParameter("bm");
    String bh = request.getParameter("bh");
    String pageNow0 = request.getParameter("pageNow");
    int pageSize = 2;  //通常应设为10
    int pageNow;
    if(pageNow0==null||pageNow0.trim().length()==0){
        pageNow=1;
    }else{
        pageNow=Integer.parseInt(pageNow0);
    }
    Zgb zgb=new Zgb();
    zgb.setBm(bm);
    zgb.setBh(bh);
    request.getSession(true).setAttribute("zgb0", zgb);
    List list=ServiceFactory.getIZgbServiceInstance().findAll(pageNow,
        pageSize, zgb);
    request.getSession(true).setAttribute("list", list);
    Pager pager=new Pager(pageNow,pageSize,ServiceFactory.
        getIZgbServiceInstance().findAllSize(zgb));
    request.getSession(true).setAttribute("pager", pager);
    path="./ordin/zgbList.jsp";
}
else if (action.equals("edit")){
    String bh = request.getParameter("bh");
    Zgb zgb=ServiceFactory.getIZgbServiceInstance().find(bh);
    if (zgb!=null){
        request.getSession(true).setAttribute("zgb", zgb);
        path="./ordin/zgbUpdate.jsp";
    }
    else{
        path="error.jsp";
    }
}
else if (action.equals("update")){
    SimpleDateFormat sdf=new SimpleDateFormat("yyyy-MM-dd");
    String bh = request.getParameter("bh");
    String xm = request.getParameter("xm");
    String xb = request.getParameter("xb");
    String bm = request.getParameter("bm");
    String csrq = request.getParameter("csrq");
    String jbgz = request.getParameter("jbgz");
    String gwjt = request.getParameter("gwjt");
    Date csrq0;
```

```
    Double jbgz0,gwjt0;
    try {
        csrq0=sdf.parse(csrq);
    }
    catch(Exception e){
        csrq0=new Date(0);
    }
    try {
        jbgz0=Double.valueOf(jbgz);
    }
    catch(Exception e){
        jbgz0=0.00;
    }
    try {
        gwjt0=Double.valueOf(gwjt);
    }
    catch(Exception e){
        gwjt0=0.00;
    }
    Zgb zgb=new Zgb();
    zgb.setBh(bh);
    zgb.setXm(xm);
    zgb.setXb(xb);
    zgb.setBm(bm);
    zgb.setCsrq(csrq0);
    zgb.setJbgz(jbgz0);
    zgb.setGwjt(gwjt0);
    if (ServiceFactory.getIZgbServiceInstance().exist(bh)){
        ServiceFactory.getIZgbServiceInstance().update(zgb);
        path="success.jsp";
    }
    else{
        path="error.jsp";
    }
}
else if (action.equals("delete")){
    String bh = request.getParameter("bh");
    if (ServiceFactory.getIZgbServiceInstance().exist(bh)){
        ServiceFactory.getIZgbServiceInstance().delete(bh);
        path="success.jsp";
    }
    else{
        path="error.jsp";
    }
}
...
```

(2) 在项目 WebRoot 文件夹的子文件夹 ordin 中添加一个新的 JSP 页面 zgbList.jsp。其代码如下：

```
<%@ page language="java" import="java.util.*" pageEncoding="UTF-8"%>
<%@ page import="org.etspace.rsgl.vo.Bmb" %>
<%@ page import="org.etspace.rsgl.vo.Zgb" %>
<%@ page import="org.etspace.rsgl.tool.Pager" %>
<%@ page import="org.etspace.rsgl.factory.*" %>
<html>
  <head>
    <title>职工</title>
    <link rel="stylesheet" href="../stylesheet.css" type="text/css"></link>
  </head>
  <body>
  <div align="center">
  <b>职工列表</b><br />
  <table width="800" border="0">
  <tr>
  <td>
  <hr />
  </td>
  </tr>
  <tr>
  <td>
    <table width="780" align="center" border="0">
         <tr>
         <td>
              <form action="../ZgbServlet" method="post">
              部门:
              <select name="bm">
                  <option value=""></option>
<%
    List list0=DAOFactory.getIBmbDAOInstance().getAll();
    Iterator iterator0=list0.iterator();
    while(iterator0.hasNext()){
         Bmb bmb=(Bmb)iterator0.next();
%>
         <option value="<%= bmb.getBmbh() %>" <% if (bmb.getBmbh().
              equals(((Zgb)session.getAttribute("zgb0")).getBm()))
              { %>selected="selected"<% } %>>[<%= bmb.getBmbh() %>]<%=
              bmb.getBmmc() %></option>
 <%
    }
%>
              </select>
              编号:
              <input type="text" name="bh" value="${sessionScope.zgb0.bh}"
                  size="7" maxlength="7"/>
              <input type="hidden" name="action" value="list">
              <input type="submit" value="查询"/>
              </form>
         </td>
         <td align="right">
```

```
            <img alt="" src="../images/LuArrow.gif" align="absmiddle">
            <a href="zgbAdd.jsp" target="rightFrame">增加</a>
        </td>
        </tr>
    </table>
    <table width="780" align="center" border="0">
        <tr>
            <td>
            查询结果：共 ${sessionScope.pager.totalSize} 项。
            </td>
        </tr>
    </table>
    <table width="780" align="center" border="1">
        <tr align="center">
            <td>部门</td><td>编号</td><td>姓名</td><td>性别</td><td>出生日期
                </td><td>基本工资</td><td>岗位津贴</td><td>操作</td>
        </tr>
<%
    List list=(List)session.getAttribute("list");
    Pager pager=(Pager)session.getAttribute("pager");
    Iterator iterator=list.iterator();
    while(iterator.hasNext()){
        Zgb zgb=(Zgb)iterator.next();
%>
        <tr>
            <td>
            <select disabled>
<%
    List list00=DAOFactory.getIBmbDAOInstance().getAll();
    Iterator iterator00=list00.iterator();
    while(iterator00.hasNext()){
        Bmb bmb=(Bmb)iterator00.next();
%>
        <option value="<%= bmb.getBmbh() %>" <% if (bmb.getBmbh().
            equals(zgb.getBm())) { %>selected="selected"<% } %>>[<%=
            bmb.getBmbh() %>]<%= bmb.getBmmc() %></option>
 <%
    }
%>
            </select>
            </td>
            <td><%= zgb.getBh() %></td>
            <td><%= zgb.getXm() %></td>
            <td><%= zgb.getXb() %></td>
            <td><%= zgb.getCsrq() %></td>
            <td><%= zgb.getJbgz() %></td>
            <td><%= zgb.getGwjt() %></td>
            <td align="center">
            <a href="../ZgbServlet?action=edit&bh=<%= zgb.getBh() %>">修改</a>
             <a href="../ZgbServlet?action=delete&bh=<%= zgb.getBh() %>"
                onClick="if(!confirm('确定删除吗？'))return false;else
                return true;">删除</a>
```

```
            </td>
        </tr>
<%
    }
%>
    </table>
    <table width="780" align="center" border="0">
        <tr align="center">
        <td>
<%
    if (pager.getTotalSize()!=0) {
%>
                    [第${sessionScope.pager.pageNow}页/共
${sessionScope.pager.totalPage}页]
<%
    }
%>
<%
    if (pager.isHasFirst()) {
%>
                    <a href="../ZgbServlet?action=list&pageNow=1&bm=
                      ${sessionScope.zgb0.bm}&bh=${sessionScope.zgb0.bh}">
                      首页</a>
<%
    }
%>
<%
    if (pager.isHasPre()) {
%>
                    <a href="../ZgbServlet?action=list&pageNow=
                        ${sessionScope.pager.pageNow-1}&bm=
                        ${sessionScope.zgb0.bm}&bh=${sessionScope.zgb0.bh}">
                        上一页</a>
<%
    }
%>
<%
    if (pager.isHasNext()) {
%>
                    <a href="../ZgbServlet?action=list&pageNow=
                        ${sessionScope.pager.pageNow+1}&bm=
                        ${sessionScope.zgb0.bm}&bh=${sessionScope.zgb0.bh}">
                        下一页</a>
<%
    }
%>
<%
    if (pager.isHasLast()) {
%>
                    <a href="../ZgbServlet?action=list&pageNow=
                        ${sessionScope.pager.totalPage}&bm=
```

```
                          ${sessionScope.zgb0.bm}&bh=${sessionScope.zgb0.bh}">
                          尾页</a>
<%
    }
%>
        </td>
        </tr>
    </table>
  </td>
  </tr>
  <tr>
  <td>
  <hr/>
  </td>
  </tr>
  </table>
  </div>
  </body>
</html>
```

(3) 在项目 WebRoot 文件夹的子文件夹 ordin 中添加一个新的 JSP 页面 zgbUpdate.jsp。其代码如下：

```
<%@ page language="java" import="java.util.*" pageEncoding="UTF-8"%>
<%@ page import="org.etspace.rsgl.vo.Bmb" %>
<%@ page import="org.etspace.rsgl.vo.Zgb" %>
<%@ page import="org.etspace.rsgl.factory.*" %>
<html>
 <head>
   <title>职工</title>
   <link rel="stylesheet" href="../stylesheet.css"
type="text/css"></link>
    <script language="javascript">
    function checkform()
    {
      if (document.form.bh.value=="")
      {
        alert("请输入编号! ");
        document.form.bh.focus();
        return false;
      }
      if (document.form.xm.value=="")
      {
        alert("请输入姓名! ");
        document.form.xm.focus();
        return false;
      }
      if (document.form.csrq.value=="")
      {
        alert("请输入出生日期! ");
        document.form.csrq.focus();
```

```
            return false;
        }
        return true;
    }
    </script>
  </head>
  <body>
  <div align="center">
  <b>职工修改</b>
  <br />
  <br />
  <form name="form" action="../ZgbServlet" method="post">
  <table style="border: thin dashed #008080;" width="500" align="center">
  <tr>
  <td style="width: 45%"> </td>
  <td style="width: 55%"> </td>
  </tr>
  <tr>
  <td align="right">
    编号:
  </td>
  <td>
    <input type="text" name="bh" value="${sessionScope.zgb.bh}" size="7"
        maxlength="7" disabled="true"">
  </td>
  </tr>
  <tr>
  <td align="right">
    姓名:
  </td>
  <td>
    <input type="text" name="xm" value="${sessionScope.zgb.xm}"
size="10" maxlength="10">
  </td>
  </tr>
  <tr>
  <td align="right">
    性别:
  </td>
  <td>
    <input type="radio" name="xb" value="男" ${sessionScope.zgb.xb==
        "男"?"checked='checked'":""}>男
    <input type="radio" name="xb" value="女" ${sessionScope.zgb.xb==
        "女"?"checked='checked'":""}>女
  </td>
  </tr>
  <tr>
  <td align="right">
    出生日期:
  </td>
```

```
<td>
  <input type="text" name="csrq" value="${sessionScope.zgb.csrq}"
      size="10" maxlength="10">
</td>
</tr>
<tr>
<td align="right">
  基本工资:
</td>
<td>
  <input type="text" name="jbgz" value="${sessionScope.zgb.jbgz}"
      size="8" maxlength="8">
</td>
</tr>
<tr>
<td align="right">
  岗位津贴:
</td>
<td>
  <input type="text" name="gwjt" value="${sessionScope.zgb.gwjt}"
      size="8" maxlength="8">
</td>
</tr>
<tr>
<td align="right">
  部门:
</td>
<td>
  <select name="bm">
<%
  List list=DAOFactory.getIBmbDAOInstance().getAll();
  Iterator iterator=list.iterator();
  while(iterator.hasNext()){
      Bmb bmb=(Bmb)iterator.next();
%>
      <option value="<%= bmb.getBmbh() %>" <% if (bmb.getBmbh().
          equals(((Zgb)session.getAttribute("zgb")).getBm()))
          { %>selected="selected"<% } %>>[<%= bmb.getBmbh() %>]<%=
          bmb.getBmmc() %></option>
 <%
   }
%>
  </select>
 </td>
 </tr>
 <tr>
 <td> </td>
 <td>
  <input type="hidden" name="bh" value="${sessionScope.zgb.bh}">
  <input type="hidden" name="action" value="update">
```

```
  </td>
  </tr>
  <tr>
  <td align="center" colspan="2">
  <input type="submit" name="submit" value="确定" onClick='return checkform();'>
  <input type="reset" name="reset" value="重置">
  <input name="cancel" type="button" value="取消" onClick="javascript:
    location='../home.jsp';">
  </td>
  </tr>
  </table>
  </form>
  </div>
  </body>
</html>
```

本 章 小 结

本章以一个简单的人事管理系统为例，首先介绍了系统的功能与用户，然后介绍了Java Web应用系统的分层模型、开发模式与开发顺序，接着介绍了系统数据库结构的设计与项目总体架构的具体搭建方法，最后再依次介绍了系统持久层、业务层、表示层的设计与实现方法。通过本章的学习，应熟练掌握系统的分析与设计方法，并能使用JSP+JDBC+JavaBean+Servlet+EL+Ajax+DAO+Service模式开发相应的Web应用系统。

思 考 题

1. Java Web应用系统的分层模型包括哪三层？请简述之。
2. 简述使用JSP+JDBC+JavaBean+Servlet+EL+Ajax+DAO+Service模式开发Web应用系统的基本方案。
3. 开发一个大型Java Web项目的基本顺序是什么？
4. 如何完成Java Web项目的前期搭建工作？
5. 持久层开发的主要工作是什么？
6. 业务层开发的主要工作是什么？
7. 表示层开发的主要工作是什么？

附　录

实验指导

实验 1　JSP 应用开发环境的搭建

一、实验目的与要求

1. 掌握 JSP 应用开发环境的搭建方法。
2. 熟悉 JSP 应用开发工具，掌握其常用功能与基本操作。
3. 掌握 Java Web 项目的创建与部署方法。
4. 掌握 Java Web 项目的常用管理操作。

二、实验内容

1. 搭建 JSP 应用开发环境。
2. 创建一个 Java Web 项目。
3. 设计一个 JSP 页面 Hi.jsp，其功能为显示信息“Hi, JSP!”，如图 P.1 所示。

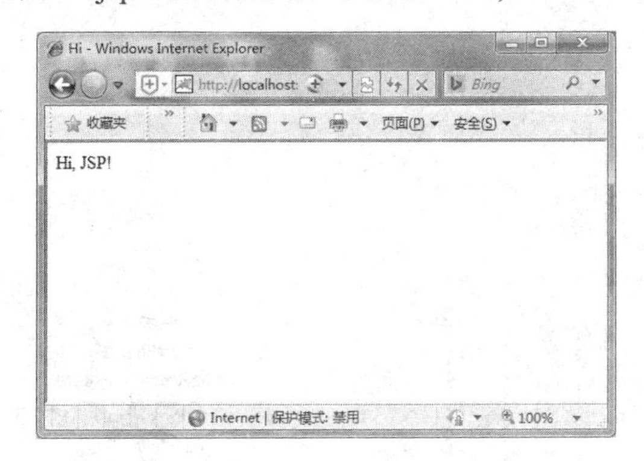

图 P.1　Hi 页面

4. 部署所创建的 Web 项目，并通过浏览器直接访问 Hi.jsp 页面。
5. 导出所创建的 Web 项目。
6. 删除所创建的 Web 项目。
7. 导入所创建的 Web 项目。

实验 2　JSP 的基本应用

一、实验目的与要求

参考教材的有关内容与示例，按要求编写并调试相应的程序，理解并掌握 JSP 的基本应用技术。

二、实验内容

(1) 设计一个站点计数器页面 Counter.jsp，其功能为显示当前访问该站点(页面)的次数，如图 P.2 所示。

(2) 设计一个 JSP 页面 Sum.jsp，其功能为计算并显示 1～100 内可被 3 整除的整数之和，如图 P.3 所示。

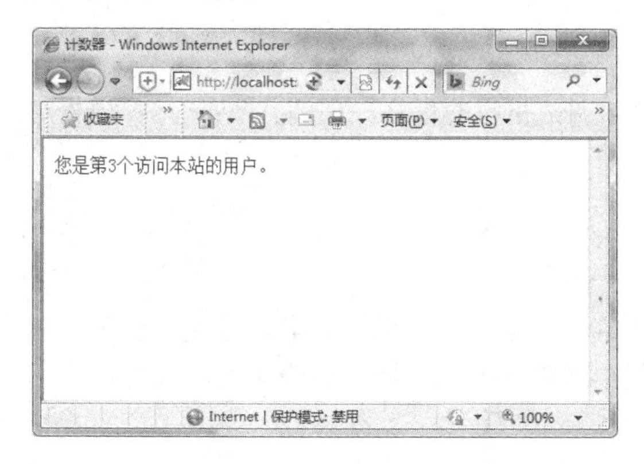

图 P.2　“计数器”页面

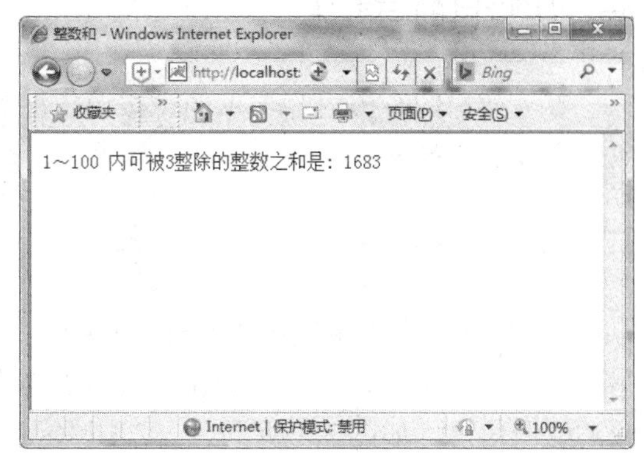

图 P.3　“整数和”页面

(3) 设计一个 JSP 页面 Table.jsp，其功能为显示一个 11 行 3 列的表格，如图 P.4 所示。

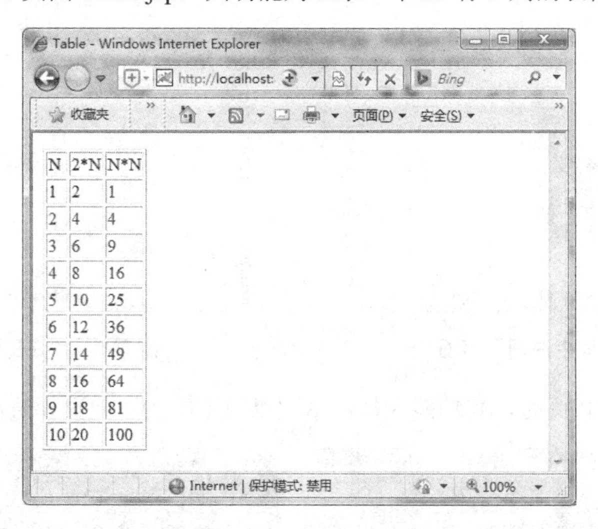

N	2*N	N*N
1	2	1
2	4	4
3	6	9
4	8	16
5	10	25
6	12	36
7	14	49
8	16	64
9	18	81
10	20	100

图 P.4　Table 页面

提示： 注意分析图示表格中数据的特点。

(4) 使用 include 动作计算并显示 1～100 内的全部整数之和。要求使用 param 动作将参数值 100 传递给 include 动作所包含的页面，该页面的功能为计算并显示 1～n 内的全部整数之和。

(5) 使用 forward 动作计算并显示 1～100 内的全部整数之和。要求使用 param 动作将参数值 100 传递给 forward 动作所转向的页面，该页面的功能为计算并显示 1～n 内的全部整数之和。

实验 3　JSP 内置对象的应用

一、实验目的与要求

参考教材的有关内容与示例，按要求编写并调试相应的程序，理解并掌握 JSP 内置对象的主要应用技术。

二、实验内容

(1) 设计一个学生注册表单(见图 P.5)，内容包括学号、密码、姓名、性别、出生年月与兴趣爱好。其中，年份的范围从 1949 年起至当前年为止。提交该表单后，则可显示相应的注册信息，如图 P.6 所示。

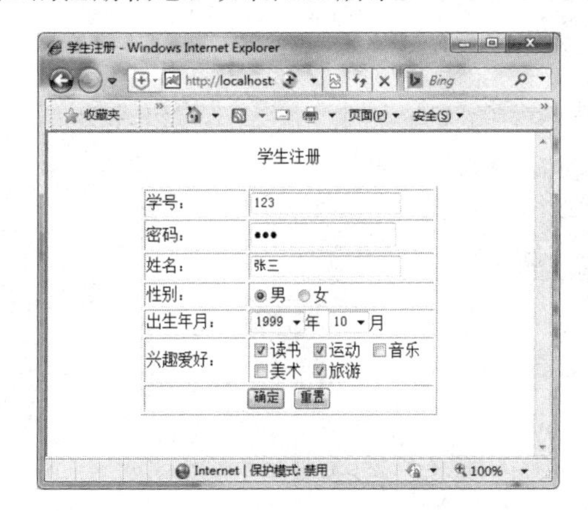

图 P.5　“学生注册”页面

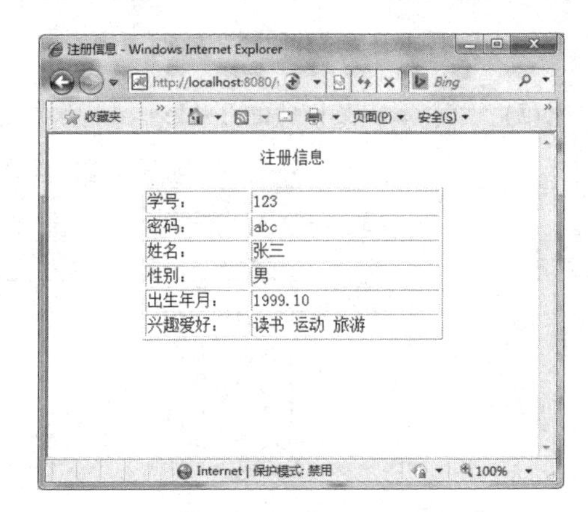

图 P.6　“注册信息”页面

(2) 设计一个 JSP 页面，其功能为显示本次以及上次的访问页面时间，如图 P.7 所示。

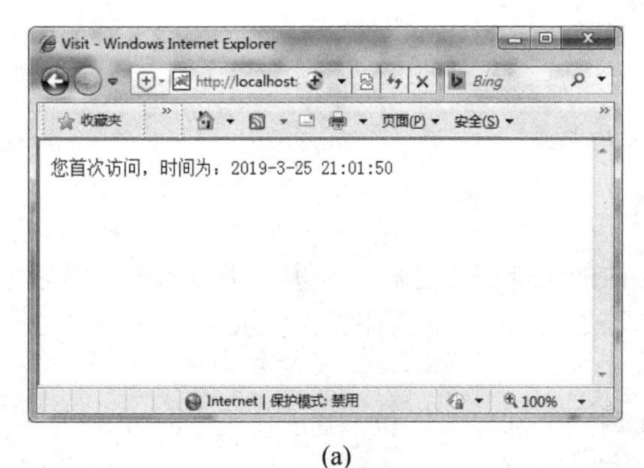

(a)

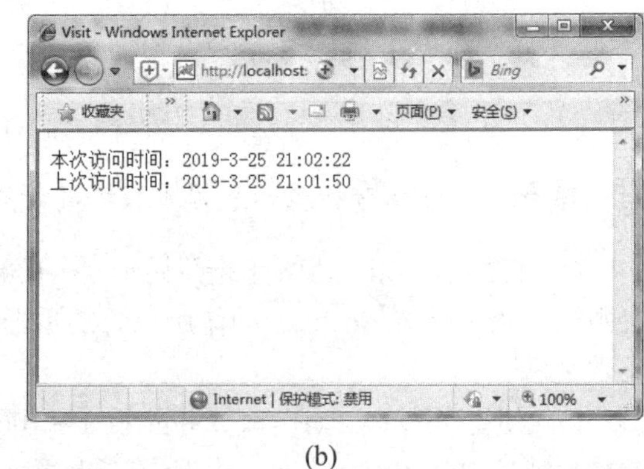

(b)

图 P.7　Visit 页面

提示：　可使用 Cookie 技术实现。

(3) 设计一个“站点计算器”页面(见图 P.8)，其功能为显示访问本页面(站点)的总次

数。注意，不允许通过刷新页面的方式增加访问次数。

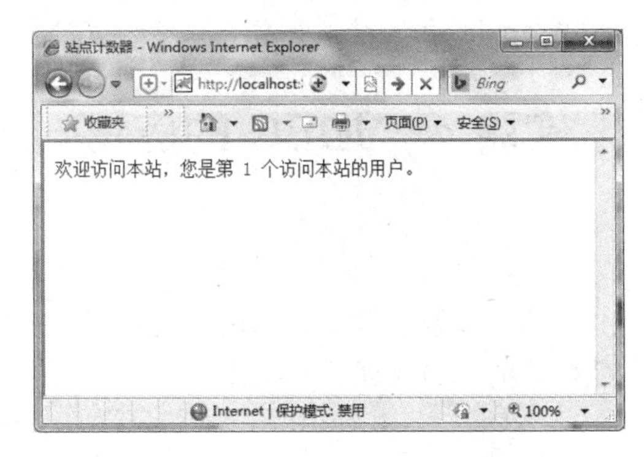

图 P.8　“站点计算器”页面

提示：　可借助 session 对象实现。

(4) 系统登录。首先，通过“用户登录”页面输入用户名与密码，如图 P.9 所示。提交后，再对用户进行验证。若用户名为 abc，密码为 123，则登录成功，并自动跳转到“欢迎光临”页面，如图 P.10 所示。注意，不允许未经登录便直接访问“欢迎光临”页面。

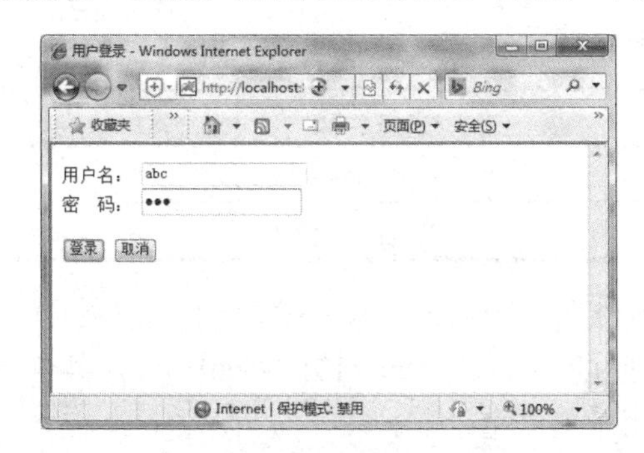

图 P.9　“用户登录”页面

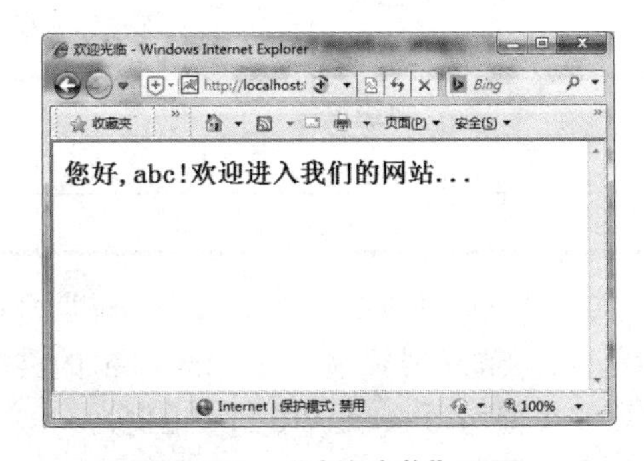

图 P.10　“欢迎光临”页面

提示：　可使用 session 对象存放用户的用户名与登录标记。

(5) 网上投票。设计一个投票页面，投票选择最喜欢的 Web 编程语言，如图 P.11 所示。注意，每个用户每次只能投一票。

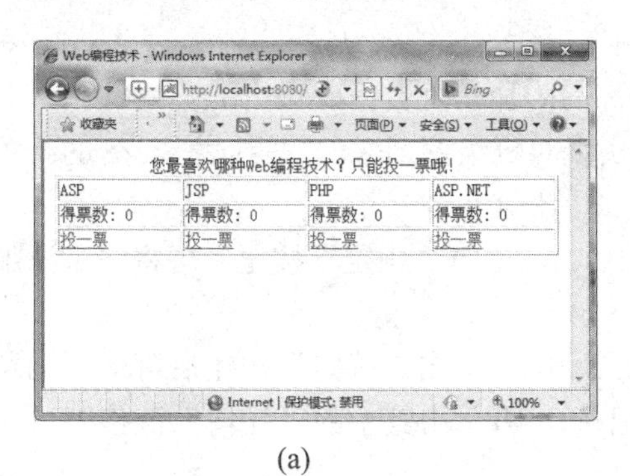

(a)

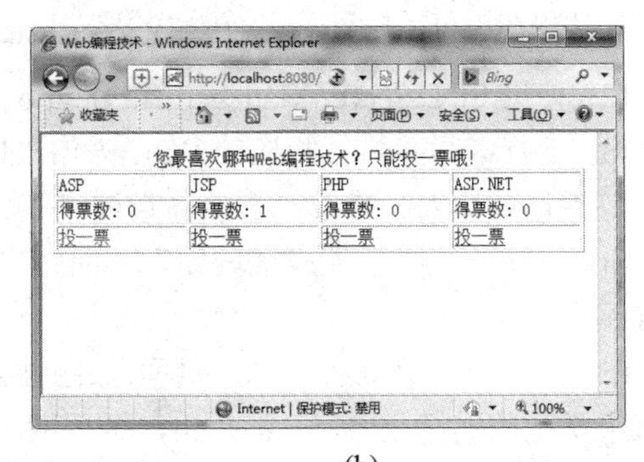

(b)

图 P.11　投票页面

提示：应综合使用 session 对象与 application 对象，即使用 session 对象存放用户的投票标记，使用 application 对象存放各编程语言的得票数。

实验 4　JDBC 的应用

一、实验目的与要求

参考教材的有关内容与示例，按要求编写并调试相应的程序，理解并掌握 JDBC 的基本应用技术以及 JSP+JDBC 模式的 Web 应用开发技术。

二、实验内容

(1) 在 SQL Server 中，创建一个学生数据库 student，并在其中创建班级表 class 与成绩表 score。

① class 表的字段名依次为 bjbh(班级编号)、bjmc(班级名称)，其类型分别为 char(9)、varcher(20)，主键为 bjbh，有关记录如表 P.1 所示。

表 P.1　班级表 class 的记录

班级编号	班级名称
200201011	02 计应一
200201012	02 计应二

② score 表的字段名依次为 xh(学号)、xm(姓名)、yw(语文)、sx(数学)、yy(英语)、zf(总分)、bh(班号)，除 xh、xm、bh 的类型分别为 char(11)、char(10)、char(9)外，其余各字段的类型均为 decimal(6,2)，主键为 xh，有关记录如表 P.2 所示。

表 P.2　成绩表 score 的记录

学号	姓名	班号	语文	数学	英语	总分
20020101101	张三	200201011	85	89	76	250
20020101102	李四	200201011	79	78	79	236
20020101201	王五	200201012	82	75	67	224

(2) 使用 SQL Server Management Studio 分离与附加学生数据库 student。

(3) 自行编写并执行相应的 SQL 语句，以实现对班级表 class 与成绩表 score 的有关操作，包括记录插入、修改、删除与查询。

(4) 设计一个“学生成绩增加”页面(见图 P.12)，单击“确定”按钮后可将记录添加到数据库中。

(5) 设计一个“班级选择”页面(如图 P.13 所示)，单击“确定”按钮后可分页浏览所选班级学生的成绩记录(见图 P.14，每页两个记录)，再单击其中的“详情”链接则可显示相应学生的详细信息，如图 P.15 所示。

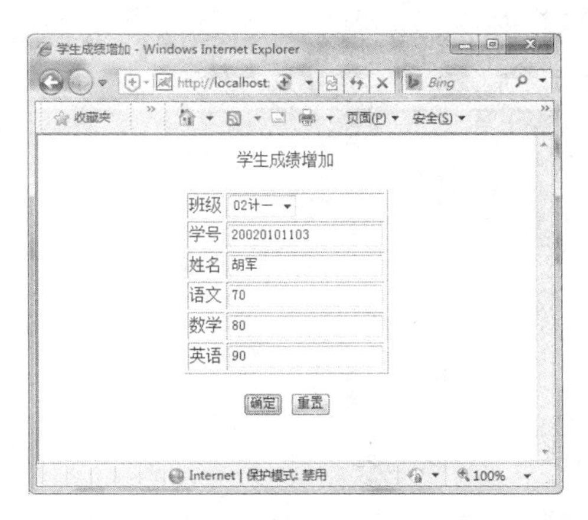

图 P.12　“学生成绩增加”页面

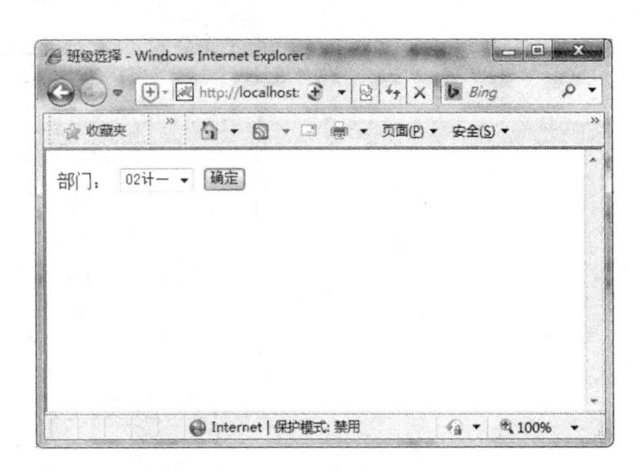

图 P.13　“班级选择”页面

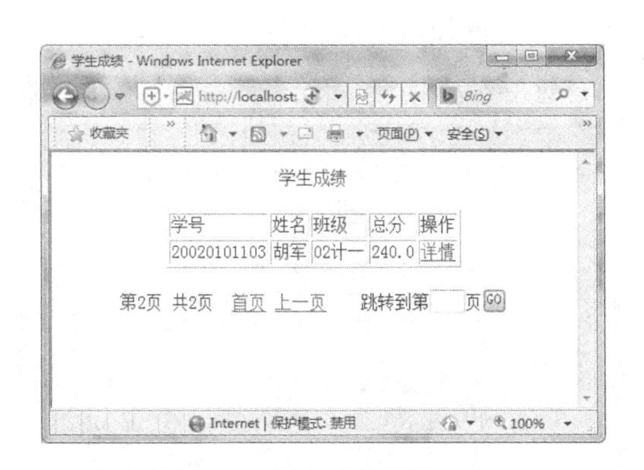

图 P.14　学生成绩浏览页面

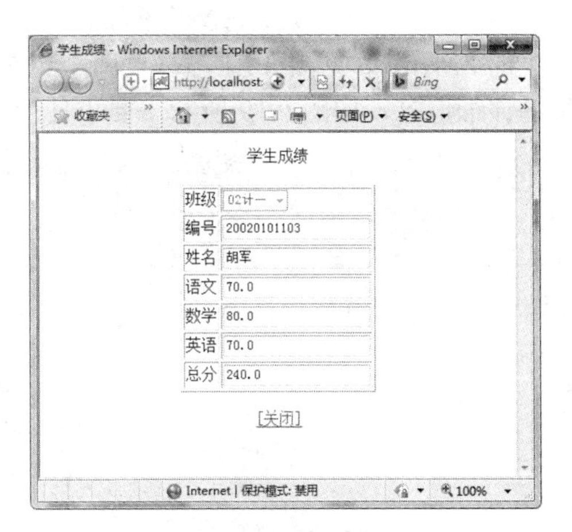

图 P.15　学生成绩详情页面

(6) (选做)在第 5 题的基础上实现学生成绩记录的修改功能。

(7) (选做)在第 5 题的基础上实现学生成绩记录的删除功能。

实验 5　JavaBean 的应用

一、实验目的与要求

参考教材的有关内容与示例，按要求编写并调试相应的程序，理解并掌握 JavaBean 的基本应用技术以及 JSP+JDBC+JavaBean 模式(即 Model1 模式)的 Web 应用开发技术。

二、实验内容

(1) 设计一个封装数据库访问操作 JavaBean。

(2) 设计一个“学生成绩增加”页面(见图 P.16)，单击“确定”按钮后可将记录添加到数据库中。要求使用第 1 题所创建的 JavaBean。

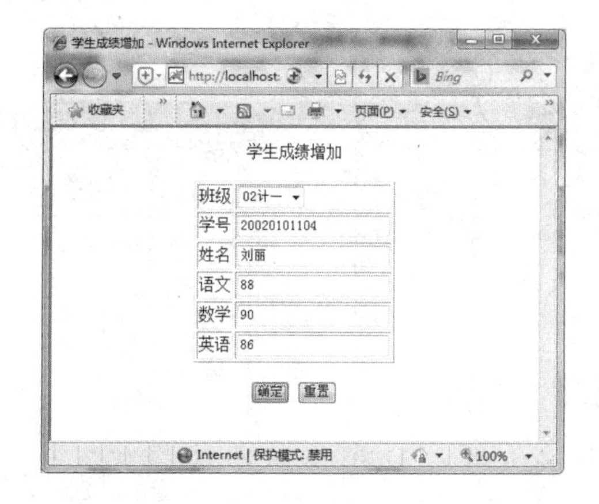

图 P.16 “学生成绩增加”页面

(3) 设计一个“班级选择”页面(见图 P.17)，单击“确定”按钮后可分页浏览所选班级学生的成绩记录(见图 P.18，每页两个记录)，再单击其中的“详情”链接则可显示相应学生的详细信息，如图 P.19 所示。要求使用第 1 题所创建的 JavaBean。

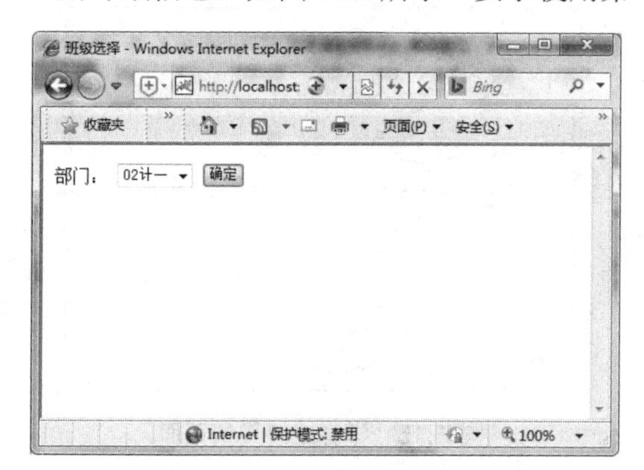

图 P.17 “班级选择”页面

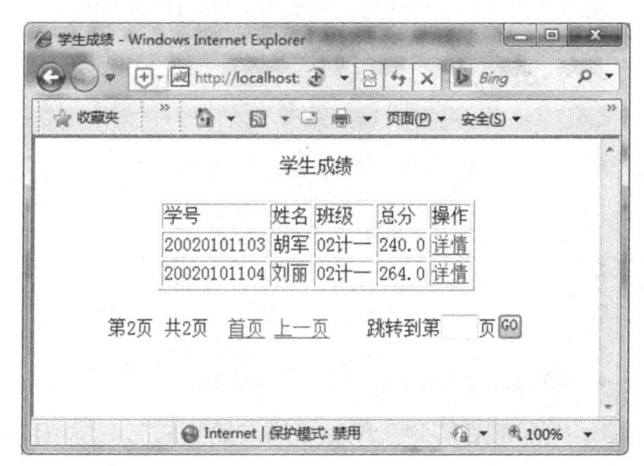

图 P.18 学生成绩浏览页面

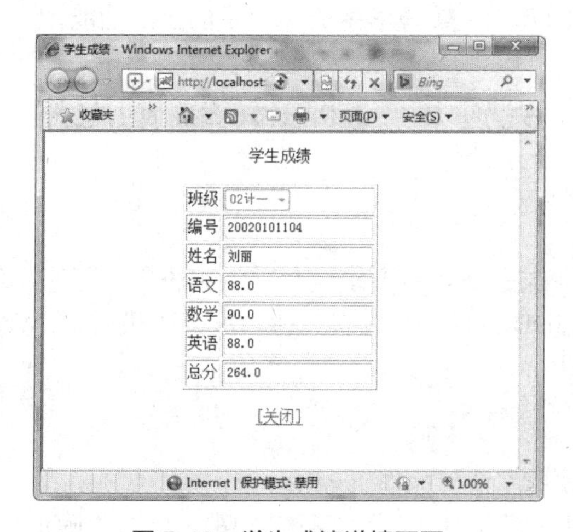

图 P.19 学生成绩详情页面

(4) (选做)在第 3 题的基础上实现学生成绩记录的修改功能。要求使用第 1 题所创建的

JavaBean。

(5) (选做)在第 3 题的基础上实现学生成绩记录的删除功能。要求使用第 1 题所创建的 JavaBean。

实验 6　Servlet 的应用

一、实验目的与要求

参考教材的有关内容与示例，按要求编写并调试相应的程序，理解并掌握 Servlet 的基本应用技术以及 JSP+JDBC+JavaBean+Servlet 模式(即 Model2 模式)的 Web 应用开发技术。

二、实验内容

(1) 设计一个封装数据库访问操作 JavaBean。

(2) 设计一个“学生成绩增加”页面(见图 P.20)，单击“确定”按钮后可将记录添加到数据库中。要求使用第 1 题所创建的 JavaBean，并应用 Servlet 技术实现记录的添加。

(3) 模拟系统登录过程，并通过过滤器对用户的登录状态进行检查。首先，通过“用户登录”页面输入用户名与密码，如图 P.21 所示。提交后，再对用户进行验证。若用户名为 abc，密码为 123，则登录成功，并自动跳转到“欢迎光临”页面，如图 P.22 所示。现假定“欢迎光临”页面存放在站点根目录下的 sys 子文件夹中，请设计一个登录检查过滤器，以禁止未经登录便直接访问“欢迎光临”页面。若未经登录便直接访问“欢迎光临”页面，将显示“您尚未登录”对话框，如图 P.23 所示。在此对话框中单击“确定”按钮后，将自动跳转到“用户登录”页面。

(4) 在第 3 题的基础上，再设计一个登录操作监听器，模拟记录用户的登录日志，包括用户名及其登录时间，如图 P.24 所示。

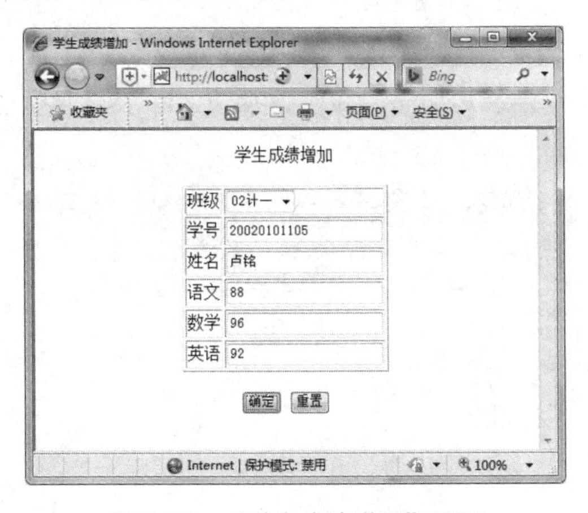

图 P.20　“学生成绩增加”页面

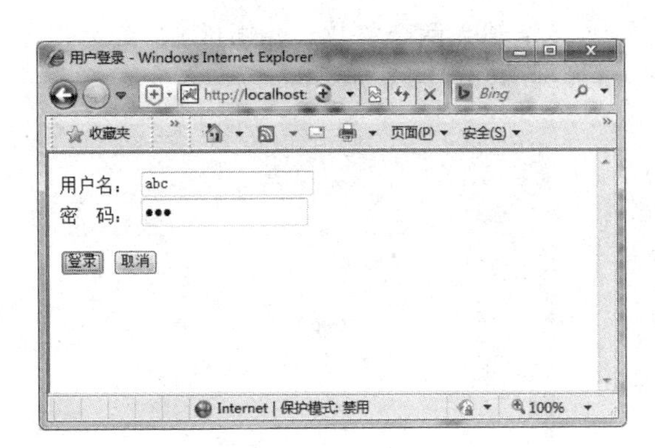

图 P.21　“用户登录”页面

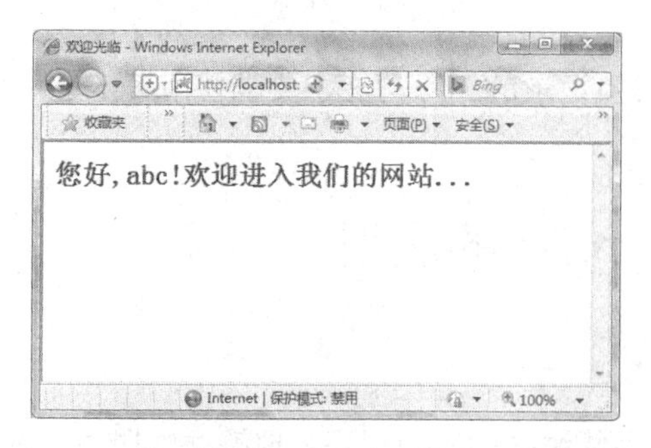

图 P.22 “欢迎光临”页面

图 P.23 “您尚未登录”对话框

```
tomcat7Server [Remote Java Application] C:\Program Files (x86)\Java\jre7\bin\javaw.exe (2019-3-26 上午10:26:35)
信息: Deploying web application directory C:\Program Files (x86)\Apache Software Foundation\Tomcat 7.0\web
三月 26, 2019 10:26:39 上午 com.sun.faces.config.ConfigureListener contextInitialized
信息: 初始化上下文'/sy_06' 的Mojarra 2.0.3 (FCS b03)
三月 26, 2019 10:26:39 上午 com.sun.faces.spi.InjectionProviderFactory createInstance
信息: JSF1048：有PostConstruct/PreDestroy 注释。标有这些注释的ManagedBeans 方法将表示注释已处理。
三月 26, 2019 10:26:40 上午 org.apache.coyote.AbstractProtocol start
信息: Starting ProtocolHandler ["http-bio-8080"]
三月 26, 2019 10:26:40 上午 org.apache.coyote.AbstractProtocol start
信息: Starting ProtocolHandler ["ajp-bio-8009"]
三月 26, 2019 10:26:40 上午 org.apache.catalina.startup.Catalina start
信息: Server startup in 3284 ms
日志信息：[2019-3-26 10:26:55]abc登录！
```

图 P.24 登录日志信息

实验 7 EL 的应用

一、实验目的与要求

参考教材的有关内容与示例，按要求编写并调试相应的程序，理解并掌握 EL 的数据访问技术以及 JSP+JDBC+JavaBean+Servlet+EL 模式的 Web 应用开发技术。

二、实验内容

(1) 输入两个整数，并通过 EL 表达式计算并显示其加法、减法、乘法、除法与取模运算的结果，如图 P.25 所示。

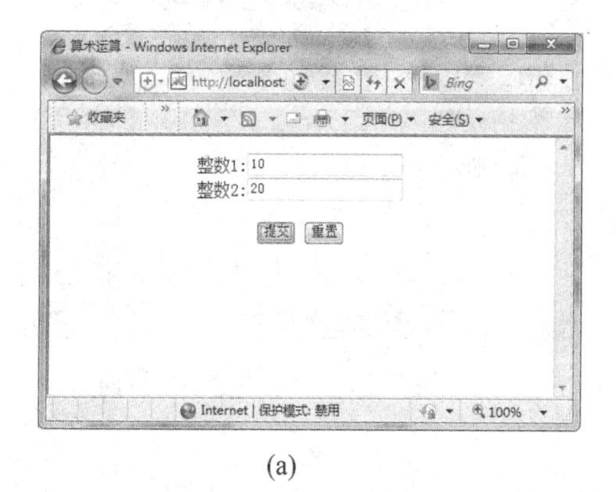

(a)

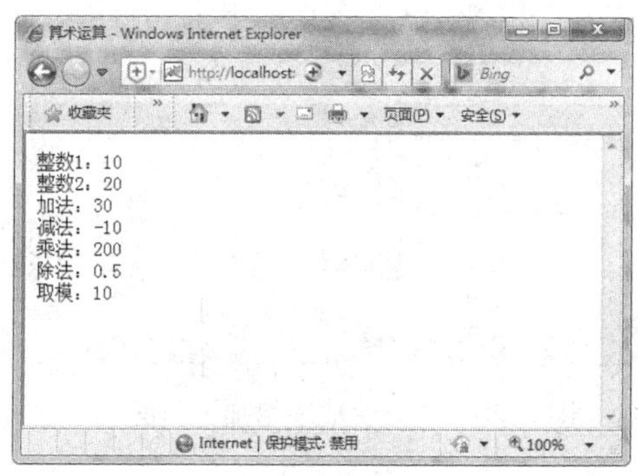

(b)

图 P.25 “算术运算”页面

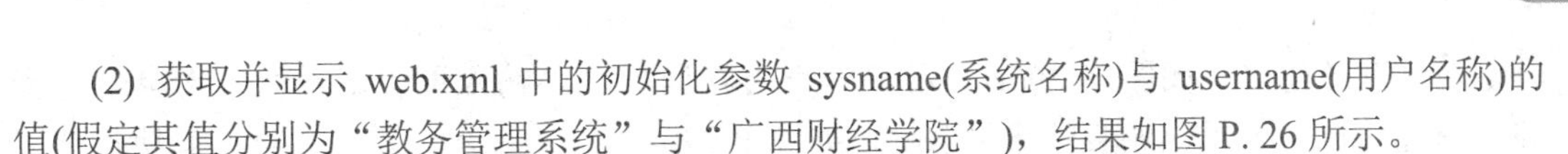

(2) 获取并显示 web.xml 中的初始化参数 sysname(系统名称)与 username(用户名称)的值(假定其值分别为“教务管理系统”与“广西财经学院”)，结果如图 P. 26 所示。

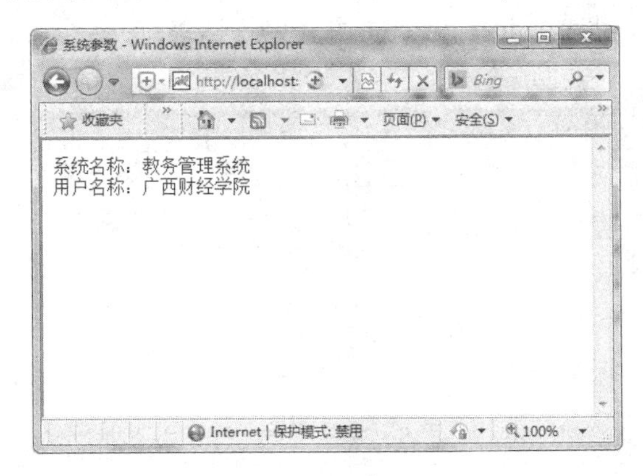

图 P.26　“系统参数”页面

(3) 在“用户注册”页面中填写用户信息(见图 P.27)，提交后则由“注册信息”页面进行处理。在此页面中，先将信息保存到 JavaBean 中，然后通过 EL 读取并显示 JavaBean 中的数据，如图 P.28 所示。

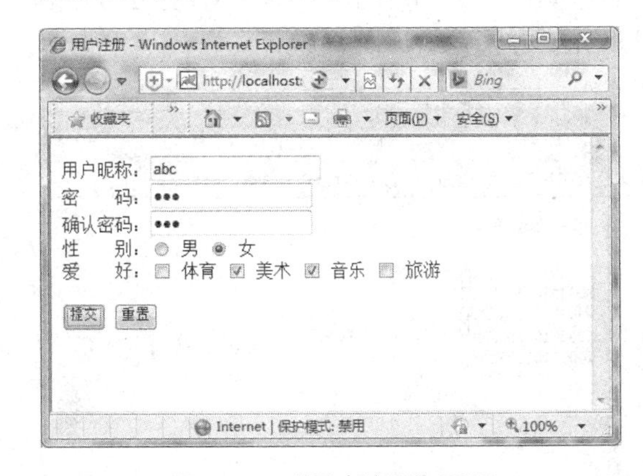

图 P.27　“用户注册”页面

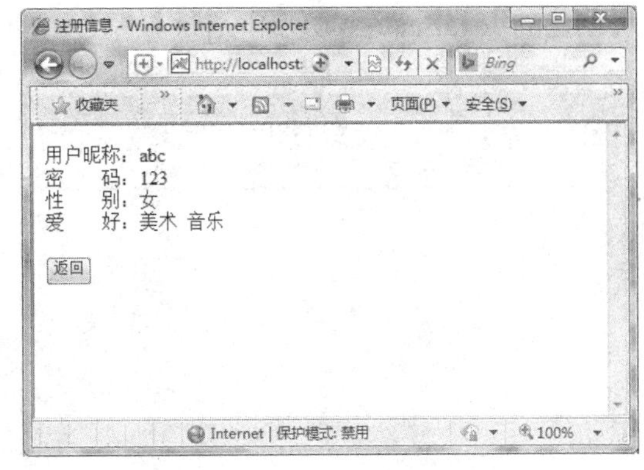

图 P.28　“注册信息”页面

(4) 完成教材第 7 章 7.4 节的系统登录案例。

实验 8　Ajax 的应用

一、实验目的与要求

参考教材的有关内容与示例，按要求编写并调试相应的程序，理解并掌握 Ajax 的基本应用技术以及 JSP+JDBC+JavaBean+Servlet+EL+Ajax 模式的 Web 应用开发技术。

二、实验内容

(1) 设计一个封装数据库访问操作 JavaBean。

(2) 班级查询。如图 P.29(a)所示，为班级查询页面。输入班级编号后，再单击“查询”按钮，即可显示出相应的班级名称，如图 P.29(b)所示。要求：①使用第 1 题所创建的 JavaBean；②使用 Ajax 技术，并且以 GET 方式发送请求。

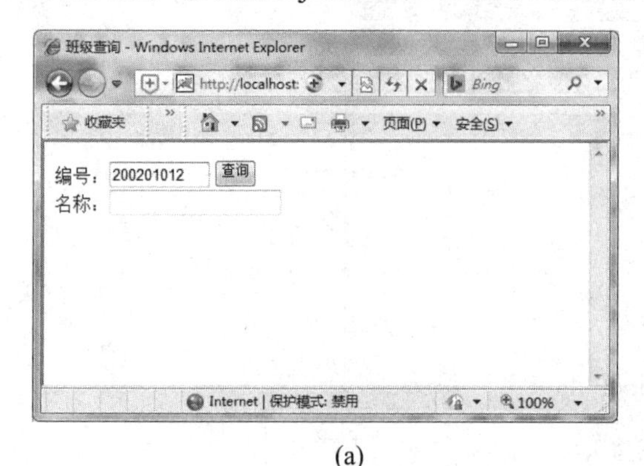

(a)

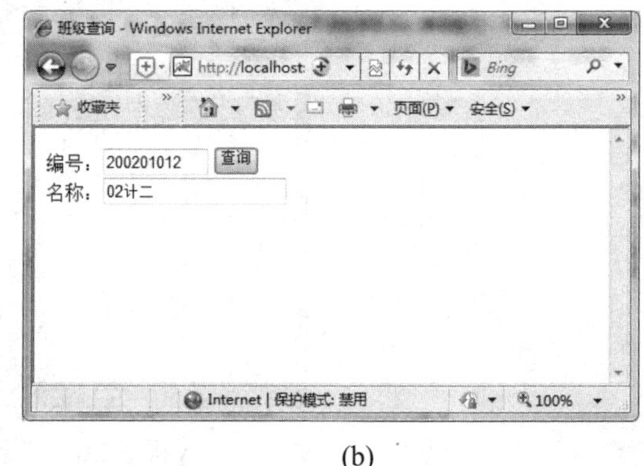

(b)

图 P.29　班级查询

(3) 学生查询。如图 P.30(a)所示，为学生查询页面。在班级下拉列表框中选择相应的班级，即可显示出该班级所有学生的学号与姓名，如图 P.30(b)所示。要求：①使用第 1 题所创建的 JavaBean；②使用 Ajax 技术，并且以 GET 方式发送请求。

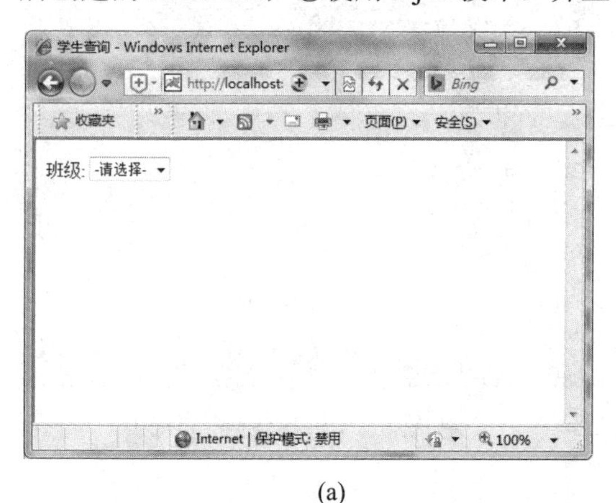

(a)

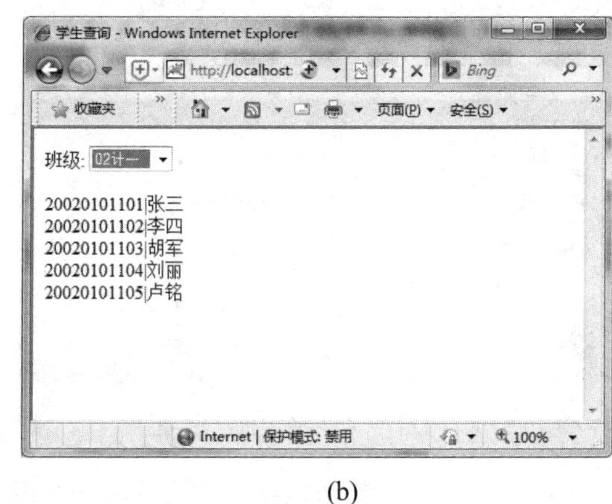

(b)

图 P.30　学生查询

(4) 班级增加(编号检测)。如图 P.31 所示，为班级增加页面。在此页面中，可对所输入的班级编号的唯一性进行相应的检测。要求：①使用第 1 题所创建的 JavaBean；②使用 Ajax 技术，并且以 POST 方式发送请求。

(5) 完成教材第 8 章 8.3 节的用户注册案例。

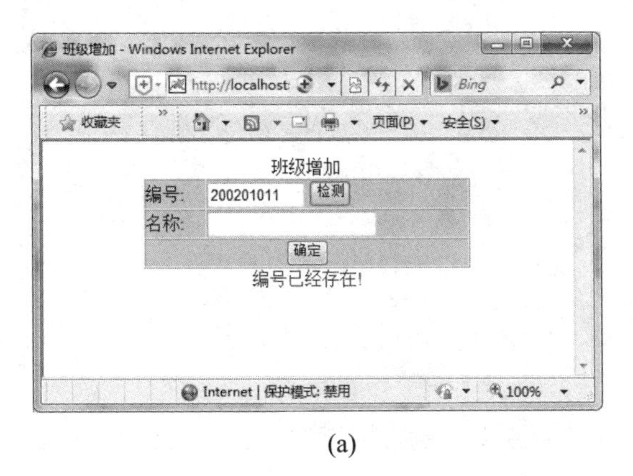

(a)

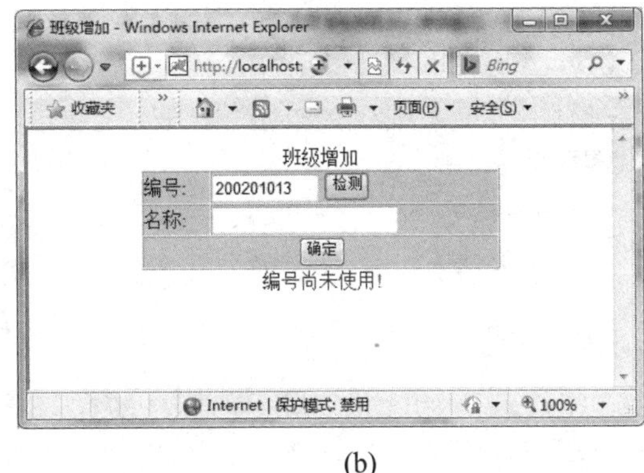

(b)

图 P.31　班级增加(编号检测)

实验 9　JSP 实用组件的应用

一、实验目的与要求

参考教材的有关内容与示例，按要求编写并调试相应的程序，掌握 jspSmartUpload 组件与 jExcelAPI 组件的基本应用技术。

二、实验内容

(1) 设计一个图片上传页面，选定 bmp、jpg、gif 或 png 图片文件后，再单击“上传”按钮，即可将其上传到站点根目录下的 upload 子文件夹中(如图 P.32 所示)。

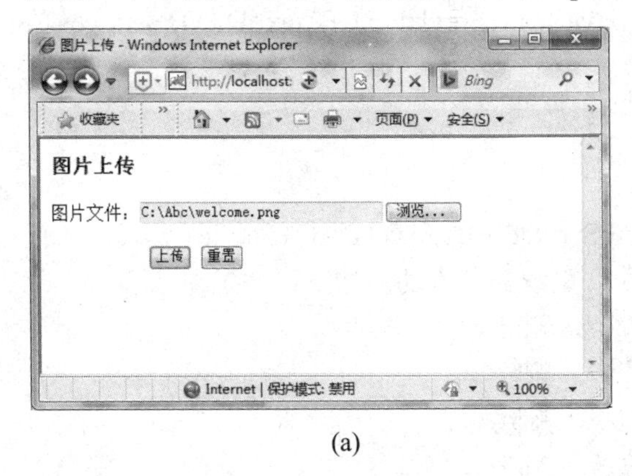

(a)

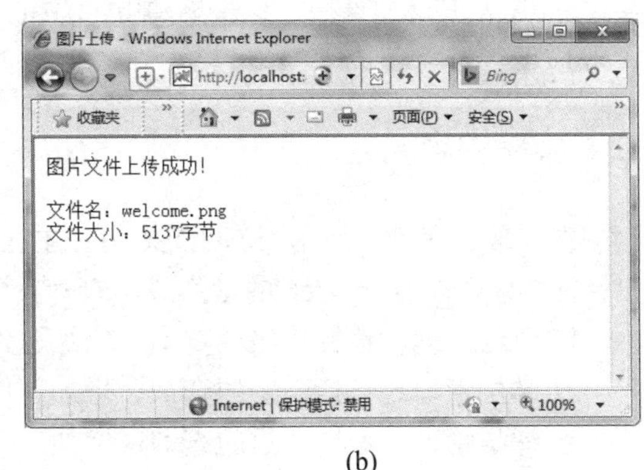

(b)

图 P.32　“图片上传”页面

提示： 使用 jspSmartUpload 组件，并注意设定允许上传的图片文件的扩展名。

(2) 设计一个数据预览页面，选定某个 Excel 文件后，再单击“预览”按钮，即可读取并显示其第一个工作表的数据，如图 P.33 所示。

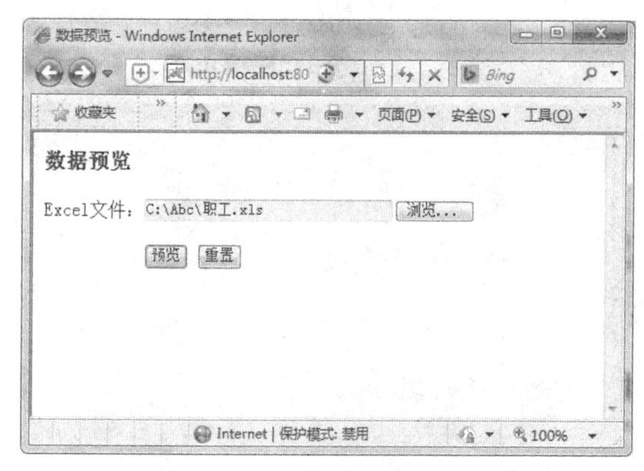

(a)

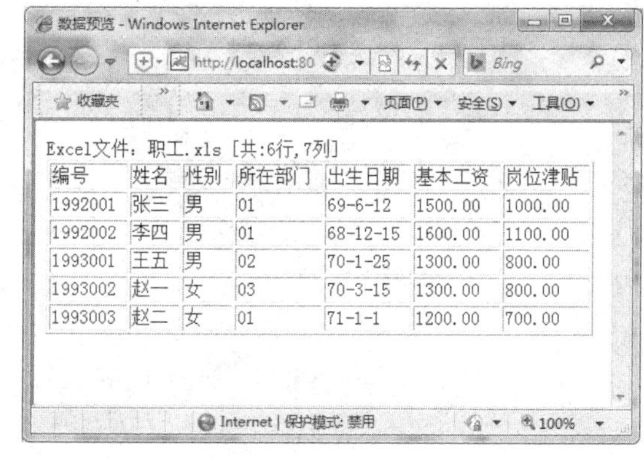

编号	姓名	性别	所在部门	出生日期	基本工资	岗位津贴
1992001	张三	男	01	69-6-12	1500.00	1000.00
1992002	李四	男	01	68-12-15	1600.00	1100.00
1993001	王五	男	02	70-1-25	1300.00	800.00
1993002	赵一	女	03	70-3-15	1300.00	800.00
1993003	赵二	女	01	71-1-1	1200.00	700.00

(b)

图 P.33 “数据预览”页面

提示： 应综合使用 jspSmartUpload 组件与 jExcelAPI 组件，即先使用 jspSmartUpload 组件将选定的 Excel 文件上传到站点根目录下的某个子文件夹(如 excel)中，然后再使用 jExcelAPI 组件读取并显示其第一个工作表的数据。

实验 10　JSP 应用系统的设计与实现

一、实验目的与要求

通过 Web 应用系统(学生成绩管理系统)的实际开发，切实掌握基于 JSP 的 Web 应用系统的开发技术，进一步熟悉 JSP+JDBC+JavaBean+Servlet+EL+Ajax+DAO+Service 的 Web 应用开发模式。

二、实验内容

参照教学案例，使用 JSP+JDBC+JavaBean+Servlet+EL+Ajax+DAO+Service 模式，自行设计并实现一个基于 Web 的学生成绩管理系统。系统的基本功能如下：

1. 班级管理。包括班级的查询、增加、修改、删除等。
2. 学生管理。包括学生的查询、增加、修改、删除等。
3. 课程管理。包括课程的查询、增加、修改、删除等。
4. 成绩管理。包括成绩的查询、增加、修改、删除等。
5. 用户管理。包括用户的查询、增加、修改、删除等。

注意： 系统用户的类型不同，其操作权限也应有所不同。此外，要确保班级、学生、课程及用户的唯一性。

参 考 文 献

[1] 刘素芳. JSP 动态网站开发案例教程[M]. 北京：机械工业出版社，2012.

[2] 徐宏伟，刘明刚，高鑫. JSP 编程技术[M]. 北京：清华大学出版社，2016.

[3] 卢守东. Java EE 应用开发案例教程[M]. 北京：清华大学出版社，2017.

[4] 王大东. JSP 程序设计[M]. 北京：清华大学出版社，2017.